EUL VERLAG

Entscheidungsmodell für ein zeitorientiertes Entwicklungskosten-Controlling

Inauguraldissertation

zur

Erlangung des Grades eines Doktors der Wirtschaftswissenschaften

der

Private Universität Witten/Herdecke gGmbH

im

Bereich der Wirtschaftswissenschaft

vorgelegt von:
Andreas Schlechtweg
aus Freiburg im Breisgau

2009

Betreuer (Erstgutachter):	Prof. Dr. Friederike Wall
Zweitgutachter:	Prof. Dr. André Schmidt
Drittgutachter:	Prof. Dr. Bernhard Hirsch
Tag der Disputation:	25.11.2008
Tag des Akademiediskurses:	30.01.2009

Dr. Andreas Schlechtweg

Entscheidungsmodell für ein zeitorientiertes Entwicklungskosten-Controlling

Mit einem Geleitwort von Prof. Dr. Friederike Wall, Private Universität Witten/Herdecke gGmbH

EUL VERLAG

Bibliographische Information der Deutschen Bibliothek

Die Deutsche Bibliothek verzeichnet diese Publikation in der Deutschen Nationalbibliothek; detaillierte bibliographische Daten sind im Internet über <http://dnb.ddb.de> abrufbar.

Dissertation, Private Universität Witten/Herdecke gGmbH, 2009

ISBN 978-3-89936-813-0
1. Auflage Juli 2009

JOSEF EUL VERLAG GmbH
Brandsberg 6
D-53797 Lohmar
Tel.: +49 (0) 22 05 / 90 10 6-6
Fax: +49 (0) 22 05 / 90 10 6-88
http://www.eul-verlag.de
info@eul-verlag.de

Bei der Herstellung unserer Bücher möchten wir die Umwelt schonen. Dieses Buch ist daher auf säurefreiem, 100% chlorfrei gebleichtem, alterungsbeständigem Papier nach DIN 6738 gedruckt.

Geleitwort

Die Feststellung „Zeit ist Geld“ lässt sich zwar leichthin treffen, deutet aber zugleich auf ein nicht triviales Entscheidungsproblem hin. So stehen Unternehmen bei Entscheidungen über den Einsatz zeitlicher Ressourcen mitunter vor einem schwierigen Trade-Off.

Sollte beispielsweise ein Automobilhersteller die Entwicklungszeit an einem neuen Modell verkürzen, um so das Modell bald auf den Markt bringen zu können? Damit geht der Hersteller einerseits das Risiko ein, dass das Produkt noch nicht ausgereift ist, die Testphase also gewissermaßen erst beim Kunden durchlaufen wird und möglicherweise Schadensersatz zu leisten ist – ganz zu schweigen von Auswirkungen auf die Kundenbindung und damit die Wahrscheinlichkeit eines Anschlusskaufs. Andererseits ergibt sich aus einer kürzeren Entwicklungszeit die Chance, durch einen früheren Markteintritt das Marktpotenzial besser ausschöpfen zu können und die Entwicklungskapazitäten für ein anderes Projekt einzusetzen.

Die Fragestellung, wie Zeit und Zeitrisiken in einem betriebswirtschaftlichen Entscheidungskalkül berücksichtigt werden können, geht Herr Dr. Andreas Schlechtweg in seiner Dissertationsschrift an. Er wählt hierfür einen aufwendigen und anspruchsvollen Weg. Zeit und Zeitrisiken werden in einem investitionsrechnerischen Entscheidungskalkül abgebildet und vergleichbar dem bekannten Value-at-Risk-Ansatz wird ein umfassendes Time-at-Risk-Konzept erarbeitet. Die theoretisch fundierte Konzeption wird schließlich exemplarisch angewendet, um die Praktikabilität der Konzeption nachzuweisen und die Aussagefähigkeit der Ergebnisse zu überprüfen.

Die Arbeit von Schlechtweg ist methodisch breit angelegt und gleichermaßen theoretisch fundiert wie anwendungsorientiert ausgelegt. Die schwierige Herausforderung, Zeit und Zeitrisiken ökonomisch bewertbar zu machen, ist in der vorliegenden Arbeit in beeindruckender Weise gelöst. Die Arbeit leistet damit einen wichtigen Beitrag zur Weiterentwicklung des Controllinginstrumentariums.

Univ.-Prof. Dr. Friederike Wall

Danksagung

Der Weg zu einer Promotion verläuft häufig nicht geradlinig und bedarf außer dem eigenen Zutun adäquater Begleiter, um zum angemessenen Erfolg zu führen.

So darf ich an erster Stelle meiner Doktormutter, Frau Univ.-Prof. Dr. Friederike Wall, für die fachlich sehr fundierte und menschlich aufrichtige Betreuung ganz besonders danken. Herrn Univ.-Prof. Dr. André Schmidt danke ich sehr für die Übernahme des Zweitgutachtens und die Aufgaben der Führung der Prüfungskommission. Mein aufrichtiger Dank geht an Herrn Univ.-Prof. Dr. Bernhard Hirsch für die Übername des Drittgutachtens.

Danken möchte ich dem gesamten Lehrstuhlteam und meinen Promotionskollegen und -kolleginnen am Controlling-Lehrstuhl der Universität Witten-Herdecke für die Fachdiskussionen, insbesondere Frau Dr. Regina W. Schröder. Aus der Vielzahl fundierter Diskussionspartner, die ich in dieser Zeit weiterhin erleben durfte, seien Dr. Benjamin Frost, Dr. Ralf Ludwig und Dr. Thomas Neff dankend erwähnt.

Da die Arbeit sich aufbauend aus einer betrieblichen Fragestellung entwickelt hat, möchte ich mich bei meinen Vorgesetzten der Vorentwicklung des Geschäftsbereiches Nutzfahrzeuge und des Projektcontrollings der Daimler AG, Dr.-Ing. Michael Kokes, Dipl.-Ing. Bernd Öffinger und Dipl.-Kfm. Uwe Brodesser sowie den Diskussionspartnern aus den angeschlossenen Entwicklungsbereichen für die mir gewährte Unterstützung bedanken.

Auf meinem persönlichen Weg während der Ausarbeitung dieser Arbeit konnte mich jedoch niemand intensiver begleiten als diejenigen, die mich am besten kennen. Daher gilt mein innigster Dank, der sich in Worte nicht fassen lässt, meiner Familie – insbesondere meinen Eltern – und meinem Freundeskreis. Ihnen gemeinsam sei die nachfolgende Arbeit gewidmet.

Freiburg, im Juni 2009 Andreas Schlechtweg

Inhaltsübersicht

Inhaltsverzeichnis

Abbildungsverzeichnis

Tabellenverzeichnis

Abkürzungsverzeichnis

2nd	second
Abs.	Absatz
Aufl.	Auflage
Bd.	Band
bearb.	bearbeitet
BGB	Bürgerliches Gesetzbuch
bzgl.	bezüglich
bzw.	beziehungsweise
ca.	circa
d. h.	das heißt
DIN	Deutsche Industrienorm
DV	Datenverarbeitung
EDV	Elektronische Datenverarbeitung
et al.	et alii
€	Euro
EZ	Entwicklungszeit
f.	folgende
ff.	fortfolgende
F&E	Forschung und Entwicklung
F+E	Forschung und Entwicklung
FMEA	Fehler-Möglichkeiten-Einfluß-Analyse
GE	Geldeinheiten
ggf.	gegebenenfalls
H.	Heft
Hrsg.	Herausgeber
i. Allg.	im Allgemeinen
ICED	International Conference on Engineering Design
i. d. R.	in der Regel
i. d. S.	in diesem Sinne
IEEE	Institute of Electrical and Electronics Engineers, Inc.
i. e. S.	im engeren Sinne

i. S. v.	im Sinne von
IT	Informationstechnik
Jg.	Jahrgang
Jr.	Junior
krp	Kostenrechnungspraxis
Mio €	Millionen Euro
NPV	Net-Present-Value
Nr.	Nummer
o. A.	ohne Angabe
o. g.	oben genannt
PERT	Program Evaluation and Review Technique
PGH	Produkthaftungsgesetz
R&D	Research and Development
RoRaC	Return-on-Risk-adjusted-Capital
RoRaT	Return-on-Risk-adjusted-Time
s.	siehe
SCR	Selective Catalytic Reduction
SOP	Start-of-Production
SW	Software
SzU	Schriften zur Unternehmensführung
TaR	Time-at-Risk
Ts.	Taunus
u. a. m.	und anderes mehr
u. a. O.	und andere Orte
überarb.	überarbeitete
übers.	Übersetzt
USA	United States of America
unv.	unverändert(e)
u. U.	unter Umständen
v.	von
VaR	Value at Risk
VDI	Verband Deutscher Ingenieure e.V.
VMEA	Variants-Mode-and-Effects-Analysis
vgl.	vergleiche

Vol.	Volume
vs.	versus
ZfB	Zeitschrift für Betriebswirtschaft
ZfO	Zeitschrift für Führung + Organisation
ZfCM	Zeitschrift für Controlling & Management
z. B.	zum Beispiel
z. T.	zum Teil

Symbolverzeichnis

a	Schätzwert für die kürzeste Zeitdauer für die Entwicklung einer Handlungsalternative; Inputgröße für die Beta- oder Dreiecksverteilung
ak_{Ai}	durchschnittlichen Ausfallkosten pro produziertem (Teil-)System A_i
A_i	Alternative i: Entwicklung eines technischen (Teil-)Systems A_i, das Alternativen im Hinblick auf die Ausprägungen der Produktstruktur und/oder der Entwicklungsprozessstruktur und/oder der Entwicklungsorganisation aufweist
AK_{Ai}	Gegenwartswert der Ausfallkosten zum Bewertungszeitpunkt t_E für die Alternative A_i
AK_{Pt-2}	Ausfallkosten für Projekt P_{t-2}
AK_{Pt-1}	Ausfallkosten für Projekt P_{t-1}
AK_{Pt0}	geplante Ausfallkosten für Projekt P_{t0}
AP	Arbeitspaket entlang eines Projektteilpfades; dabei wird die Annahme getroffen: Ein Arbeitspaket ist identisch mit dem Umfang einer Alternative A_i
Az_{alt}	ursprünglich geplanter Amortisationszeitpunkt
Az_{neu}	späterer Amortisationszeitpunkt aufgrund von Verzögerungen im Entwicklungsprozess
b	Schätzwert für die längste Zeitdauer für eine Alternative A_i; Inputgröße für die Beta- oder Dreiecksverteilung
b_j	Summe der einzelnen Arbeitspakete B_j, die dem zu bewertenden Arbeitspaket AP beginnend vom Bewertungszeitpunkt an vorgelagert sind
β	Eintrittswahrscheinlichkeit des Risikos einer Entwicklungszeitüberschreitung in Höhe der Standardabweichung σ_{A_i}
$c(vs)$	maximale Anzahl potentieller projektinterner Kommunikationsmöglichkeiten zwischen den Teammitgliedern

ΔAK_{Ai_RU} — erwartete Reduktion an Ausfallkosten des (Teil-)systems A_i durch eine Optimierung des Entwicklungsprozesses bei A_i gegenüber dem Referenzumfang RU

ΔAz — Verlängerung der Projektamortisationszeit bis zum Break Even

ΔE — Verzögerung des Sop_{alt} aufgrund eines verlängerten Entwicklungsprozesses

ΔEZ_{Pt-1_Pt-2} — Entwicklungszeitdifferenz zwischen den Projekten P_{t-1} und P_{t-2}

ΔEZ_{Pt0_Pt-1} — Entwicklungszeitdifferenz zwischen den Projekten P_{t0} und P_{t-1}

ΔEZ_{Ai_RU} — Entwicklungszeitdifferenz zwischen der Alternative A_i und einem möglichst vergleichbaren Referenzumfang RU

ΔEZ_Eo — Entwicklungszeitverkürzung als Folge der Optimierung der Entwicklungsorganisation für die Teilprozesse (= einzelne Arbeitspakete) entlang des kritischen Pfades

ΔEZ_Pr — Entwicklungszeitverkürzung als Folge der Optimierung der Produktstruktur für die Teilprozesse (= einzelne Arbeitspakete) entlang des kritischen Pfades

ΔEZ_Pz — Entwicklungszeitverkürzung als Folge der Optimierung der Entwicklungsteilprozesse (= einzelne Arbeitspakete) entlang des kritischen Pfades

Folgende Symbole geben die geschätzten Auswirkungen der Ausprägungsunterschiede zwischen den Einflussfaktoren der Produktstruktur von A_i und dem Referenzumfang RU auf die relative Entwicklungszeit von A_i wieder:

- $\Delta EZ_{\mathrm{Pr}odukt\_Vz\_A_i}$ — Auswirkungen der vielzahligen Produktstruktur auf die Entwicklungszeit von A_i
- $\Delta EZ_{\mathrm{Pr}odukt\_Vf\_A_i}$ — Auswirkungen der vielfältigen Produktstruktur auf die Entwicklungszeit von A_i
- $\Delta EZ_{\mathrm{Pr}odukt\_Vd\_A_i}$ — Auswirkungen der vieldeutigen Produktstruktur auf die Entwicklungszeit von A_i
- $\Delta EZ_{\mathrm{Pr}odukt\_Vä\_A_i}$ — Auswirkungen der veränderlichen Produktstruktur auf die Entwicklungszeit von A_i

- $\Delta EZ_{Prozess\_Vz\_A_i}$ Auswirkungen der vielzahligen Prozessstruktur auf die Entwicklungszeit von A_i
- $\Delta EZ_{Prozess\_Vf\_A_i}$ Auswirkungen der vielfältigen Prozessstruktur auf die Entwicklungszeit von A_i
- $\Delta EZ_{Prozess\_Vd\_A_i}$ Auswirkungen der vieldeutigen Prozessstruktur auf die Entwicklungszeit von A_i
- $\Delta EZ_{Prozess\_Vä\_A_i}$ Auswirkungen der veränderlichen Prozessstruktur auf die Entwicklungszeit von A_i
- $\Delta EZ_{Orga\_Vz\_A_i}$ Auswirkungen der vielzahligen Organisationsstruktur auf die Entwicklungszeit von A_i
- $\Delta EZ_{Orga\_Vf\_A_i}$ Auswirkungen der vielfältigen Organisationsstruktur auf die Entwicklungszeit von A_i
- $\Delta EZ_{Orga\_Vd\_A_i}$ Auswirkungen der vieldeutigen Organisationsstruktur auf die Entwicklungszeit von A_i
- $\Delta EZ_{Orga\_Vä\_A_i}$ Auswirkungen der veränderlichen Organisationsstruktur auf die Entwicklungszeit von A_i

Δk_{FM} Höhe an zusätzlichen Herstellkosten je (Teil-)System, um die durchschnittlichen Ausfallkosten pro produziertem (Teil-)System A_i in Höhe von ak_{Ai} zu verringern.

ΔKAF_{t-1_t-2} Ausprägungsdifferenz zwischen den Einflussgrößen der Entwicklungszeit zwischen den Projekten P_{t-1} und P_{t-2}

ΔKAF_{t0_t-1} Ausprägungsdifferenz zwischen den Einflussgrößen der Entwicklungszeit zwischen den Projekten P_{t0} und P_{t-0}

ΔNPV_{AK_Ai} Gegenwartswert für die Ausfallkosten für die Alternative A_i

$\Delta NPV_{AK\_Pt-1\_Pt-2}$ Gegenwartswert der Ausfallkostendifferenz zwischen den Projekten P_{t-1} und P_{t-2}

$\Delta NPV_{AK\_Pt0\_Pt-1}$ Gegenwartswert der Ausfallkostendifferenz zwischen den Projekten P_{t0} und P_{t-1}

$\Delta NPV_{EK\_Pt-1\_Pt-2}$	Gegenwartswert der Entwicklungskostendifferenz zwischen den Projekten P_{t-1} und P_{t-2}
$\Delta NPV_{EK\_Pt0\_Pt-1}$	Gegenwartswert der Entwicklungskostendifferenz zwischen den Projekten P_{t0} und P_{t-1}
Δt	Verkürzung des ursprünglich geplanten Produktlebenszyklus um t Zeiteinheiten aufgrund des Einflusses von dynamischen Wettbewerbsmärkten
e	errechneter Aufwand in Personenmonaten
$EK_{P_{t-2}}$	aus Erfahrungswerten geplante nominelle Entwicklungskosten für das Projekt P_{t-2}
$EK_{P_{t-1}}$	aus Erfahrungswerten geplante nominelle Entwicklungskosten für das Projekt P_{t-1}
EK_{Pt0}	aus Erfahrungswerten geplante nominelle Entwicklungskosten für das Projekt P_{t0}
EZ_{Pt-2}	Entwicklungszeit für Projekt P_{t-2}
EZ_{Pt-1}	Entwicklungszeit für Projekt P_{t-1}
EZ_{Pt0}	Entwicklungszeit für Projekt P_{t0}
EZ_{Ai}	geplante Entwicklungszeit für die Alternative A_i
EZ_{RU}	gemessene Entwicklungszeit für den Referenzumfang RU
f	Anzahl von Systemelementen
g_i	Gewichtungsfaktor des $\mu\sigma$-Prinzips
h_i	Anzahl der Schätzwerte
j	Anzahl an Sektoren eines Einflussfaktors
KAF_{Pt-2}	Ausprägungen eines Einflussfaktors, die sich bei Projekt P_{t-2} auf die Entwicklungszeit ausgewirkt haben
KAF_{Pt-1}	Ausprägungen eines Einflussfaktors, die sich bei Projekt P_{t-1} auf die Entwicklungszeit ausgewirkt haben
KAF_{Pt0}	Ausprägungen eines Einflussfaktors, die sich nach Expertenmeinung auf die Entwicklungszeit auswirken werden
k_{EK}	durchschnittliche variable Entwicklungskosten je Zeiteinheit (Monaten) für die Alternative A_i

k_{Af_Ai}	Stückkosten je Ausfall des Teilsystems während der Garantiedauer z_{plc} für die Alternative A_i
$k_{MT\_Ai_u}$	Höhe der variablen Kosten, die für die Anfertigung jedes Musterteiles eines Reifegrades u entstehen. Hierunter werden lediglich die Fertigungsmaterialkosten und die Kosten für den Herstellungsprozess subsumiert. Die kostenintensiven Werkzeugkosten sind bereits unter der Kostenart $K_{WZ\_Ai_u}$ erfasst. Es wird dabei die Anzahl von u Reifegraden unterstellt, die mittels physischer Musterteile geprüft werden.
$k_{q\_A_i\_s}$	Gehaltsklasse für Entwicklungsmitarbeiter
$k_{T\_HW\_A_{iu}}$	Kosten für einen Hardware-Test für einen Reifegrad u für die Alternative A_i
$K\_O_{A_i}$	Summe sämtlicher Personalkosten, die für die Realisierung der Produkt- und Prozessspezifikation von Alternative A_i benötigt werden
$K\_\Pr_{A_i}$	Summe sämtlicher Entwicklungskostenarten, die für die Realisierung der Produktspezifikation von Alternative A_i geplant werden
$K\_Pz_{A_i}$	Summe sämtlicher Entwicklungskostenarten, die für die Realisierung der Prozessspezifikation von Alternative A_i mit Ausnahme der Personalkosten erwartet werden
l_{MA_i}	Qualifikationsgrad eines Mitarbeiters i
m_{A_i}	Schätzwert für den Modalwert der Zeitdauer für eine Alternative A_i; Inputgröße für die Beta- oder Dreiecksverteilung
μ_{A_i}	Erwartungswert für die Zeitdauer einer Alternative A_i
μ_i	Erwartungswert des $\mu\sigma$-Prinzips
N	Grundgesamtheit der Schätzer
$NPV_{TiR\_\beta\sigma\_Ai}$	Gegenwartswert des $TiR_{\beta\sigma\_Ai}$
$NPV_{AK\_1.Jahr}$	Gegenwartswert der Ausfallkosten, die bis zum Ende des ersten Lebenszyklusjahres des Entwicklungsprojektes anfallen
$NPV_{AK\_2.Jahr}$	Gegenwartswert der Ausfallkosten, die bis zum Ende des zweiten Lebenszyklusjahres des Entwicklungsprojektes anfallen
PLZ_{alt}	Dauer des ursprünglich geplanten Produktlebenszyklus

PLZ_{neu}	Dauer des verkürzten Produktlebenszyklus
P_{t-2}	Entwicklungsprojekt, das zum Zeitpunkt t-2 begonnen wurde
P_{t-1}	Entwicklungsprojekt, das zum Zeitpunkt t-1 begonnen wurde
P_{t0}	Entwicklungsprojekt, das zum Zeitpunkt t0 begonnen wurde
q	Auf-/Abzinsungsfaktor $q = 1 + z$ (mit z als Jahreszinssatz)
$RoRaT_{Ai\_A_j\_\beta\sigma}$	Return-on-Risk-adjusted-Time: zeitrisikoadjustierte Kennzahl für die Einsparung für das mit der Eintrittswahrscheinlichkeit β abgedeckte Entwicklungszeitrisiko σ zwischen den beiden Alternativen A_j und A_i (gemessen in Monaten)
s	theoretisch maximale Anzahl an Schnittstellen innerhalb eines technischen Systems
SOP_{alt}	ursprünglich geplanter Zeitpunkt des Produktionsstarts (Start-of-Production)
SOP_{neu}	Zeitpunkt des Produktionsstarts (Start-of-Production), der sich aufgrund von Verzögerungen im Entwicklungsprozess ergibt
σ_{A_i}	einfache Standardabweichung für die Alternative A_i
σ_i	Risikoausprägung des μσ-Prinzips
σ_z	Höhe des Verlustrisikos für ein Portfolio V
$\sigma^2[SL_v]$	Varianz des Schlupfes (verfügbares Zeitfenster) entlang des kritischen Pfades im PERT-Netzplan
$\sigma^2[FL_v]$	Varianz der frühestmöglichen Zeitpunkte entlang des kritischen Pfades im PERT-Netzplan
$\sigma^2[SL_v]$	Varianz der spätestmöglichen Zeitpunkte entlang des kritischen Pfades im PERT-Netzplan
$\sum_{j=1}^{z} bj$	Summe der Entwicklungszeiten der Arbeitspakete, die der zu bewertenden Alternative A_i im Entwicklungsprozess entlang des kritischen Pfades vorgelagert sind
$\sum_{u=1}^{w} K_{fix\_u}$	Summe der Entwicklungsfixkosten

$\sum_{u=1}^{w} K_{IT\_HW\_Ai_u}$	Summe der Entwicklungsfixkosten, die für die IT-Hardware für sämtliche Reifegrade u benötigt werden, um virtuelle Simulationen ausführen zu können.
$\sum_{u=1}^{w} K_{IT\_SW\_Ai_u}$	Summe der Entwicklungsfixkosten, die für die IT-Software für sämtliche Reifegrade u der Handlungsalternative i anfallen, um virtuelle Ausarbeitungen durchführen zu können.
t_{plc}	Garantiedauer: Zeitdauer zwischen Markteinführung und Ende der Herstellergarantie
t_{sop}	Zeitdauer zwischen dem Abschluss der Entwicklungsleistung für den zu bewertenden Produktumfang und der Markteinführung
$t_{MA\_Ai\_s}$	Zeitdauer, in welcher die Mitarbeiter derselben Gehaltsklasse s einem Projekt zugeordnet sind
$TaR_{\beta\sigma\_Ai}$	Time-at-Risk für das β-fache der einfachen Standardabweichung σ für die Alternative A_i
$TiR_{\beta\sigma\_Ai}$	Time-including-Risk für das β-fache der einfachen Standardabweichung σ für die Alternative A_i
$TiR_{\sigma\_\max\_Ai}$	Time-including-Risk für die maximale Anzahl der einfachen Standardabweichung σ für die Alternative A_i
x_i	Ergebniswerte i. S. v. Schätzwerte
x_{Ai_u}	Anzahl an Musterteilen für die Alternative A_i
x_{MA}	projektinterne Mitarbeiteranzahl
$x_{MA_{opt}}$	optimale Teamgröße in Mitarbeitern
$x_{MA\_Ai\_s}$	Anzahl der Mitarbeiter, die für die Entwicklungstätigkeit der Alternative A_i benötigt werden und nach derselben Gehaltsklasse $k_{q\_Ai\_u}$ bezahlt werden
$x_{T\_HW\_A_{iu}}$	Anzahl an physischen Tests je Reifegrad u für die Alternative A_i
W	Eintrittswahrscheinlichkeit für standardnormalverteilte Risiken
z	Höhe des Jahreszinssatzes in Prozent

1. Einleitung und Überblick

„Remember that time is money.“ ***Benjamin Franklin***[1]

1.1. Einführung

In Zeiten schnellen technologischen Wandels werden besondere Anforderungen an den Entwicklungsprozess wirtschaftlich erfolgreicher Produkte gestellt. Bereits in der Frühphase dieses Prozesses sind Entscheidungen über Produktfunktionen und deren technische Ausgestaltung zu treffen, die sich auf den gesamten Lebenszyklus des Produktes auswirken und den ökonomischen Erfolg des Entwicklungsprojektes maßgeblich determinieren.[2] Hinzu kommen seit Ende der achtziger Jahre vermehrt die Auswirkungen des Zeitwettbewerbs[3]. Dabei führt das Käuferverhalten zu der Wettbewerbssituation, dass eine möglichst termingetreue Bedürfnisbefriedigung, eine schnelle Anpassung an Spezialwünsche und die schnelle Bereitstellung innovativer Produkte und Dienstleistungen bei i. d. R. unverändert hohen Anforderungen an die Erfolgsdeterminanten Kosten und Qualität gefordert werden.[4] Im Zeitwettbewerb bedarf es methodischer Unterstützung, um bereits in der Planungsphase von komplexen technischen Produkten die benötigte Entwicklungszeit und deren Überschreitungsrisiko transparent ausweisen zu können. Diese Forderung geht damit über den Stand der aktuellen Entwicklung monetärer Kennzahlensysteme hinaus, die den Faktor Zeit lediglich als Inputgröße ansieht.[5] Neuere Forschungsergebnisse sehen für den Faktor Zeit in der Betriebswirtschaftslehre insbesondere in konjunkturell angespannten Phasen eine steigende Bedeutung.[6] Solche Anforderungen stehen z. B. großen Teilen der weltweiten Automobilindustrie bevor, um als Antwort auf steigende Kraftstoffpreise ressourcenschonende, alternative Motoren- und Antriebskonzepte zu entwickeln.[7] Diese Herausforderungen benötigen die aktive Planung, Steuerung und Kontrolle der Erfolgsdeterminanten des Entwicklungsprozesses, da in der Konzeptphase des Entwicklungsprozesses 75% aller Fehler entstehen, während 80% der Fehlerbehebung sehr

---

1 Franklin (1748).

2 Vgl. Hauschildt (1993), S. 300f.

3 Der Begriff des „Zeitwettbewerbs“ wurde von Stalk/Hout (vgl. Stalk/Hout (1990)) zu Beginn der 1990er in die Literatur eingeführt.

4 Vgl. Voigt (2000), S. 77. Für die weltweite Automobilindustrie kommen Boutellier et al. zu dem Ergebnis, dass die Lebenszyklusdauern zwar konstant geblieben sind, die Anforderungen an die Produktfunktionalität erheblich gestiegen sind. Während beim VW-Passat die Produktfunktionalität zwischen 1990 und 1996 um 50% erhöht wurde, haben sich gleichzeitig die Wettbewerbsbedingungen hinsichtlich Preis, Technologie und Qualität verschärft (vgl. Boutellier et al. (2008), S. 18f.).

5 Vgl. Bausch/Kaufmann (2000), S. 127.

6 Vgl. Voigt (2007), S. 597-600.

7 Vgl. Spiller/Wihofszki (2008), S. 8.

kostenintensiv in den zeitlich nachgelagerten Phasen der Entwicklungsrealisierung und der Markteinführung zu beheben sind.[8] Des Weiteren erfordern die gesetzlichen Rahmenbedingungen ein aktives Planungsverhalten. So sieht die Gesetzgebung zur Sachmängelhaftung in der Bundesrepublik Deutschland vor, dass der Verkäufer von Waren dem Käufer grundsätzlich innerhalb der ersten beiden Jahre nach dem Gefahrübergang für Sachmängel, die zu diesem Zeitpunkt vorliegen, haftet.[9] Zu diesen Mängeln zählen auch die Qualitätsmängel, die als Folgen einer unzureichenden Konstruktionsleistung auftreten.[10]

Das Auffinden einer Produktlösung mit möglichst geringen Lebenszykluskosten beeinflusst daher maßgeblich die Rendite eines Entwicklungsprojektes.[11] Dabei gilt es zwischen der Erreichung der spezifizierten Zielqualität, von der möglichst geringe Ausfallkosten erwartet werden, und einer kürzeren Entwicklungszeit mit allen positiven wie negativen Konsequenzen abzuwägen. Diese Entscheidung wird zum Zeitpunkt der endgültigen Spezifikation abschließend getroffen.[12] Es setzt sich die Erkenntnis durch, dass die Schätzung der Entwicklungszeit mit Risiken behaftet ist[13] und diese Risiken die zeitabhängigen variablen Entwick-

---

8 Vgl. Wildemann (2002), S. 4f. Wildemann geht davon aus, dass die Kosten der Steigerung der Prozessqualität in der Entwicklungsphase lediglich 1% der Höhe der Kosten betragen im Verhältnis zu qualitätsverbessernden Maßnahmen in der Serienfertigung. Vgl. auch Krottmaier (1995), S. 7f.

9 Vgl. BGB § 433ff. Sonderregelungen, wie z. B. Haftungsausschlüsse bei Schäften unter Kaufleuten oder – soweit zulässig – abweichende vertragliche Vereinbarungen, bleiben davon unberührt.

10 Das deutsche Produkthaftungsgesetz unterscheidet in die fünf Fehlerkategorien Entwicklungs-, Konstruktions-, Fabrikations-, Instruktions- und Produktbeobachtungsfehler. Aus der Problemstellung dieser Arbeit verdienen insbesondere die ersten beiden Fehlerarten eine detailliertere Betrachtung. Entwicklungsfehler werden i. S. d. Rechtsprechung definiert als „Fehler, die nach dem Stand der Wissenschaft und Technik in dem Zeitpunkt, in dem der Hersteller das Produkt in den Verkehr brachte, nicht erkannt werden konnten" (Scholl (2001), S. 247). Folglich ist die Herstellerhaftung gemäß § 823 BGB und § 1 Abs. 2 Nr. 5 PHG für Entwicklungsfehler ausgeschlossen, die aus o. g. Gründen im Entwicklungsprozess nicht identifiziert werden konnten. Aus der Perspektive der Entwicklungsprozessgestaltung sind insbesondere Konstruktionsfehler, „die auf einer fehlerhaften Konstruktion des Produkts beruhen und damit allen Produkten anhaften" (Scholl (2001), S. 247), Gegenstand der deliktischen Produkthaftung und können auf der Basis der Prinzipien von Beweislastumkehr und Zulassung des bloßen Augenscheins zu Schadensersatzansprüchen führen. Eine ähnliche Gesetzgebung zur Produkthaftung verfolgt Japan. Das Produkthaftungsrecht der USA ist hingegen komplexer. Einerseits wird ein solches Verfahren von der Zuständigkeit der Gerichtsbehörden beeinflusst. Diese Bedingungen sind wiederum davon abhängig, inwieweit Kläger und Beklagter im selben Bundesstaat jeweils ihren Sitz haben oder ob dies nicht der Fall ist. Andererseits wird die Produkthaftung in den drei Anspruchsgrundlagen Verschuldungshaftung (law of negligence), Zusicherungshaftung (breach of contractual warranty) und strikte Deliktshaftung (strict liability in torts) geregelt. Ohne auf diese komplizierten juristischen Anspruchsgrundlagen im Rahmen dieser Arbeit detaillierter eingehen zu können, sind die finanziellen Folgen dieser rechtstatsächlichen Befunde für ein produktentwickelndes Unternehmen von weitreichender Bedeutung. Im Jahre 1992 wurden 358 Fälle von 12.763 Verfahren von Seiten der Kläger gewonnen und dabei eine durchschnittliche Entschädigungssumme in Höhe von US$ 727.000 bezahlt. So rechnet der größte deutsche PKW-Hersteller mit jeweils einer Produkthaftungsklage pro 50.000 zugelassenen Fahrzeugen in den USA (vgl. Scholl (2001), S. 247-253).

11 Vgl. Bürgel/Zeller (1997), S. 219.

12 Vgl. Ulrich/Eppinger (2000), S. 94.

13 Vgl. Kindler (1995), S. 143f.: Kindler subsumiert Zeitrisiken von Softwareentwicklungsprojekten unter den Begriff der Projektrisiken und fordert deren Quantifizierung bereits in der Planungsphase.

lungskosten erhöhen.[14] Hinzu kommt, dass bis zum Abschluss der Spezifikationsphase 80% der Entwicklungszeit und 85% der künftigen Produktlebenskosten festgelegt werden.[15] Zu dieser Auffassung gelangt auch ***Wildemann*** in seinen Untersuchungsergebnissen, die in einer Erhebung von Entwicklungsprojekten der deutschen Elektro- und Elektrozuliefererindustrie im Zeitraum 2001 bis 2003 gewonnen wurden.[16] In diesen Märkten, die sich besonders dynamisch entwickeln und verändern, sind kürzere Innovationszyklen von technologisch anspruchsvollen und höher integrierten Produkten zu beobachten;[17] somit führt diese Marktdynamik zu absolut verkürzten Produkt- und Technologielebenszyklen (vgl. Abbildung 1.1).

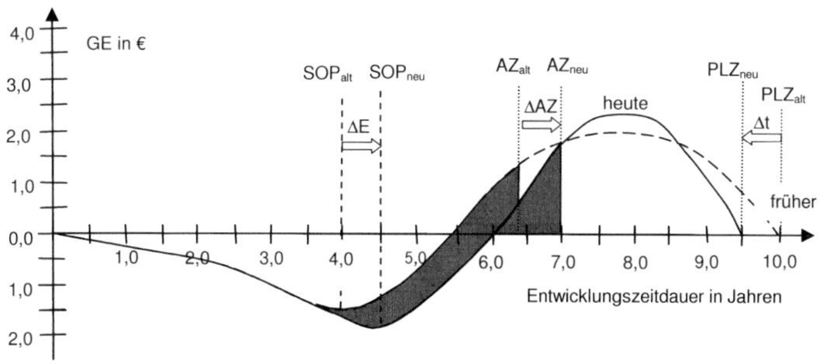

Abbildung 1.1: Auswirkungen von verlängerten Entwicklungszeiten auf die Projektwirtschaftlichkeit[18]

Gleichzeitig werden für die komplexeren Produkte tendenziell verlängerte Entwicklungszeiten benötigt, sodass der bisherige Produktionsstart SOP_{alt} um ΔE Zeiteinheiten auf den neuen Markteinführungstermin des Produktes SOP_{neu} verschoben wird. Durch diese Verschiebung der Vermarktungsphase wird aus der Perspektive der Wirtschaftlichkeit der geplante Amortisationszeitpunkt AZ_{alt} absolut um die Zeitspanne ΔAZ verzögert. Das Entwicklungsprojekt erreicht durch die Entwicklungszeitverzögerung erst zum Zeitpunkt AZ_{neu} den projektspezifischen Break-Even. Aufgrund der Marktdynamik kann die SOP-Überschreitung nicht mit einer Verlängerung der Marktphase kompensiert werden. Vielmehr tritt eine Reduktion der Marktphase Δt ein; damit wird zugleich dasjenige Zeitfenster

[14] Vgl. Feyhl (1996), S. 70ff.: Feyhl kommt in seinen Untersuchungen zur Kostenabweichung von Softwareentwicklungsprojekten zu dem Ergebnis, dass der Modalwert der Kostenüberschreitung bei 50% bis 100% der geplanten Kosten liegt (vgl. Feyhl (1996), S. 71, Tabelle 20). Dabei wurde in der Mehrzahl der Fälle die Aufwandsschätzung ohne die Anwendung einer Aufwandsschätzmethode durchgeführt (vgl. Feyhl (1996), S. 72, Tabelle 21).

[15] Vgl. Reichmann/Stippel (1998), S. 98ff.; vgl. Bullinger (1999), S. 442, insbesondere Abb. 8.7.

[16] Vgl. Wildemann (2003), S. 152-157.

[17] Vgl. Singer (1994), S. 54.

[18] In Anlehnung an: Wildemann (2003), S. 154, Abbildung 53.

verkürzt, das für die Gewinnerzielung zur Verfügung steht.[19] Zum anderen führt der Trend zu technologisch anspruchsvolleren und höher integrierten Produkten allgemein zu einer Verlängerung der Entwicklungszeit. Addieren sich zu dieser bereits verlängerten Entwicklungszeit ΔE zusätzliche Verzögerungen, geht dem Entwicklungsprojekt einerseits diejenige Zeitspanne in der Vermarktungsphase verloren, in welcher ein innovatives Produktprojekt die höchsten Stückdeckungsbeiträge erzielt.[20] So führt eine Entwicklungszeitüberschreitung um sechs Monate zu einer durchschnittlichen Ergebniseinbuße von 30% der Projektrendite, während aus einem Entwicklungskostenanstieg von 30% lediglich eine Ergebniseinbuße von 2% resultiert. Eine Produktionskostensteigerung um 10%, die z. B. auf verbesserte Materialien zurückzuführen ist, erniedrigt die Projektrendite lediglich um 4%.[21] Andererseits führt die Zeitverzögerung zu einer erheblichen Reduktion der Ertragslage des produktentwickelnden Unternehmens, da dieses i. d. R. nur über eine geringe Anzahl an Produkten verfügt, die sich in der ertragsstarken Marktdurchdringungs- und -sättigungsphase befinden.[22] Eine derartige Struktur weist das Produktprojekt-Portfolio zahlreicher Branchen auf; dazu gehören die Automobil- und Automobilzuliefererindustrie sowie die Elektro-, Elektronik-, Maschinenbau-, Chemie- und Pharmaindustrie.[23]

1.2. Forschungslücke

Zur Unterstützung von Entscheidungen, die innerhalb eines idealtypischen Entwicklungsprozesses bis zur endgültigen Produktspezifikation getroffen werden müssen,[24] finden sich eine Vielzahl von Controllinginstrumenten für die Planung, Steuerung und Kontrolle der einzelnen Erfolgsdeterminanten „Zeit“, „Kosten“ und „Qualität“. Letztere sind „sofern das Wissen um diese in einer Situation gegenwärtig ist, auch die erfolgsrelevanten Merkmale zum Erreichen

---

19 Vgl. Wildemann (2003), S. 154, insbesondere Abbildung 53.

20 Vgl. Wildemann (1993), S. 10. Die in dieser Arbeit behandelten Produktentwicklungsprojekte werden als Serienprodukte verstanden (vgl. Hahn/Laßmann (1993), S. 185f.). Kennzeichnend für Serienprodukte ist, dass diese für einen i. d. R. anonymen Käufermarkt entwickelt und ggf. dann partiell als Auftragsfertigung in tayloristischer Arbeitsweise und damit im Rahmen einer automatisierten Serienfertigung produziert werden. Serienentwicklungsprojekte bilden daher die überwiegende Mehrzahl der industriellen Entwicklungsprojekte.

21 Vgl. Seifert/Steinert (1995), S. 22.

22 Vgl. Riezler (1996), S. 7 und 9.

23 Vgl. Hahn/Laßmann (1993), S. 185f.

24 Innerhalb eines idealtypischen Entwicklungsprozesses unterscheiden Ulrich/Eppinger (vgl. Ulrich/Eppinger (2000), S. 82-102) mehrere Spezifikationsstufen, die mit der so genannten „final specification“ abschließen. Dieser Begriff der Spezifikation kann als allgemeingültiger Oberbegriff für sämtliche Entscheidungen verstanden werden, die zu verbindlichen Festlegungen des späteren Produktes führen. Spezifikationen definieren daher präzise, messbare Details, die mit der Entwicklung konkreter technischer Modelle abschließen.

eines vorbestimmten Ziels".[25] In der älteren Literatur werden diese Erfolgsdeterminanten als magisches Dreieck bezeichnet, da sich sämtliche Einflussgrößen nicht gleichzeitig optimieren lassen.[26] Neuere Quellen weisen jedoch darauf hin, dass durch die verbesserte Entwicklungsprozessgestaltung durchaus eine simultane Verbesserung der drei Ziele erfolgen kann.[27] Dieser Sichtweise schließt sich diese Arbeit an, indem konzeptionell bei der Optimierung der Entwicklungszeit und der daraus resultierenden Kosten nicht zwangsläufig ein bestimmter Einfluss auf die anderen Zielausprägungen ex ante unterstellt wird, sondern im Einzelfall die Abhängigkeiten aufzuzeigen sind. Des Weiteren ist in der Regel nicht näher definiert, welcher Zeithorizont für die Bewertung der einzelnen Erfolgsdeterminanten zugrunde gelegt wird. So ist es von erheblicher Bedeutung für die Planung der Entwicklungszeit und der Entwicklungskosten, ob für eine stark beanspruchte technische Komponente lediglich die Material- und/ oder Herstellkosten mit einer geringen oder hohen Lebensdauer zu planen sind.[28] Aus der Perspektive eines prozessorientierten Entwicklungskostencontrollings wird gefordert, dass sich die Entwicklungsprozessplanung vorrangig an der gesamthaften Lebenszykluskostenbetrachtung aus der Sicht des Kunden auszurichten hat.[29] Dennoch zielen die traditionellen Qualitätscontrollingsysteme primär auf die Umsetzung der spezifizierten Marktanforderungen auf Basis der Herstellkosten.[30] Neuere Entwicklungen lassen sich bei der industriellen Anlagenwirtschaft beobachten: Die besondere Höhe der Ausfallfolgekosten erforderte eine lebenszyklusorientierte Kostenbetrachtung bei der Investitionsentscheidung, die neben den reinen Investitionskosten zusätzlich die Betriebs-, Instandhaltungs- und Unterhaltskosten berücksichtigt. Zu den Ausfallfolgekosten zählen im Wesentlichen Reparatur- und Wiederbeschaffungskosten, Schadensersatzansprüche oder die Gewinnminderungen aufgrund entgangener Deckungsbeiträge.[31] Um die Auswirkungen der z. T. langfristig gegensätzlich wirkenden Kostenarten auf die Projektrentabilität bewerten zu können, werden vermehrt Wirtschaftlichkeitsrechnungen auf Basis einer Gegenwartswertberechnung durchgeführt. Dazu sind sämtliche Einflussgrößen des Lebenszyklus einer Investitionsentscheidung als Kostengrößen

---

25 Melheritz (1999), S. 41.

26 Vgl. Bürgel et al. (1996), S. 38f.

27 Vgl. Gerboth (2002), S. 417; vgl. Ludwig (2005), S. 46f.

28 Diese Forderung resultiert aus der Berechnungsformel für die Ausfallquote eines technischen Systems. Diese setzt die Anzahl der Ausfälle in einem bestimmten Zeitintervall in das Verhältnis zum Produkt aus Anfangsbestand und Intervallgröße (vgl. Bertsche/Lechner (2004), S. 32).

29 Vgl. Zehetner (1999), S. 161, insbesondere Abbildung 3. In der neueren Literatur zur Anlagenbeschaffung werden solche lebenszykluskostenorientierten Bewertungsansätze auch als total-cost-of-Ownership bezeichnet (vgl. Wildemann (2008b), S. 93-107).

30 So bildet der traditionelle Schwerpunkt des Qualitätskostencontrolling die Erreichung gesetzter Zielkosten auf der Basis von Herstellkosten. Die Beachtung von zusätzlichen Kosteneinflüssen entlang des Lebenszyklus des Produktes unterbleibt dabei (vgl. Müller (1997), S. 103ff.).

31 Vgl. Granthien et al. (1999), S. 236.

zu erfassen und mittels eines risikoadäquaten Zinssatzes zu bewerten.[32] In der Literatur finden sich zahlreiche Controllinginstrumente zum Entwicklungskostencontrolling, die sich in die drei Gruppen Entwicklungszeitschätzverfahren, Kostenschätzverfahren und Ansätze des Performance Measurement aufteilen lassen (vgl. Abbildung 1.2):

- Mittels Entwicklungszeitschätzverfahren wird lediglich die für die Entwicklungsphase einer Projektalternative benötigte Zeitspanne berechnet. Der Aspekt der Zeitrisikoausprägung bleibt dabei unberücksichtigt. Zudem werden i. d. R. umfangreiche Schätzdaten für die Ermittlung der risikolosen Zeitdauer vorausgesetzt.[33] Zeitschätzverfahren, welche wie das Netzplanverfahren PERT[34] Zeitrisikoausprägungen explizit ausweisen, erheben die für die Datenauswertung erforderlichen Inputgrößen ohne ein geeignetes Zielsystem, sodass die Bewertungsergebnisse vielfach ausnahmslos von der Qualität des Schätzers und dessen Rahmenordnung abhängen. Hinzu kommt der hohe Grad an Komplexität des PERT-Verfahrens, der die Anwendung in der betrieblichen Praxis verhindert.[35]
- Verfahren zur entwicklungs- und konstruktionsbegleitenden Kalkulation berücksichtigen lediglich die Höhe der Herstellkosten eines Produktes ohne dabei Aussagen über die dazu benötigte Entwicklungszeit bzw. die erforderlichen Entwicklungskosten zu formulieren.[36]
- Controllinginstrumente, wie die Meilensteintrendanalyse, welche darauf abzielen den Qualitätsstand eines Entwicklungsprojektes zu bewerten, berücksichtigen nicht simultan die Kostenfolgen von Herstellkostenerhöhungen und/oder Entwicklungszeitveränderungen, um eine Zielgradabweichung zu kompensieren.[37] So werden die Dateninformationen von Entwicklungsaktivitäten auf der Balanced Scorecard nicht zu einer Kennzahl verdichtet, welche die Kostenfolgen von Zeitrisiken monetär bewertet.[38] Bei

---

32 Vgl. Jockel (2003), S. 350, 352 und 354.

33 Vgl. Burghardt (2006), S. 156ff.; vgl. Wildemann (2003), S. 293ff. So ermittelt Wildemann im Rahmen seines Entwicklungszeitschätzverfahrens PROGRESS lediglich die optimale Zeitdauer für ein zu entwickelndes Teilsystem. Aussagen, welche Kostenfolgen von einer bestimmten Ausprägung einer Einflussgröße auf die Entwicklungszeit ausgehen, z. B. von einer bestimmten Produktstruktur oder Organisationsausprägung, verbindet er damit nicht.

34 Die Abkürzung PERT steht für „Program and Review Technique“ (Altrogge (1994), S. 4).

35 Vgl. Dawson/Dawson (1998), S. 299.

36 Vgl. Scholl (1998), S. 29-52; Bronner (1993), S. 364f.

37 Vgl. Hegel et al. (1998), S. 957f.

38 Vgl. Schmelzer (2000), S. 34f. Stellvertretend für viele, insbesondere sehr praxisorientierte Performance Measurement Konzepte seien hier die theoretisch fundierten Forschungsarbeiten von Gleich (vgl. Gleich (2001)) und Kerssens-van Drongelen (vgl. Kerssens-van Drongelen (2001)) angeführt. Während Gleich aus wirtschaftswissenschaftlicher Perspektive Erfolgsfaktoren definiert, untersucht Kerssens-van Drongelen

der Quality-Gate-Methode wird der gesamte Entwicklungsprozess in einzelne Projektphasen untergliedert, die mit einem Prozessschritt, dem so genannten Quality Gate, abschließen. Jedes Quality Gate definiert dabei, welche Phasenziele und Leistungsmerkmale erfüllt sein müssen, um die Freigabe für die folgende Projektphase zu erhalten.[39] Folgekosten für eine Qualitätsminderung bleiben dabei unberücksichtigt. Ebenso unterbleibt eine monetäre Bewertung und die Summation dieser Kosten zu einer Kennzahl, auf Basis derer Entscheidungsalternativen vergleichbar werden. Derselbe Sachverhalt trifft auf Kennzahlensysteme zu, die einzelne Qualitätsziele, wie die Entwicklungsqualität, messen. Die Ausprägungen der einzelnen Partialgrößen lassen sich nicht zu einer Spitzenkennzahl aggregieren.[40] Damit wird ein Vergleich zwischen Entscheidungsalternativen erschwert.

- Eine Überführung der Ergebnisse der einzelnen Methoden in eine integrierte Gegenwartsrechnung ist für die Problemstellung dieser Arbeit nicht bekannt. Dabei sind die Auswirkungen der Ausprägungen sämtlicher Erfolgsdeterminanten mit ihren monetären Folgen für die entwicklungskosten- und -folgekostenintensiven Teilphasen des Produktlebenszyklus und damit für die Entwicklungs- und Produktanlaufphase zu berücksichtigen. Insbesondere findet sich keine Controllingmethode, mittels derer Entwicklungsalternativen auf der Basis einer zeitrisikoadjustierten Gegenwartsrechnung miteinander verglichen werden können.
- Als Verfahren zur Risikobewertung von Entwicklungsprojekten findet primär die Scoring-Methode Anwendung.[41] Diese bewertet Entwicklungsprojektalternativen auf Basis einer Ordinalskala.[42] Controllingverfahren, die explizit das Risiko von Entwicklungsprojektalternativen bewerten, fokussieren primär die Herstellkosten.[43] Hierzu zählt der Ansatz des Front-Load-Costing, der die Schätzung der Herstellkostenhöhe von technischen Produkten unter Berücksichtigung von Kostenrisiken in frühen Phasen der Produktentwicklung ermöglicht.[44] Ansätze, welche die Kosten von Entwick-

Entwicklungsprojekte aus technischer Perspektive auf ihre Einflussfaktoren im Rahmen einer geschlossenen Performance Measurement-Konzeption.

39 Vgl. Pfeifer (2004), S. 21.

40 Vgl. Hauger (2007), S. 20.

41 Vgl. Strebel (1975), S. 12f.

42 Vgl. Brockhoff (1999), S. 343-349; eine Übersicht über die in der Literatur vorgeschlagenen Bestandteile und Verfahrensstufen von Scoring-Modellen findet sich bei Brose (1982), S. 331ff.

43 Vgl. Neff (2002), S. 34f.

44 Vgl. Neff (2002), S. 109-114, insbesondere S. 113, Abbildung 4.9.

lungszeitrisiken analog der Bepreisung von Ausfallrisiken am Kapitalmarkt mittels der Value-at-Risk-Methodik[45] quantifizieren, sind derzeit in der Literatur nicht bekannt.

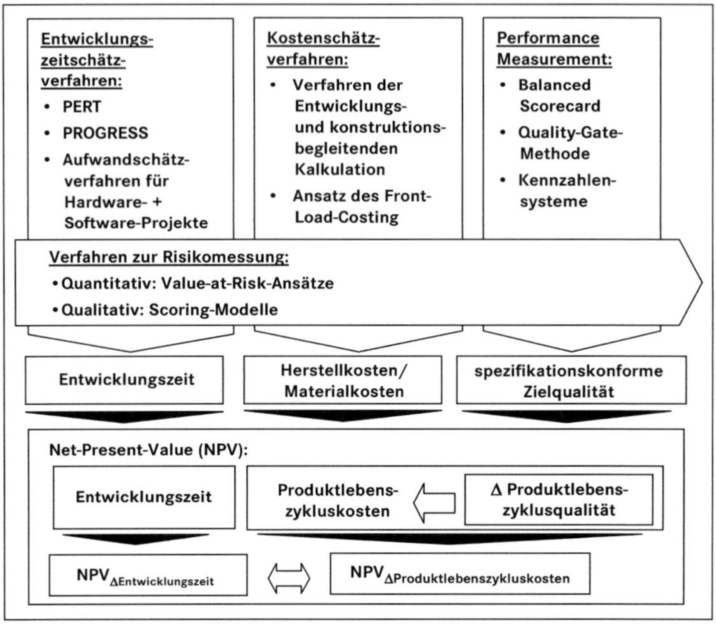

Abbildung 1.2: Übersicht über die Forschungslücke der Arbeit

Die Entscheidungssituation im Entwicklungsprozess erfordert die umfassende Bewertung der Ausprägungen sämtlicher Erfolgsdeterminanten aus der Perspektive der Lebenszykluskosten einer Produkteinheit. Zudem empfiehlt sich dabei eine Begrenzung auf diejenigen Einflussgrößen der Erfolgsdeterminanten, die direkt durch diese Entscheidung beeinflusst werden können. Folglich lassen sich im Rahmen einer Entscheidungsoptimierung lediglich diejenigen Trade-off-Situationen bewerten, die zwischen den verschiedenen Kostenarten entlang des Produktlebenszyklus anfallen. Der Entfall der Absatzmenge mit den höchsten Stückdeckungsbeiträgen aufgrund einer Entwicklungszeitverlängerung bildet für die Entscheidungen in der Entwicklungsphase lediglich eine theoretische Größe; deren Ausprägungen lassen sich zu diesem Zeitpunkt nicht eindeutig planen,[46] da die Einpreisung des Produktes erst zum Zeitpunkt der Markteinführung durchgeführt werden kann. Daher empfiehlt es sich die Kostenfolgen von Entwicklungsprojektalternativen auf der Basis unternehmensintern beeinflussbarer

[45] Vgl. Uhlir/Aussenegg (1999), S. 835, insbesondere die in Abbildung 3 dargestellten Methodenwege zur Value-at-Risk Ermittlung.

[46] Vgl. hierzu Kapitel 1.1, insbesondere Abbildung 1.1 und die dortigen Ausführungen.

Kostengrößen gegeneinander abzuwägen, die innerhalb des gesamten Produktlebenszyklus oder während bestimmter Teilphasen davon mit hoher Wahrscheinlichkeit anfallen. Für den Entwicklungsprozess als Teilphase des Produktlebenszyklus sind die Ausprägungen sämtlicher Erfolgsdeterminanten in Kostengrößen zu transformieren. In der Markteinführungsphase werden reduzierte Ausfallkosten als Folge einer gesteigerten Entwicklungsprozessqualität gesehen.[47] Die Entscheidung zugunsten einer bestimmten Entwicklungsprozessalternative kann nun auf Basis eines Gegenwartswertes erfolgen. Wird dieses Vorgehen mittels eines stringenten Datenerhebungsprozesses durchgeführt, können dabei zudem Kennzahlen über den Entwicklungsprozess und die Mitarbeiter der Entwicklungsorganisation gewonnen werden. Deren Bedeutung für das Management wird zwar als hoch eingeschätzt, die Verfügbarkeit solcher Kennzahlen wird jedoch als nur begrenzt ausreichend angesehen.[48]
Als Zwischenergebnis kann festgehalten werden, dass bisher kein Controlling-Instrument bekannt ist, das die Entwicklungszeit einer Produktalternative auf der Grundlage eines umfassenden Kriterienkataloges ermittelt, zeit- und zeitrisikoadjustierte Kennzahlen ausweist sowie diese Ergebnisse den erwarteten Qualitätsfolgekosten auf Basis eines Gegenwartswertes gegenüberstellt. Somit ist es nicht verwunderlich, dass ein großer Forschungsbedarf zur methodischen Unterstützung von Entscheidungen in den frühen Phasen des Produktentwicklungsprozesses gesehen wird.[49]

1.3. Zielsetzung

Das Ziel dieser Arbeit bilden die Entwicklung und das Aufzeigen der Anwendbarkeit eines Entscheidungsmodells, das einerseits eine möglichst valide Entwicklungszeit- und -risikoschätzung für Handlungsalternativen von komplexen, technischen Produkten ermöglicht; andererseits sollte das Entscheidungsmodell eine eindeutige Bewertung zwischen den zeitdauerabhängigen Kosten und den Erträgen einer möglichst validen Entwicklungszeitschätzung in Form reduzierter Ausfallkosten zulassen. Die Lösung dieser Zielsetzung bildet das ***„Entscheidungsmodell für ein zeitorientiertes Entwicklungskosten-Controlling“***. Die Zielsetzung der Arbeit wird in zwei Teilziele spezifiziert:

---

47 Vgl. Wildemann (2002), S. 3ff. Aufgrund dieser Frühausfälle, die u. a. als Folgen eklatanter Konstruktionsfehler auftreten, nimmt die Verteilungsfunktion der Ausfallrate eines technischen (Teil-)Systems eine Badewannenform an: In der Frühphase verursachen Konstruktionsfehler eine höhere Ausfallrate. Mit steigender Lebensdauer sinkt diese aufgrund der fortgeschrittenen Maßnahmen zur Steigerung der Produktqualität. Lediglich Zufallsausfälle führen dann zu einer geringen Ausfallquote. Mit fortschreitender Lebensdauer des technischen (Teil-)Systems jedoch korreliert der Anstieg an Verschleiß- und Ermüdungsbrüchen, u. a. aufgrund von Alterung (vgl. Bertsche/Lechner (2004), S. 23f.).

48 Vgl. Weber (2005), S. 385ff.

49 Vgl. Wickord et al. (2000), S. 39-59; Gerpott/Winzer (2000), S. 265.

- Zum einen soll ein Verfahren entwickelt werden, mit dem die durchschnittliche Entwicklungszeit bei verschiedenen Produkt-, Prozess- und Organisationsstrukturen alternativer technischer Teilsysteme eines komplexen, physischen Serienprodukts sowie das Risiko der Zeitüberschreitung methodisch angeleitet eingeschätzt werden können. Dazu ist die Erarbeitung einer geeigneten Aufwandsschätzmethode notwendig, die auf einem Zielsystem aufbaut, das die Einflussgrößen der Entwicklungszeit umfassend berücksichtigt.
- Zum anderen soll ein Modell zur Bewertung des ökonomischen Nutzens, der aus der Verringerung eines bestimmten Zeitrisikos resultiert, entwickelt werden. Damit soll ein Vergleich der Einflüsse veränderter Produkt-, Prozess- und Organisationsstrukturen auf die direkten zeitabhängigen Kosten ermöglicht werden. Dies erfordert ein Entscheidungsmodell auf der Basis einer Gegenwartswertberechnung. Dabei sind den Kosten des Zeitrisikos, die sich aus einer verlängerten Entwicklungsdauer und/oder höheren Kosten je Zeiteinheit während der Entwicklungsphase zur Erreichung der spezifizierten Zielqualität ergeben, die Erträge gegenüber zu stellen, die sich aus einer solchen Entwicklungskostenerhöhung ergeben. Letztere sind aus dem Fokus dieser Arbeit vorrangig in der Vermeidung von Kosten für potentielle Produktmängel zu sehen, die aus einer nicht spezifikationskonformen Erfüllung der Entwicklungsleistung resultieren und sich durch einen effizienten, kostenintensiveren Entwicklungsprozess tendenziell vermeiden lassen.

Aufbauend auf dem erarbeiteten Entwicklungszeitschätzverfahren und dem Entscheidungsmodell erfolgt die Berechnung von Entscheidungssituationen von drei Produktprojekten, die in chronologischer Reihenfolge entwickelt wurden.

1.4. Methodik der Arbeit

Die Methodik dieser Arbeit orientiert sich an dem Modellverständnis von ***Zimmermann***. Den Ausgangspunkt des Modells bildet eine Problemstellung, die eine subjektive und eine objektive Komponente beinhaltet.[50] Ein realer (objektiver) Tatbestand wird durch die subjektive Wahrnehmung von Menschen erfasst und als Problem erkannt. Die problemadäquate sprachliche Beschreibung von Tatbestand und subjektiver Wertung bildet die Basis für die Konzeptionierung des verbalen Modells. Die Übersetzung des verbalen Modells in ein mathematisches Modell erfolgt mittels einer geeigneten Sprache. Damit ist der erste Schritt zur Modellbildung i. e. S. vollzogen. Das mathematische Modell dieser Arbeit beinhaltet

[50] Vgl. Zimmermann (2005), S. 1-3.

einerseits die Erfassung der Entwicklungszeitrisiken und andererseits deren ökonomische Bewertung im Rahmen eines Entscheidungsmodells. Abschließend wird erörtert, inwieweit die Lösung des mathematischen Modells gleichzeitig eine Lösung des ursprünglichen Problems darstellt oder ob weitere Änderungen des Realitätsausschnitts erforderlich sind, die eine Änderung der Modelllandschaft beginnend beim verbalen Modell erforderlich machen. Primär wurde das Modell von ***Zimmermann*** für das Operations Research entwickelt. Es lässt sich jedoch im Besonderen auf die Problemstellung und den Lösungsfindungsprozess dieser Arbeit anwenden, da sich die Problemstellung lediglich durch ein Modell i. e. S. lösen lässt, das eine iterative Lösungsfindung erlaubt. In der vorliegenden Arbeit bildet die Operationalisierung der einzelnen Modellabschnitte gleichzeitig die Spezifikation des in der Arbeit zu entwickelnden Entscheidungsmodells. Diese Zusammenhänge sind in Abbildung 1.3 dargestellt:

1. Die Problemstellung umfasst den Sachverhalt, dass Serienentwicklungsprojekte immer komplexer werden und sich daher die Entwicklungsphase tendenziell verlängert, während ein kompetitives Wettbewerbsumfeld eine Verkürzung des Produktlebenszyklus erfordert. Eine Entwicklungszeitverlängerung komplexer Produkte führt nicht zwingend zu besseren Entwicklungsergebnissen, jedoch wird die Projektrentabilität aufgrund der verringerten Absatzmenge erheblich determiniert. Das Ziel muss folglich eine möglichst zeitrisikoarme Umsetzung der spezifizierten Markterfordernisse eines Produktes sein.[51]
2. Dazu wird ein verbales Modell erarbeitet, das ein möglichst geeignetes Zielsystem für die Entwicklungszeitschätzung enthält. In einem ersten Schritt werden die vorhandenen Aufwands- und Entwicklungszeitschätzverfahren klassifiziert und die Anforderungen für ein Entwicklungszeitschätzverfahren für komplexe technische Produkte definiert. Darauf aufbauend werden die vorhandenen Ansätze mit Hilfe des Anforderungskataloges überprüft (vgl. Kapitel 2). In einem dritten Schritt werden die allgemeinen Ansätze der Komplexitätstheorie auf einen geeigneten Ansatz hin untersucht, anhand dessen die Zeittreiber und deren Ausprägungen umfassend und wirtschaftlich effektiv erhoben werden können (vgl. Kapitel 3). Insbesondere wird die Konzeption des mehrdimensionalen, relationalen Komplexitätsmodells von ***Reiß*** als Lösungsansatz überprüft. Dabei wird erörtert, inwieweit sich dieser Ansatz eignet, die Ausprägungen der zeitbeeinflussenden Größen in der Produkt-, Prozess- und Organisationsstruktur eines Serienentwicklungsprojektes als allgemeines Zielsystem zu erfassen. Abschließend

[51] Beide Perspektiven der Problemstellung werden in Kapitel 1.1 erörtert.

wird auf dieser Basis ein umfassendes und effizientes Zielsystem für die Zeittreiber entwickelt und die Konzeption des Schätzverfahrens abgeschlossen.

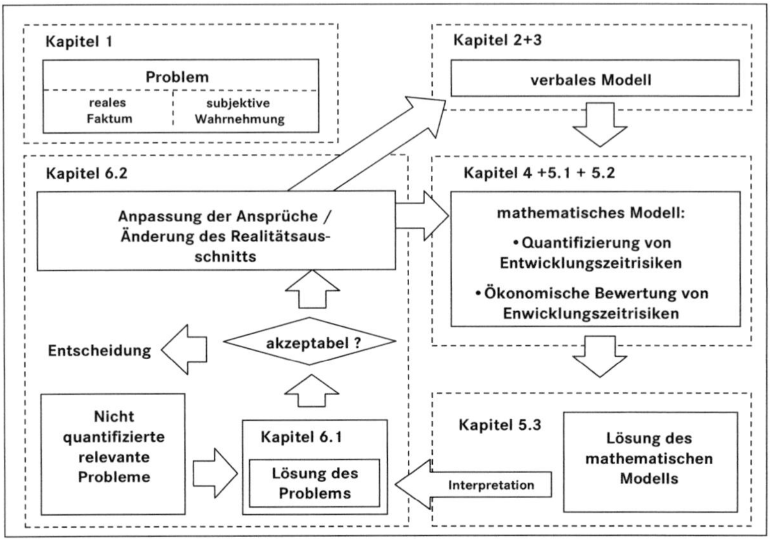

Abbildung 1.3: Vorgehensmodell und der Aufbau dieser Arbeit[52]

3. Das mathematische Modell beinhaltet die methodische Vorgehensweise, um einerseits Zeitrisiken möglichst valide im Rahmen einer einfachen Verteilungsfunktion schätzen zu lassen und deren Eintrittswahrscheinlichkeit möglichst genau bestimmen zu können. Andererseits hat das Modell eine Vorgehensweise anzubieten, wie diese Schätzergebnisse zu Zeitrisiko-Kennzahlen komprimiert werden können (vgl. Kapitel 4). Diese fließen als Zeitdaten in die Entscheidungsrechnung ein. Dort kann auf Basis eines Gegenwartskostenvergleichs dargelegt werden, inwieweit sich höhere Entwicklungskosten unter Berücksichtigung eines bestimmten Zeitrisikoanteils durch eine höhere Produktqualität kompensieren lassen. Höhere Entwicklungskosten resultieren dabei entweder aus einer Quantifizierung der Entwicklungszeitrisikoausprägung, die als verlängerte Entwicklungsdauer bereits in die Planungsphase einfließt, oder aus Folgekosten von Beschleunigungsmaßnahmen (vgl. Kapitel 5). Das Kapitel schließt mit einer Anwendung des Modells; dort wird aufgezeigt, inwieweit die Lösung des mathematischen Modells ein zeitorientiertes Entwicklungskostenrechnungsverfahren anbietet (vgl. Kapitel 5.1). Dazu werden die Entwicklungs- und Ausfallkosten von drei

[52] In Anlehnung an: Zimmermann (2005), S. 2, Abbildung 1.

Anwendungsfällen dieser Arbeit als Entscheidungssituationen ausgearbeitet (vgl. Kapitel 5.2).

4. Die Auswirkungen von Schätzergebnissen für die Risikozeiten mit unterschiedlichen Risikopräferenzen und verschiedenen Eintrittswahrscheinlichkeiten auf die Entscheidungssituation wird im Rahmen einer Sensitivitätsanalyse untersucht (vgl. Kapitel 5.3). Die systematischen Zusammenhänge der drei Anwendungsfälle dazu werden bereits in Kapitel 1.5 näher erörtert.
5. In Kapitel 6.1 wird aufgezeigt inwieweit die Ergebnisse der einzelnen Spezifikationsanforderungen mit den gewählten Lösungsansätzen umgesetzt und letztendlich das subjektiv erkannte Problem mit dem ***„Entscheidungsmodell für ein zeitorientiertes Entwicklungskosten-Controlling“*** akzeptabel gelöst werden kann. In Kapitel 6.2 werden die Grenzen des Entscheidungsmodells anhand der gesetzten Prämissen aufgezeigt. Vorschläge für weitergehende Untersuchungen werden in Kapitel 6.3 erörtert.

In den nachfolgenden Abschnitten wird die Problemstellung mittels Anwendungsfällen konkretisiert und die maßgeblichen Definitionen für das Risiko- und Entwicklungsprozessverständnis dieser Arbeit erörtert.

1.5. Konkretisierung der Problemstellung anhand von drei Anwendungsfällen

Die konkreten Anwendungsfälle dieser Arbeit beziehen sich auf die Bewertung verschiedener Entwicklungsstrategien für Nutzfahrzeug-Bordnetze. Bordnetze stellen ein geeignetes Anwendungsfeld des hier entwickelten Ansatzes dar. Aus technischer Sicht sind Bordnetzarchitekturen komplexe technische Teilsysteme, die eine vielseitige Basisarchitektur zur Verfügung stellen müssen, um den Änderungserfordernissen eines von kurzen Zyklen geprägten Marktumfeldes gerecht zu werden. Aus wirtschaftlicher Sicht wird erwartet, dass durch die Bordnetzkomponenten ein überproportionaler Wertschöpfungsanteil für das Nutzfahrzeug als Gesamtsystem zukünftig erzielt werden kann. Mit Hilfe von drei Basisarchitekturen von Bordnetzen verschiedener Nutzfahrzeugentwicklungsprojekte wird die Systematik des ***„Entscheidungsmodells für ein zeitorientiertes Entwicklungskosten-Controlling“*** durchgängig durch diese Arbeit erörtert. Diese wurden bzw. werden zeitlich nacheinander für jeweils eine Fahrzeugfamilie entweder neu entwickelt oder wurden maßgeblich weiterentwickelt.

Die drei Anwendungsfälle dieser Arbeit bilden die Projekte P_{t0}, P_{t-1} und P_{t-2}. Die Projekte P_{t0} und P_{t-2} stellen Neuentwicklungen dar. Das Projekt P_{t-1} umfasst eine umfangreiche Weiterentwicklung von Projekt P_{t-2}. Ziel dieser Arbeit ist es, ein Verfahren zu entwickeln, mit dem zwei Paare von Alternativen auf Basis der Gegenwartskosten miteinander verglichen werden können.[53] Dazu werden die drei Projekte in Form von zwei chronologisch nacheinander folgenden Projektpaaren auf der Basis von Ausfall- und Entwicklungskosten, den Ausprägungen der Einflussgrößen der Entwicklungszeit und der Höhe der Entwicklungszeit einander gegenübergestellt (vgl. Abbildung 1.4). Um diese Vergleichsrechnung auf Basis eines Gegenwartswertes zu ermöglichen, der sämtliche Kosten und Erträge auf den Zeitpunkt der Entscheidungsfindung diskontiert, sind einige Prämissen zu setzen. Ausgangspunkt bildet die Herleitung der systematischen Zusammenhänge auf Basis eines Analogieschlusses zwischen den verschiedenen Anwendungsfällen. Im Rahmen eines Dissertationsvorhabens kann ein solcher Ansatz lediglich bedingt erbracht werden, indem die Anwendbarkeit der im Entscheidungsmodell ausgearbeiteten Zusammenhänge anhand ausgewählter Praxisbeispiele dargelegt wird.[54] Leistbar aus der Perspektive dieser Arbeit ist daher:

1. Die Erfüllung der Anforderungen an die präskriptive Entscheidungstheorie mittels eines logisch in sich geschlossenen Modells zur Zeit- und darauf aufbauenden Kostenschätzung.
2. Die ansatzweise Prüfung der Anwendbarkeit des Modells, indem die Ausprägungen der zeitbeeinflussenden Größen und deren Kostenfolgen auf Basis zweier Projektpaare $P_{t-2}P_{t-1}$ und $P_{t-1}P_{t0}$ miteinander verglichen werden.

Dazu werden bei beiden Projektpaaren die unterschiedlichen Ausprägungen der Zeittreiber des Nachfolgeprojektes gegenüber dessen Vorgänger identifiziert. Die zeitabhängigen Entwicklungsfolgekosten und die Qualitätsfolgekosten der Projekte P_{t-2} und P_{t-1} sind bereits bekannt, sodass ein Vergleich hinsichtlich der unterschiedlichen Ausprägungen der Einflussgrößen auf die Entwicklungszeit sowie der Differenz der Entwicklungs- und der Ausfallkosten zwischen beiden Projekten vorgenommen werden kann. Aus dieser retrograd gerichteten Perspektive müssten die in der Spezifikationsphase getroffenen Entscheidungen darauf-

---

53 Der Vergleich von verschiedenen Projekten, die zu verschiedenen Zeitpunkten begonnen und abgeschlossen wurden, hat auf der Basis der realen Projektkosten zu erfolgen. Folglich sind die Kostenpositionen für in der Vergangenheit realisierte Projektabschnitte auf das Vergleichsjahr zu inflationieren. In dieser Arbeit wird das Jahr 2007 als Vergleichsjahr gewählt; als jährliche Inflationsrate werden 2% unterstellt. Demgegenüber wird für die projektinterne Wirtschaftlichkeit die Annahme getroffen, dass ein interner Zinsfuß von 7% realisiert werden muss, um eine Investition in ein Entwicklungsprojekt vor den Unternehmenseignern zu rechtfertigen.

54 Aus der Perspektive der Wissenschaftstheorie bildet die präskriptive Entscheidungstheorie eine Formalwissenschaft, die nicht den Anspruch erhebt, wahre und neue Aussagen über die Realität zu formulieren. Modelle der präskriptiven Entscheidungstheorie basieren auf Axiomen und entwickeln logisch wahre Schlussfolgerungen (vgl. Zimmermann (2005), S. 13). Demgegenüber erhebt die deskriptive Entscheidungstheorie als Realwissenschaft den Anspruch wahre und neue Aussagen über die Realität zu formulieren. Sie haben demnach dem auf Popper zurückgehenden kritischen Rationalismus zu folgen (vgl. Popper (1989), S. 21f.). Frank weist deutlich auf die Nichtdurchführbarkeit umfangreicher Untersuchungen in der Praxis hin. Insbesondere aus der für eine differenzierte Evaluation benötigten Zeitdauer resultiert eine nicht mehr existente Aktualität des Untersuchungsergebnisses im Hinblick auf die ursprünglich zu bewertenden Handlungsoptionen (vgl. Frank (2003), S. 283f.).

hin überprüft werden können, ob sie sich ex post als wirtschaftlich erweisen oder ob dies nicht der Fall ist. Der Logik der präskriptiven Entscheidungstheorie folgend ist nun sicherzustellen, dass vergleichbare Zeittreiberausprägungen bei beiden Projektpaaren zu identischen Entwicklungszeitunterschieden führen.[55] Diese können nun mit den realen Entwicklungskostendifferenzen bei beiden Projektpaaren verglichen werden. Die daraus gewonnenen Aussagen sollten in sich konsistent sein. Mit diesem Abgleich kann zwar nicht bewiesen werden, dass die mit diesem Modell ermittelten Zeitdaten auch in jedem Fall zu den aufgezeigten Kostenfolgen führen werden. Es kann jedoch aufgezeigt werden, dass das Modell dieser Arbeit zu tendenziell genaueren Entwicklungszeitschätzergebnissen und den daraus resultierenden Kostenfolgen führt als dieses durch die Anwendung anderer Zeit- und Kostenschätzverfahren bezogen auf die Problemstellung der Arbeit der Fall wäre. Dazu sind Projektdaten erforderlich, die in der Realisation realistische Werte widerspiegeln. Um die grundlegenden Zusammenhänge des Modells dieser Arbeit darzulegen, wird nachfolgend jeder Modellschritt an diesen drei Projekten erörtert.

Den Ausgangspunkt bildet der Vergleich zwischen zwei bereits abgeschlossenen Entwicklungsprojekten, die ein hinreichendes Maß an Ähnlichkeit aufweisen. Die grundlegenden Zusammenhänge sind in Abbildung 1.4 dargestellt. Die dazu maßgeblichen Vergleichsparameter bilden die Differenz der Gegenwartswerte bzw. des Net-Present-Value – kurz ΔNPV – der Ausfallkosten zwischen den Projekten P_{t-2} und P_{t-1}, $\Delta NPV_{AK\_Pt-1\_Pt-2}$, die Differenz der Gegenwartswerte der Entwicklungskosten zwischen den Projekten P_{t-2} und P_{t-1}, $\Delta NPV_{EK\_Pt-1\_Pt-2}$, und die Differenz der benötigten Entwicklungszeit zwischen den Projekten P_{t-2} und P_{t-1}, ΔEZ_{Pt-1_Pt-2}. Hinzu kommt ein Vergleich derjenigen Einflussgrößen, deren Ausprägungsunterschiede die Entwicklungszeit zwischen beiden Projekten maßgeblich beeinflusst haben; diese werden nachfolgend als zeitbeeinflussende Größen oder Komplexitätsfaktoren einer Projektalternative A_i als KAF_{P_i} bezeichnet.[56] Aus den unterschiedlichen Ausprägungen desselben Komplexitätsfaktors für ein Projektpaar wird auf die daraus resultierende Differenz der Entwicklungszeit geschlossen. So spiegelt $\Delta KAF_{\mathrm{Pr}\_Vz\_Pt-1\_Pt-2}$ die Unterschiede des Komplexitätsfaktors der produktstrukturbedingten Vielzahl zwischen dem Projekt P_{t-1}

---

[55] Vgl. Weber/Eisenführ (2003), S. 97-103.

[56] Bei der Erörterung der grundlegenden Zusammenhänge des Zeitschätzverfahrens dieser Arbeit werden in einem ersten Schritt diejenigen Parameter, von deren Ausprägungen ein Einfluss auf die Entwicklungszeit erwartet wird, als „zeitbeeinflussende Größen" bezeichnet. In Kapitel 3.1 wird aufgezeigt, wie sich diese Größen auf Basis des mehrdimensionalen relationalen Komplexitätsmodells für komplexe technische Systeme auf einer Metaebene operationalisieren lassen. Die operationalisierten zeitbeeinflussenden Größen des Entwicklungszeitschätzverfahrens dieser Arbeit werden dann als „Komplexitätsfaktoren" bezeichnet.

und dessen Referenzprojekt P_{t-2} wider. Auf dieser Basis wird für jeden Komplexitätsfaktor die Entwicklungszeitdifferenz ΔEZ_{Pt-1_Pt-2} eingeschätzt. Sowohl dieser Zeitunterschied als auch die zugrunde liegenden einzelnen Projektwerte EZ_{Pt-1} und EZ_{Pt-2} können in die darauf aufbauenden Gesamtkostenberechnungen für die Entwicklungsphase der einzelnen Projekte NPV_{EK_Pt-2}, NPV_{EK_Pt-1} und NPV_{EK_Pt0} sowie die Ausfallkosten je Projekt NPV_{AK_Pt-2}, NPV_{AK_Pt-1} und NPV_{AK_Pt0} eingehen. Des Weiteren können diese Kostendaten dazu dienen die Handlungsalternativen auf der Basis von Grenzkosten bzw. -erlösen in Form vermiedener Kosten miteinander zu vergleichen: z. B. $NPV_{EK\_Pt0\_Pt-1}$ und $NPV_{AK\_Pt0\_Pt-1}$.

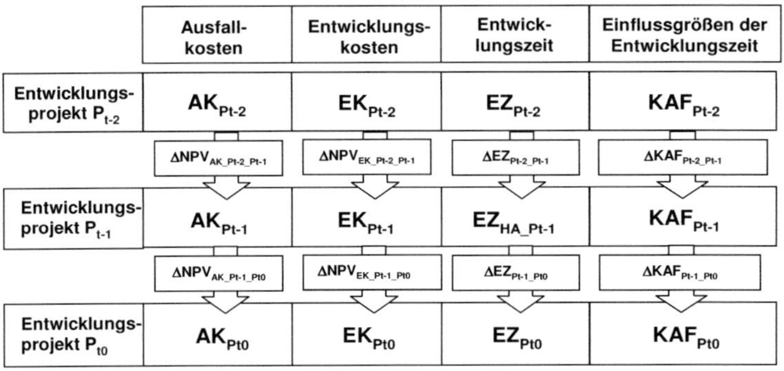

Abbildung 1.4: Herleitung der systematischen Zusammenhänge auf Basis eines Analogieschlusses

Werden bei beiden Projektvergleichen ähnliche Ergebnisse hinsichtlich der Differenzen der Gegenwartswerte erzielt, kann davon ausgegangen werden, dass die Ergebnisse dieses Einzelfalles unter den beschriebenen Bedingungen vergleichbarer Ausprägungsunterschiede derselben Komplexitätsfaktoren auch für ähnliche Entwicklungsprojekte gelten können.

1.6. Beschreibung der Anwendungsfälle

Grundlage der Untersuchungen bilden drei Elektrik-Elektronik-Systeme von Nutzfahrzeugen eines großen deutschen Nutzfahrzeugherstellers, der Daimler AG. Die Daten sind mittels eines Dummyfaktors anonymisiert, jedoch weisen sie die grundlegenden Zusammenhänge auf, welche die Wirkmechanismen des Entscheidungsmodells dieser Arbeit veranschaulichen. Diese Wirkungsweise des Entscheidungsmodells wird an Elektrik-Elektronik-Systemen aus folgenden Gründen erörtert:

- Zum einen decken Fahrzeugteilsysteme wie das Elektrik-/Elektronik-System (kurz „E/E-System") ein ganzes Bündel an Produktfunktionalitäten ab. Sie bilden innerhalb des Fahrzeugs als Gesamtsystem die zweithöchste Ebene in der Produktstruktur eines äußerst komplexen Produktes ab.[57] Zum anderen weisen E/E-Systeme als mechatronische Systeme einen hohen Komplexitätsgrad bei Nutzfahrzeugkomponenten auf, da diese Teilsysteme aus Komponenten des Maschinenbaus, der Elektrotechnik und der IT-Technik in Form von Software bestehen.

- Die Produktkomplexität des E/E-Systems ist eine direkte Folge der Marktentwicklung. Sie bildet die Schnittstelle zwischen dem Fahrzeug, das unter Berücksichtigung von Produktüberholungen i. d. R. einen relativ langfristigen Lebenszyklus von fünf bis sieben Jahren aufweist, und den Fahrzeugsonderfunktionen, die primär dem wesentlich schnelllebigeren Markt der Elektrotechnik unterliegen. Ursache für den vermehrten Einbau elektronischer Komponenten in Nutzfahrzeuge bildet der Anstieg der Wertschöpfung, die durch zusätzliche Funktionalitäten dem Fahrer und Fahrzeughalter zur Verfügung gestellt werden. Zudem erfordert die Erfüllung gesetzlicher Vorgaben, wie die Abgasnachbehandlungsvorschriften Euro 5 und Euro 6, weitere elektronische Teilsysteme, um diese Rahmenordnungsbedingungen technisch umzusetzen.

Letztendlich lässt sich mit einer Hauptbaugruppe mit diesem Komplexitätsgrad die Leistungsfähigkeit des Zielsystems dieses Verfahrens aufzeigen, indem die dort definierten Komplexitätsfaktoren Einflüsse aus den verschiedenen Fachdisziplinen umfassend berücksichtigen und dadurch eine Auswirkung auf den Faktor Entwicklungszeit ermöglichen. Dieses Zielsystem wird in Kapitel 3 vorgestellt und u. a. anhand des vorliegenden Beispiels erörtert.

1.7. Grundlegende Definitionen

Dieses Kapitel beschäftigt sich mit den grundlegenden Definitionen des Entwicklungszeitrisikos, Entscheidungen innerhalb des Entwicklungsprozesses und den Auswirkungen dieser Entscheidungen auf die Projektwirtschaftlichkeit.

1.7.1. Risiko

Von zentraler Bedeutung für das Begriffsverständnis dieser Arbeit ist der **Risikobegriff**. Grundlage jeder Risikobewertung bildet das Verständnis dessen, was exakt unter dem Begriff „Risiko" zu verstehen ist. Nähert man sich dem Begriff in der Betriebswirtschaftslehre, so muss man feststellen, dass der Risikobegriff nicht einheitlich definiert ist[58] und die Begriffs-

---

[57] Vgl. hierzu das Verständnis der Produktstrukturhierarchie nach Fujimoto (1999), S. 86, Fig. 10.

[58] In der Betriebswirtschaftslehre lassen sich im Wesentlichen zwei Arten von Risikobegriffen unterscheiden: Das „Risiko nach dem Informationsstand" und das „Risiko nach der Abweichungsrichtung". Der erste Risikobegriff umfasst sowohl jede Art von Unsicherheit über zukünftige Entwicklungen als auch bei Kenntnis der Eintrittswahrscheinlichkeit generell die Streuung um eine mögliche Umweltsituation. Der

bildung nicht als abgeschlossen gelten kann.[59] Das Risikoverständnis umfasst dabei generell „eine Verlustgefahr, eine messbare Ungewissheit, die Gefahr einer Fehlentscheidung, die Gefahr einer Zielverfehlung oder eine Kombination dieser Elemente."[60] Mit Blick auf Investitionsentscheidungen hat sich ein differenziertes Verständnis für den Risikobegriff entwickelt. Bei Investitionsentscheidungen, die unter den Bedingungen unvollständiger Informationen über die zielrelevanten Größen getroffen werden, resultiert die Unsicherheit und damit das „Risiko i. w. S." aus der Möglichkeit des Abweichens vom erwarteten Wert.[61] In Abhängigkeit von der Ausprägung der Abweichung führt eine positive Abweichung zu einer „Chance"; eine Negativabweichung von diesem Wert stellt die „Gefahr" hinsichtlich der Zielerreichung dar. Der Begriff der Unsicherheit kann in Abhängigkeit von der Vorstellung über die Höhe des Ertrages der Investition in die Rahmenbedingungen „Ungewissheit" und „Risiko i. e. S." ausdifferenziert werden. Während der Entscheider unter Ungewissheit keine Vorstellung über den Ertrag besitzt, verfügt der Entscheider unter Risiko i. e. S. über objektive bzw. subjektive Eintrittswahrscheinlichkeiten für die alternativen Zielwerte.[62] Überträgt man diese Sicht auf die Zielgröße der Entwicklungszeit, ist ein Modell erforderlich, das Zeitgrößen aus der Perspektive des Risikos i. e. S. einschätzt und die Kostenfolgen von Risikozeiten bewertet. Um Zeitrisiken exakt einschätzen zu können, ist ein exaktes Verständnis des Entwicklungsprozesses und der darin zu treffenden Entscheidungen unverzichtbar. Damit wird ein zeitorientiertes Entwicklungskostencontrolling ein Teil des in der Gesetzgebung geforderten Risikomanagements der Unternehmung.[63]

1.7.2. Entwicklungsprozess als Entscheidungsprozess

Grundlegend für das Vorgehen in dieser Arbeit ist das Verständnis des Entwicklungsprozesses, seiner Teilphasen und der damit verbundenen Möglichkeiten der Einflussnahme (vgl. Abbildung 1.5), um möglichst effektive Entscheidungen für die Prozessgestaltung treffen zu können. Wird der Entwicklungsprozess als Entscheidungsprozess wahrgenommen, so wird deutlich, dass die Entscheidungen, welche die Projektwirtschaftlichkeit sehr weitreichend tan-

---

zweite Risikobegriff umfasst lediglich die Negativabweichung von erwünschten Zielwerten (vgl. Rehkugler (2000), S. 844).

59 Vgl. Hoitsch/Winter (2004), S. 236.

60 Ebenda, S. 236.

61 Vgl. Perridon/Steiner (1997), S. 98f., insbesondere S. 98, Abb. 41.

62 Vgl. ebenda, S. 97f.

63 So wird von Seiten des KonTraG vorgeschrieben, dass „der Vorstand geeignete Maßnahmen zu treffen hat, insbesondere ein Überwachungssystem einzurichten, damit den Fortbestand der Gesellschaft gefährdende Entwicklungen früh erkannt werden" (§ 91 Abs. II AktG.). Als eine der wesentlichen Ursachen für hohe Risiken in der Produktentstehung werden dabei lange Entwicklungszeiten gesehen, die es mit geeigneten Methoden zu reduzieren gilt (vgl. Wildemann (2008a), S. 140-188).

gieren, in der Planungsphase getroffen werden. Dort sind in der Teilphase der Konzeptentwicklung die technischen Produktspezifikationen zu erarbeiten.

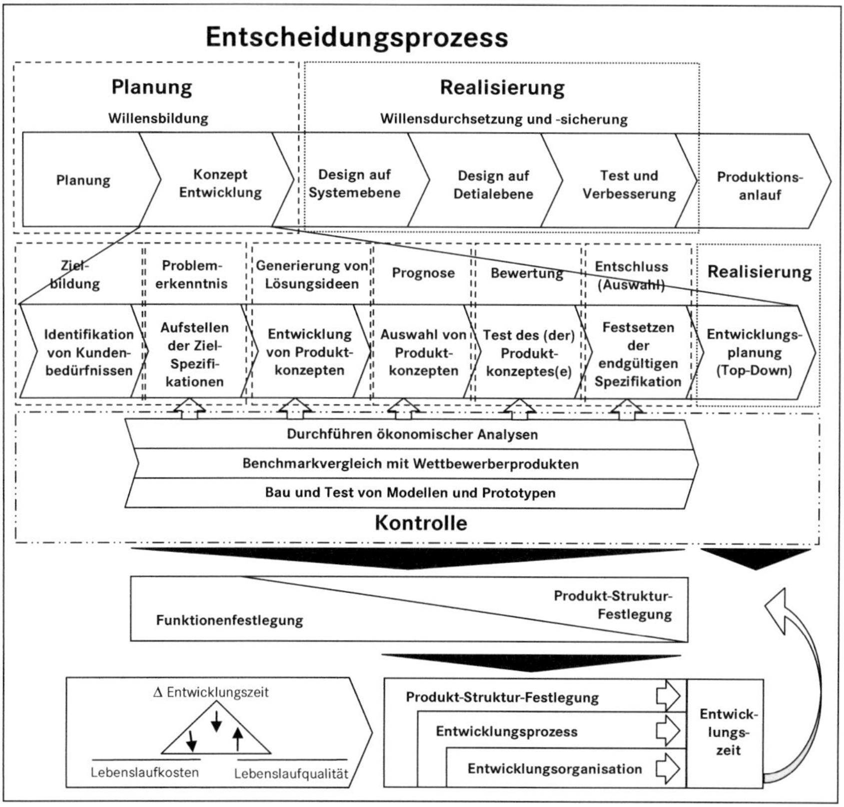

Abbildung 1.5: Der Entwicklungsprozess aus der Perspektive eines Entscheidungsprozesses[64]

Damit werden grundlegende Entscheidungen über die Produktstruktur getroffen, die dann die Optionen für die Gestaltung der Entwicklungsprozessstruktur und für die verfügbare Entwicklungsorganisation erheblich determinieren. Die Entwicklungszeit bildet in diesem Entscheidungsfindungsprozess die maßgebliche Determinante; sie beginnt mit der Festsetzung der endgültigen Spezifikation, der letzten Teilphase der Konzeptentwicklung, erstreckt sich über sämtliche Stufen der Realisierung des Entwicklungsprojektes und endet mit dem Produktions-

[64] In Anlehnung an Runzheimer (1999b), S. 52, insbesondere Abbildung 10, und Ulrich/Eppinger (2000), S. 15-18: Ulrich/Eppinger untergliedern den Entwicklungsprozess in sechs Teilschritte, wobei mit dem zweiten Teilschritt, der Konzeptentwicklung (Concept Development), die Definition der Produkteigenschaften abgeschlossen wird.

anlauf. Sämtliche Überlegungen zur Verbesserung der Einschätzung der Entwicklungszeitdauer, zur Reduktion von deren Risiko und der daraus resultierenden Qualitätsfolgekosten sind innerhalb der Konzeptentwicklungsphase zu bewerten und die Kostenfolgen der Einflussgrößenveränderungen miteinander zu vergleichen. Aus dem Fokus der Bewertung des Entwicklungszeitrisikos wird zum endgültigen Spezifikationszeitpunkt über diejenigen Produkt-, Prozess- und Organisationsalternativen entschieden,[65] welche die Einhaltung des erfolgreichen Markteintritts erheblich determinieren. Aus der Vielzahl an Quellen sei ***Voigt*** beispielhaft als Vertreter der analytisch-modelltheoretischen Sicht genannt: In seinen Überlegungen über die gewinnmaximale Zeitwettbewerbsstrategien hebt ***Voigt*** insbesondere die Notwendigkeit hervor, schnell agieren bzw. reagieren zu können. Diese Voraussetzung ist für die Anwendung der Pioneerstrategie unverzichtbar, die empirisch als die tendenziell rentabelste Produktentwicklungsstrategie ermittelt wurde.[66] Gleichzeitig wird der hier verfolgte Fokus auf den Faktor Zeit der Systematik einer zeitorientierten Entwicklungsprozessgestaltung gerecht, indem zwischen der zeitpunktbezogenen Entscheidung zum endgültigen Spezifikationszeitpunkt und der zeitdauerbezogenen Folgen dieser Entscheidung während der Dauer der Entwicklungstätigkeit unterschieden wird.[67] Hinzu kommen die positiven Auswirkungen des erfolgreichen Managements des Faktors Entwicklungszeit auf die Wirtschaftlichkeit eines Produktentwicklungsprojektes während des gesamten Lebenszyklus des Produktes.[68]

---

65 Vgl. Eppinger/Salminen (2001), S. 284f.

66 Vgl. Voigt (2000), S. 202ff. und die dort genannten Quellen. Für die Vertreter empirischer Untersuchungen seien Bullinger (vgl. Bullinger (Hrsg., 1989), S. 13) und Gemünden (Gemünden (1993), S. 103) angeführt.

67 Vgl. Buchholz (1996), S. 22f.

68 Vgl. Gemünden (1993), S. 103.

2. Anforderungen an ein Entwicklungszeitschätzverfahren für komplexe technische Produkte

Das verbale Modell dieser Arbeit erfordert die Konzeption eines Entwicklungszeitschätzverfahrens.[69] In der Literatur findet sich eine Vielzahl von Schätzverfahren, deren Zielgröße entweder die Entwicklungskosten von Software, IT-Hardware oder die Materialkosten von technischen Produkten bildet. Eine Ausnahme stellt das Schätzverfahren von ***Wildemann*** dar, das auf die Schätzung der Entwicklungszeit von elektronischen Komponenten und Produkten abzielt.[70] Für die Entwicklungszeitschätzung von komplexen physischen Serienprodukten ist in der Literatur kein geeignetes Verfahren bekannt. Allerdings können die verschiedenen Basisverfahren, welche die Grundlage für sämtliche vorhandenen Schätzverfahren bilden, anhand ihrer inneren Funktionsweise untergliedert werden (vgl. Abbildung 2.1): [71]

- Die Aufwandsschätzverfahren für Softwareprojekte stellen eine Mittel-Ziel-Relation zwischen dem Projektziel in Form eines Softwareprogramms und dem dazu notwendigen Aufwand dar.[72] Diese Größe wird je nach Verfahrenstyp als Mittel-Ziel-Relation zwischen der Produktspezifikation des Softwareproduktes, der i. d. R. dafür benötigten Anzahl an Software-Zeilen, den Lines-of-Code, und der dazu in Abhängigkeit von der Qualifikation der Entwicklungsmannschaft notwendigen Anzahl an Arbeitsstunden ermittelt. Die Frage, welche Bedeutung die Gestaltung des Entwicklungsprozesses und der Entwicklungsorganisation einnehmen, wird dabei indirekt beantwortet. Bei dem der Gruppe der parametrischen Verfahren zuzuordnenden Modell Cocomo geschieht dieses dadurch, dass Eigenschaften über die für den Entwicklungsprozess zur Verfügung stehende Computerinfrastruktur im Hinblick auf deren Auswirkungen auf den Entwicklungsaufwand bewertet werden. Die Auswirkungen der Eigenschaften der Entwicklungsorganisation auf den Aufwand fließen häufig in Form unterschiedlicher Erfahrungs- und Qualifikationsgrade der Mitglieder des Entwicklungsteams in die Aufwandsschätzung ein.[73]

---

69 Vgl. Kapitel 1.4, insbesondere Abbildung 1.3.

70 Vgl. Wildemann (2003), S. 278f.: Dieses Entwicklungszeitschätzmodell ist als algorithmisches Verfahren konzipiert und weist daher die Schwächen eines solchen Vorgehens aus. Auf diese Eigenschaften wird im weiteren Verlauf dieses Kapitels eingegangen. Es wird eingehend erörtert, warum die bekannten Aufwandsschätzverfahren sich nicht als Lösung für die Problemstellung dieser Arbeit eignen.

71 Vgl. Schwarze (2001), S. 73ff.

72 Vgl. Herrmann (1983), S. 57.

73 So lassen sich die Kostentreiber von Entwicklungsprojekten, die innerhalb des Cocomo II-Verfahrens angewendet werden, einer der drei Einflussdimensionen zuordnen. Das Cocomo II-Verfahren kann als in der Softwareentwicklung weit verbreitetes, parametrisches Verfahren angesehen werden und wird daher

- Kostenschätzverfahren für physische Komponenten zielen vorrangig auf eine Mittel-Ziel-Relation zwischen der Produktspezifikation und den damit verbundenen Herstellkosten. Mittel-Ziel-Relationen, die aus einer Entwicklungsprozess- oder Entwicklungsorganisationsgestaltung resultieren und sich auf die Herstellkosten des Produktes auswirken, sind nicht bekannt. Begründen lässt sich dieser reduzierte Fokus mit dem geringen Kostenanteil, den die Entwicklungskosten bei Serienprodukten gemessen an den Gesamtkosten des Produktes verursachen.[74]

Abbildung 2.1: Bewertungskriterien von Entwicklungszeit-Schätzverfahren

Aus der Vielzahl bestehender Schätzverfahren ist diejenige Basismethode herauszufiltern, die sich am besten für die Zielsetzung dieser Arbeit eignet. Dazu wird ein Kriterienkatalog benötigt, anhand dessen die Bewertung durchgeführt werden kann. Für die Bewertung von Aufwandsschätzverfahren haben sich zwei maßgebliche Zielsysteme etabliert. Für die Bewertung von Schätzverfahren für Software-Entwicklungskosten hat sich der von ***Boehm*** und

kontinuierlich weiterentwickelt. In Cocomo II lassen sich produktspezifikationsbedingte Kostentreiber (vgl. Product Cost Driver Ratings, wie RELY, DATA, CPLX, RUSE und DOCU) eindeutig von entwicklungsorganisationsbedingten Kostentreibern unterscheiden (vgl. Personnel Cost-Driver Rating, wie ACAP, PCAP, PCON, APEX, LTEX und PLEX). Zur Gruppe der Einflussfaktoren, die von der Gestaltung des Entwicklungsprozesses ausgehen, lassen sich im speziellen Fall der Auftragsfertigung von Softwarelösungen das vorhandene kundenbezogene Umsystem bewerten (vgl. Scale Factor Ratings, wie PREC, FLEX oder TEAM). Diese und weitere Ausführungen finden sich in Boehm et al. (2000), S. 96ff., insbesondere Table 3.5 bis 3.9.

74 Exakte Ausführungen über den Anteil der F&E-Kosten an bestimmten Serienprodukten finden sich in der allgemeinen Konstruktionsliteratur nicht. Es wird jedoch davon ausgegangen, dass der F&E-Kostenanteil auch bei komplexen technischen Serienprodukten im Durchschnitt bei 9% der Selbstkosten liegt, wobei eine Spannweite von 3% bis 25% F&E-Kostenanteil an den Selbstkosten angegeben wird (vgl. Ehrlenspiel (2003), S. 23).

Wolverton entwickelte Kriterienkatalog durchgesetzt.[75] Zur Beurteilung von quantitativen Kostenschätzmodellen für die konstruktionsbegleitende Kalkulation von physischen Produkten kann auf den von ***Horváth/Gleich/Scholl*** erarbeiteten Katalog betriebswirtschaftlicher Bewertungskriterien verwiesen werden.[76] Die Kriterien beider Kataloge lassen sich in zwei Gruppen untergliedern:[77] Kriterien zur Bewertung der Güte und der Kosten eines Verfahrens. Diese beiden Bewertungsperspektiven resultieren aus dem Dilemma jeglicher informationsverarbeitender Aktivitäten:[78] Wird ein Planungsverfahren zu aufwendig, wird es trotz guter Ergebnisse aufgrund des verursachten Kostenanfalls nicht angewendet. Folglich hat ein Zeitschätzverfahren mit einem möglichst geringen Planungsaufwand ein Maximum an Informationsnutzen in Form möglichst valider Schätzergebnisse zu generieren. Zur Nutzenbewertung einer Verfahrensanwendung werden in dieser Arbeit die Kriterien der Objektivität und Validität, der Normierung und Vergleichbarkeit sowie der Verhaltensbeeinflussung subsumiert. Zur Gruppe der Kostenkriterien werden ein breiter Anwendungsbereich, eine frühzeitige Anwendung, ein geringer Erstellungs- und Pflegeaufwand sowie Einfachheit und Transparenz bei der Anwendung des Verfahrens gezählt.

2.1. Bewertungskriterien von Schätzverfahren

Schätzverfahren lassen sich durch die beiden grundlegenden Kriterienkataloge der Güte und der Kosten analysieren. Mit Hilfe der Gütekriterien wird die Qualität der mit dem zu bewertenden Verfahren erzielten Schätzdaten bewertet. Die Kostenkriterien beurteilen den mit der Konzeption und Anwendung verbundenen finanziellen Aufwand.

2.1.1. Gütekriterien von Schätzverfahren

Die Güte eines Schätzverfahrens ist in erheblicher Weise von der Qualität der ermittelten Schätzdaten abhängig. Sie steigt mit der Verringerung der Differenz, die zwischen den Schätzergebnissen und den Ergebnisdaten des unter Einhaltung der Planungsprämissen abgeschlossenen Entwicklungsprojektes auftritt. Daher wird im ersten Schritt die Güte von Schätzverfahren anhand der Kriterien Validität und Objektivität, Normierung und Vergleichbarkeit sowie der Verhaltensbeeinflussung im Hinblick auf die Bewertungsergebnisse untersucht.

---

75 Vgl. Boehm/Wolverton (1980), S. 195-201 und die darauf aufbauenden Ausarbeitungen von Herrmann (vgl. Herrmann (1983), S. 104-107) und Balzert (vgl. Balzert (1998), S. 227 und die dort genannten Quellen).

76 Vgl. Horváth et al. (1997), S. 128ff.

77 Vgl. Horváth/Gleich/Scholl (1997), S. 128ff., vgl. Boehm/Wolverton (1980), S. 195-201 und die darauf aufbauenden Ausarbeitungen von Herrmann (vgl. Herrmann (1983), S. 104-107).

78 Vgl. Delfmann (2000), S. 748.

2.1.1.1. Objektivität und Validität

Ein Verfahren sollte den Einfluss derjenigen Faktoren auf das Gesamtergebnis gering halten, die durch subjektive Einschätzung insbesondere durch den Messenden verursacht werden. Beruhen Schätzergebnisse lediglich auf der Einschätzung einer einzelnen Person oder liegen in Form eines aggregierten Gruppenergebnisses vor, besteht die Gefahr, dass diese Kalkulationsergebnisse durch die „Veränderung von objektiv nicht meßbaren Faktoren beliebig manipulierbar sind.“[79] Das Kriterium der ***Objektivität*** erfordert somit, dass der Einfluss von operationalisierten Einflussgrößen gering gehalten wird, deren Ausprägung lediglich durch subjektive Einschätzung gewährleistet werden kann. Dieser Kritikpunkt trifft häufig auf Schätzverfahren zu, die auf den subjektiven Schätzergebnissen eines einzelnen Experten aufbauen.[80] Um sich bei subjektiven Schätzergebnissen den Erfordernissen des Kriteriums der Objektivität zumindest anzunähern, ist bei der Durchführung des Verfahrens folgende Rahmenordnung erforderlich: Individuelle Schätzergebnisse sind auf Basis eines möglichst umfassenden Kenntnisstandes zu treffen und müssen konsistent mit der Präferenzordnung des individuellen Schätzers sein.[81] Die Schätzergebnisse dürfen nicht durch gruppendynamische Effekte, wie dem Risky-Shift, verzerrt werden.[82]

Das Kriterium der ***Validität*** erfordert den Nachweis, dass ein Einflussfaktor tatsächlich diejenigen Eigenschaften misst, die er zu messen vorgibt. Dazu ist es notwendig, dass unterschiedliche Ausprägungen desselben Merkmals in unterschiedlichen Messwerten reflektiert werden und nicht ausnahmslos systematische oder zufällige Messfehler abbilden. Die Validität eines Messinstruments ergibt sich aus dem Vergleich der Ergebnisse des zu bewertenden Messinstruments mit anderen Messinstrumenten bzw. Vergleichsmessungen mit Blick auf die Zielsetzung der Messung.[83] Die Voraussetzung dafür bilden einheitlich definierte Zeittreiber, deren Ausprägungen mit Hilfe geeigneter Skalen messbar sind. Aufgrund des Ein-

---

79 Herrmann (1983), S. 105.

80 Vgl. zur Kritik an den reinen Schätzungen und Maßnahmen zur Verbesserung der Schätzqualität Ehrlenspiel et al. (2003), S. 453ff. und Bundschuh/Fabry (2000), S. 67.

81 Vgl. Weber/Eisenführ (2003), S. 97-103.

82 Die Bedeutung des so genannten Risikoschubs bzw. „Risky-Shift“ geht auf Untersuchungen Stoners zurück, der bereits 1961 herausgefunden hatte, dass kollektiv getroffene Gruppenentscheidungen risikofreudiger ausfallen als der Durchschnitt der geheim getroffenen Individualentscheidungen der Gruppenmitglieder (vgl. Stoner (1961)). Grabitz/Haisch kommen in ihren darauf aufbauenden Untersuchungen zu dem Ergebnis, dass sich bei Kollektiventscheidungen innerhalb von Kleingruppen der jeweils risikofreudigere Gruppenpartner durchsetzt (vgl. Grabitz/Haisch, (Hrsg., 1976), S. 13-24).

83 Vgl. Stier (1999), S. 57. Damit geht das Validitätserfordernis über das Kriterium der Eindeutigkeit, das häufig zur Bewertung von IT-Schätzverfahren angewendet wird, hinaus (vgl. Herrmann (1983), S. 104f. und Balzert (1998), S. 227).

maligkeitscharakters von Projekten[84] ist dieser Forderung nur durch eine regelmäßige Anwendung nachzukommen. Ein Verfahren kann erst dann als valide gelten, sofern eine hinreichend hohe Anzahl an Projekten, die mit diesem Verfahren kalkuliert worden sind, abgeschlossen wurden und das Ergebnis eine eindeutige Vorziehenswürdigkeit des Verfahrens ausweist. Durch den damit verbundenen kontinuierlichen Verbesserungsprozess ist gleichsam die Aktualität des Verfahrens gewährleistet, indem der Erfahrungsgrad des bzw. der Schätzenden zwischen einer bestimmten Ausprägung eines Komplexitätsfaktors und deren Auswirkung auf die Entwicklungszeit zunimmt.[85]

2.1.1.2. Normierung und Vergleichbarkeit

Das Kriterium der ***Normierung*** erfordert, dass die Messergebnisse eindeutig auf einer Messskala abgebildet werden können, die zumindest Vergleiche im Rahmen einer Vergleichsskala zulassen.[86] Für qualitative Messergebnisse werden hierfür Ordinal- und Intervallskalen herangezogen, während für die Erzielung quantitativer Messergebnisse die strengeren Voraussetzungen von Intervall- und Verhältnisskalen erfüllt sein müssen.[87] Beide Skalenniveaus werden in Kapitel 3 benötigt um die Ausprägungsdifferenzen der zeitbeeinflussenden Größen zu erfassen. Das Kriterium der ***Vergleichbarkeit*** ist erfüllt, sofern das Messergebnis eines Verfahrens mit demjenigen eines anderen Verfahrens in eine Relation gesetzt werden kann.[88] Das Ziel eines Messverfahrens sollte es daher sein, Schätzergebnisse in Form von intervall- und verhältnisskalierten Daten auszuweisen. Als Voraussetzung dazu sind die skalenspezifischen Anforderungen zu erfüllen.[89] Die Erfüllung der Kriterien Normierung und Vergleichbarkeit für jeden einzelnen Zeittreiber des Schätzverfahrens bildet die Voraussetzung für die Nachprüfbarkeit von dessen Validität.

---

[84] Nach der allgemein gültigen Projektdefinition nach DIN ist ein Projekt ein „Vorhaben, das im Wesentlichen durch Einmaligkeit der Bedingungen in ihrer Gesamtheit gekennzeichnet ist, wie z. B. Zielvorgabe, zeitliche, finanzielle, personelle oder andere Begrenzungen, Abgrenzung gegenüber anderen Vorhaben, projektspezifische Organisation" (DIN (1989), S. 11). Somit kann ein Projekt als ein Vorhaben definiert werden, das „zur Lösung einer bestimmten definierten Aufgabe, die üblicherweise durch Einmaligkeit, durch eine zeitliche Befristung mit definiertem Anfang und Abschluss, durch Komplexität und Innovation, durch begrenzte Ressourcen sowie durch Risikobehaftung gekennzeichnet ist" (Arbeitskreis externe und interne Überwachung der Unternehmung der Schmalenbach-Gesellschaft für Betriebswirtschaft (2002), hier S. 281).

[85] Die dauerhafte Validität eines Verfahrens erfordert somit die kontinuierliche Verbesserung der Mittel-Ziel-Aussagen zwischen der bestimmten Ausprägung eines Zeittreibers und dessen Auswirkung auf die Zielgröße Entwicklungszeit i. S. des Kaizen (vgl. Imai (1992), S. 30-35).

[86] Vgl. Balzert (1998), S. 227.

[87] Vgl. Bleymüller et al. (1998), S. 3.

[88] Vgl. Balzert (1998), S. 227.

[89] Vgl. Bleymüller et al. (1998), S. 3f.

2.1.1.3. Verhaltensbeeinflussung

Planungsverfahren haben Rückschlüsse auf die verursachenden Einflussgrößen des betrachteten Ressourcenverbrauchs zuzulassen, um das Lernen und das Bewusstsein des Entscheiders für diese Ressourcentreiber zu stärken.[90] Durch diese neu geschaffene Transparenz wird dem Entscheidungsträger bereits in der Planungsphase das Erzielen eines Erfahrungszuwachses im Hinblick auf die zeitoptimierte Ausgestaltung optionaler Kombinationen der Produkt-, Entwicklungsprozess- und -organisationsstruktur ermöglicht. Somit hat ein Planungsverfahren für den Faktor Zeit direkte Rückschlüsse zwischen den verursachenden Einflussgrößen und dem daraus resultierenden Zeitbedarf in absoluten Zeiteinheiten, z. B. in Personenmonaten, zuzulassen. Insbesondere die Option eine verbindliche Datenbank aufzubauen, ermöglicht das Lernen aus Schätzfehlern bei künftigen Projekten mit einer ähnlichen Zielsetzung.

2.1.2. Kostenkriterien von Schätzverfahren

In einem zweiten Schritt wird die Wirtschaftlichkeit von Schätzverfahren untersucht. Hierzu ist dem Ertrag eines solchen Verfahrens, der in Form eines möglichst validen Informationsoutputs besteht, der Aufwand gegenüberzustellen, der für die Informationsgenerierung im Lebenslauf eines solchen Schätzverfahrens anfällt. Zu Letzterem zählen dessen Kosten für die Erstellung, Pflege und Anwendung. Bereits bei der Konzeption eines Schätzverfahrens ist darauf zu achten, dass der Nutzen zusätzlich zur generierten Erhebungs- und Aussagenqualität steigt, indem konzeptionell eine frühest mögliche Anwendung und eine positive Beeinflussung des Verhaltens der Entwicklungsmitarbeiter durch das Verfahren sichergestellt wird.[91]

2.1.2.1. Breiter Anwendungsbereich

Methodisch hat ein Aufwandsschätzverfahren prinzipiell einen breiten Anwendungsbereich abzudecken, indem es nicht nur in einem bestimmten Unternehmen für die Entwicklung eines bestimmten Produktes angewendet werden kann, sondern sich für verschiedene Unternehmen und für verschiedene Produkte in der unternehmerischen Praxis eignet.[92] Damit ist die Forderung verbunden auf einer Metaebene[93] definierte Zeittreiber zu wählen, die im Sinne der

---

[90] Vgl. Fischer (1983), S. 14ff.; vgl. Horváth et al. (1996), S. 61.

[91] Vgl. Gleich/Scholl (1994), S. 31-32.

[92] Vgl. Horváth et al. (1997), S. 128ff.

[93] Die Forderung, dass ein solches Zeitschätzverfahren die Ausprägungen der einzelnen operationalisierten Einflussgrößen aus der Perspektive einer Metaebene zu erfassen hat, ergibt sich aus dem Verständnis einer Metatheorie. Solche Theorien weisen einen hohen Allgemeinheitsgrad auf, um theoretische Ansätze aus unterschiedlichen Gegenstandsbereichen zu integrieren (vgl. Bortz/Döring (2003), S. 368f.). Überträgt man diese Ansätze auf Zielsysteme im Rahmen der Modellbildung von Entscheidungsmodellen, so muss ein

Projektplanung projektspezifisch zu operationalisieren sind. Ein Zeitschätzverfahren für technische Komponenten sollte auf der Grundlage des allgemeingültigen Systemverständnisses aufsetzen, um für jedes technische System angewendet werden zu können.[94]

2.1.2.2. Frühzeitige Anwendung

Die frühzeitige Anwendung eines Schätzverfahrens ist erforderlich, damit der Datenoutput der zu bewertenden Methode bereits als Entscheidungsgrundlage zwischen Alternativen in der frühen Produktplanungsphase zur Verfügung steht. So sollten bereits bei der Festlegung der Zielspezifikation Entscheidungen über Systemalternativen auf Basis der erwartbaren Entwicklungszeit getroffen werden können.[95] Da frühzeitige Informationen in Entwicklungsprojekten mit einer hohen Unsicherheit behaftet sind, muss eine solche Methodik konzeptionell in der Lage sein mit einer möglichst geringen Anzahl an Inputgrößen auszukommen, um vertretbar genaue Ergebnisse zu erzielen.[96] Durch die Berücksichtigung der Frühzeitigkeit eignet sich ein originäres Planungsinstrument als Kontroll- und Steuerungsinstrument und damit als Führungsinstrument, das durchgängig von der Planungsphase bis zum Abschluss der Projektrealisation angewendet werden kann.[97]

2.1.2.3. Geringer Erstellungs- und Pflegeaufwand

Ein geringer Erstellungs- und Pflegeaufwand bildet das Hauptkriterium für die Akzeptanz eines Aufwandsschätzverfahrens in der Praxis, da es sich dann bereits bei der erstmaligen Anwendung als rentabel erweist.[98] Aus der Perspektive der Investitionstheorie erweisen sich Planungsverfahren dann als wirtschaftlich sehr erfolgversprechend, wenn sie einen frühen Break-Even aufweisen können. Ein hoher Planungsertrag kann aus relativ detaillierten Schätzangaben resultieren, die mit anderen Planungsmethoden zu diesem Zeitpunkt innerhalb der Projektplanungsphase noch nicht und wenn, mit einem erheblich höheren Aufwand generierbar sind. Daher sollte ein Planungsverfahren auf Basis einer Metaebene konzipiert werden,

---

Zielsystem, das einen breiten Anwendungsbereich aufweisen will, als allgemeingültiges Modell konzipiert sein, um dann projektspezifisch operationalisiert werden zu können (vgl. Laux (2003), S. 16ff.).

94 Vgl. Haberfellner et al. (2002), S. XXff. und detailliert S. 29-33.

95 Vgl. dazu Kapitel 1.7.2, insbesondere Abbildung 1.5. Zur optimierten Gestaltung eines Planungsprozesses von komplexen, technischen Produkten vgl. Ulrich/Eppinger (2000), S. 82-102, insbesondere S. 83, Exhibit 5-3 und S. 94ff.

96 Vgl. Lowka (1996), S. 63.

97 Vgl. Adam (1996), S. 37.

98 Vgl. Kindler (1995), S. 147 und die dort genannten Quellen: So werden bei Softwareprojekten die Kosten für die Anwendung eines Aufwandsschätzverfahrens auf 2 bis 5% des gesamten Projektaufwandes geschätzt. Darin sind die Kosten für die Vorbereitung der Organisation und die Einführung des Verfahrens nicht enthalten.

um im Verlauf der späteren Anwendung mit einem relativ geringen Erweiterungsaufwand kurzfristig angepasst werden zu können.

2.1.2.4. Einfachheit und Transparenz bei der Anwendung

Weiterhin bilden Einfachheit und Transparenz bei der Anwendung einen erheblichen Kostenfaktor von Planungsverfahren. Transparenz erfordert die durchschaubare Gestaltung des Verfahrens, damit dessen Ergebnisse plausibel nachvollzogen werden können. Deshalb sollte eine solche Methode Rückschlüsse zwischen einer geänderten technischen Ausprägung und den daraus resultierenden Zeitfolgen zulassen. Als Verfahren, das auf die Generierung subjektiver Daten ausgerichtet ist, hat es konzeptionell einerseits die individuellen Chancen-Nutzenkalküle der Beteiligten miteinzubeziehen, andererseits die Risikopräferenzrelation des Projektmanagers zu berücksichtigen, ohne dass das Verfahren dem Vorwurf der Beliebigkeit der Schätzergebnisse unterworfen ist. Generell basieren Verfahren für die Entwicklungszeitschätzung auf Datenmaterial, das in Form subjektiver Schätzungen von den Entwicklungsexperten erhoben werden muss.

2.2. Die einzelnen Methodenklassen für Entwicklungszeitschätzverfahren

Ein elementares Ziel des verbalen Modells dieser Arbeit bildet das Auffinden einer geeigneten Methodenklasse als konzeptionelle Basis für das Entwicklungszeitschätzverfahren von komplexen technischen Produkten. Bei der Untersuchung der grundlegenden Charakteristika der bekannten Kostenschätzverfahren tritt jedoch das Problem auf, dass i. d. R. die Mehrzahl dieser Verfahren aus einer Kombination verschiedener Basismethoden konzipiert ist. Schwerpunkt der nachfolgenden Untersuchungen bildet das Auffinden der am meisten für die Problemstellung dieser Arbeit geeigneten Methode.

2.2.1. Algorithmische Methoden

Bei Aufwandsschätzverfahren, die auf algorithmischen Methoden aufbauen, werden die Schätzergebnisse auf Basis von Formeln bzw. Formelgebilden errechnet. Diese Verfahren beruhen letztlich auf der Auswertung großer Datenmengen mittels multivariater Analysemethoden.[99] Voraussetzung für die Anwendung eines solchen Verfahrens ist eine hinreichend große Grundgesamtheit vergleichbarer Objekte. Die Datenauswertung kann auf Basis der parametrischen Schätzmethoden und der Faktoren- bzw. Gewichtungsmethoden erfolgen.[100]

---

[99] Aus der Vielzahl der konzeptionellen Vorgehensweisen sei hier exemplarisch auf Backhaus (vgl. Backhaus et al. (2000), S. 253-327) verwiesen.

[100] Vgl. Burghardt (2006), S. 156f.

2.2.1.1. Parametrische Methoden

Bei parametrischen Methoden wird ein messbarer Zusammenhang zwischen der Größe des Entwicklungsprojektes und dem dazu benötigten Aufwand hergestellt.[101] Innerhalb dieser konzeptionellen Vorgehensweise bestehen zwei grundsätzliche Arten von Bezugsgrößen: Die Größe von Softwareprojekten wird in Lines-of-Code gemessen; die dafür benötigte Anzahl an Entwicklerstunden bildet die Basis für die Kostenkalkulation.[102] Die Schätzung der Herstellkosten von physischen Produkten basiert i. d. R. auf einem Zusammenhang zwischen einer Produkteigenschaft, wie z. B. Gewicht oder PS-Anzahl, und den daraus erwartbaren Stückkosten i. S. v. Herstellkosten.[103] Zur ersten Gruppe von Aufwandsschätzverfahren zählen die Entwicklungskostenschätzmodelle für Software. Speziell für diese Industrie ist eine Vielzahl von parametrischen Methoden entwickelt worden, wobei die Verfahren Cocomo und PRICE S eine weite Verbreitung gefunden haben. Von diesen detaillierten Schätzverfahren grenzen sich lebenszykluskostenorientierte Schätzverfahren ab, die als Makroschätzmethoden ein Projekt als Ganzes betrachten. Diese Verfahrenstypen schätzen die Entwicklungskosten pauschal bereits zu einer sehr frühen Phase innerhalb des Gesamtprojektes ein. Die Grundlage hierfür bildet die empirisch gefundene Verteilungskurve für den Personalaufwand und ein Verzicht auf die detaillierte Kenntnis über produktinterne Strukturen, wie dieses die von ***Putnam*** entwickelte SLIM-Methode und die darauf aufbauende ***Jensen***-Methode ausweisen.[104] Zur zweiten Gruppe zählen die Verfahren zur Kostenschätzung von speziellen physischen Produkten bzw. Produktarten. Innerhalb der PRICE-Familie wurden die detaillierten Modelle PRICE H und PRICE M entwickelt. PRICE H wurde speziell für die Entwicklungs- und Produktionskostenschätzung von Hardware konzipiert; PRICE M dient ausschließlich der Entwicklungs- und Produktionskostenschätzung von Mikrochips.[105]

2.2.1.2. Faktoren- bzw. Gewichtungsmethoden

Faktoren- oder Gewichtungsmethoden basieren auf einem Wertesystem von Faktoren und Gewichtungszahlen. Jeder dieser Einflussfaktoren wird subjektiv definiert, wie das Einschätzen von der entwicklungsprojektspezifischen Komplexität, oder durch die Auswahl bestimmter Bedingungen ermittelt. Diese Verfahren ermitteln den Zeitaufwand mittels Formeln und Kennzahlen und stehen methodisch zwischen den Kennzahlen- und den algorithmischen

---

101 Vgl. ebenda, S. 155.

102 Vgl. Herrmann (1983), S. 179-182.

103 Vgl. Horváth et al. (1997), S. 111-132 und Scholl (1998).

104 Vgl. Burghardt (2006), S. 157f.

105 Vgl. ebenda (2006), S. 175ff. und die dort genannten Quellen.

Methoden. Faktoren- und Gewichtungsmethoden werden primär bei der SW-Entwicklung eingesetzt. Hierzu zählen die IBM-Faktorenmethode, die Surböck- und die ZKP-Methode.[106]

2.2.2. Vergleichsmethoden

Vergleichsmethoden weisen die Zusammenhänge zwischen geplanter Produktgröße und dem dafür benötigten Entwicklungsaufwand mittels projektspezifisch definierter Vergleichskriterien auf. Mit Hilfe derer können Zusammenhänge zwischen bereits abgeschlossenen Entwicklungsumfängen und geplanten Entwicklungs(teil)projekten hergestellt werden. Als Basis für diese Vergleichsarbeit ist das Vorhalten der Projektdaten der abgeschlossenen Projekte unverzichtbar; folglich benötigen sämtliche Vergleichsmethoden eine Art von Erfahrungsdatenbank.[107] Vergleichsmethoden lassen sich in die beiden Gruppen der Analogie- und der Relationsmethoden unterscheiden.

2.2.2.1. Analogiemethoden

Bei Analogiemethoden werden abgeschlossene Projekte mit Hilfe von Ähnlichkeitskriterien daraufhin bewertet, inwieweit diese mit einem geplanten (Entwicklungs-)Projekt übereinstimmen. Ziel dieser Vorgehensweise ist es, dasjenige abgeschlossene Projekt zu identifizieren, das den höchsten Ähnlichkeitsgrad mit dem geplanten (Entwicklungs-)Projekt hinsichtlich Aufwand, Kosten und Zeit ausweist.[108] Sehr verbreitete Analogieverfahren sind die Erfahrungsdatenbank-Methoden, die Funktionswertmethode und die Data-Point-Methode. Bei sämtlichen dieser Erfahrungsdatenbank-Methoden werden abgeschlossene SW-Projekte anhand von relevanten Merkmalen abgespeichert. Die Deskriptoren erleichtern das Auffinden des am meisten geeigneten Referenzprojektes, indem diese Merkmale mittels eines natürlichsprachlichen Suchdialoges mit boolscher Verknüpfung leichter identifizierbar sind.[109] Zur Schätzung des Zeitaufwandes als Bezugsgröße für die Entwicklungskosten von SW-Projekten eignen sich zudem die Function-Point-Methode und die Data-Point-Methode. Bei der Function-Point-Methode erfolgt der Projektvergleich auf der Basis der zerlegten Funktionsstruktur und damit auf der Ebene der einzelnen Funktionen eines SW-Projektes und dessen Schnittstellen. Ein Funktionswert wird auf der Basis der detaillierten Zählung der Ein- und Ausgabedaten, der Abfragen, der Datenbestände sowie der Referenzdaten ermittelt. Für die Struktur des Neuprojektes werden aufbauend auf den aus Erfahrungswissen von abgeschlos-

---

106 Vgl. Burghardt (2006), S. 157f.

107 Vgl. ebenda, S. 159f.

108 Vgl. Schwarze (2001), S. 74.

109 Vgl. Burghardt (2006), S. 160.

senen Projekten definierten Funktionswerten durch Experten projektspezifische Funktionswerte eingeschätzt. Ein methodisch ähnliches Vorgehen wählt die Data-Point-Methode. Anstelle von Funktionen und Schnittstellen werden Zeitaufwandspunkte auf der Datenbasis von Informations- und Nachrichtenobjekten eingeschätzt. Dazu wird aus abgeschlossenen Projekten der benötigte Zeitaufwand auf der Basis von Informationsobjekten, wie dem Integrationsgrad, der Änderungsrate oder der Anzahl von Nachrichtenobjekten, wie z. B. Masken, Listen und Schnittstellen, ermittelt.[110] Die Grundlage der Entscheidung darüber, in welchem Umfang der Aufwand, der für die Realisierung des Referenzprojektes notwendig war, auf das als ähnlich eingestufte Neuprojekt übernommen werden kann oder zu modifizieren ist, wird einzig von der Erfahrung des Entscheidungsträgers abhängig gemacht.[111]

2.2.2.2. Relationsmethoden

Relationsmethoden ergänzen die konzeptionellen Grundlagen der Analogiemethoden um längere Indikatorenleisten, welche die Ähnlichkeitskriterien der gespeicherten Entwicklungsprojekte enthalten.[112] Im Gegensatz zur Analogiemethode ist die Relationsmethode durch einen formalisierten Ablauf gekennzeichnet. Der Vergleich zwischen Referenzprojekt und Untersuchungsumfang erfolgt auf der Basis von Indikatorenleisten, welche die Ähnlichkeitskriterien der gespeicherten Entwicklungsprojekte enthalten. Jedes Projekt wird mittels einer standardisierten umfangreichen Indikatorenleiste bewertet und mit den bereits bewerteten Projekten der Datenbank verglichen, um ein möglichst ähnliches Projekt als Vergleichspartner zu erhalten. Die Bewertung der Ausprägung der Einflussgrößen kann letztlich nur von einem Fachmann vorgenommen werden.[113]

2.2.3. Kennzahlenmethoden

Kennzahlenmethoden zielen auf die Identifikation von produktspezifischen Messdaten von bereits abgeschlossenen Entwicklungsprojekten. Im Gegensatz zu Vergleichsmethoden werden keine Indikatoren identifiziert, anhand derer abgeschlossene und neue Projekte miteinander verglichen werden können. Zielsetzung der produktspezifischen Messdaten bildet die Auswertung dieser Messdaten zu aussagefähigen Kennzahlen. Dabei lassen sich die drei Methodengruppen der Multiplikator-, Produktivitäts- und Prozentsatzmethoden unterscheiden.[114]

---

[110] Vgl. Burghardt (2006), S. 161.

[111] Vgl. Litke (1995), S. 33f.

[112] Vgl. Burghardt (2006), S. 161.

[113] Vgl. Litke (1995), S. 34; vgl. Bundschuh/Fabry (2000), S. 108.

[114] Vgl. Burghardt (2006), S. 161f.

Bei den Multiplikatormethoden wird ein einfacher, linearer Zusammenhang zwischen der Bezugsgröße (z. B. Gesamtkosten je Anweisungszeile eines SW-Systems) und der Produktgröße unterstellt. Die Zielgröße resultiert aus dem Produkt der Anzahl der Bezugsgrößeneinheit und der Kosten jeder Einheit. Da jede Kennzahl in Abhängigkeit verschiedener Schwierigkeitsstufen und Projektzielen unterschieden werden kann, sind die dazugehörigen Daten aus abgeschlossenen Projekten zu ermitteln und laufend zu aktualisieren.[115] Produktivitätsmethoden verfügen über dasselbe methodische Vorgehen bei der Generierung von Kennzahlen. Diese bestehen jedoch nicht aus absoluten Werten, wie die Kosten je Ergebniseinheit, sondern von Produktivitätsfaktoren. Deren Vorteil besteht in der Annahme, dass bei dem Vorliegen gleicher Entwicklungsmethoden und vergleichbarer Qualifikationen der Entwickler dieselbe Produktivität zwischen verschiedenen Projekten erzielbar ist.[116] Folglich sind die einmal ermittelten Produktivitätskennzahlen so lange aktuell, wie sich die Entwicklungsmethode und die Entwicklerqualifikation nicht ändern. Prozentsatzmethoden setzen auf den mit anderen Methoden ermittelten Aufwandsdaten für i. d. R. frühe Teilphasen des Projektes auf und extrapolieren diese Zwischenergebnisse auf diejenigen Teilphasen des Gesamtprojektes, deren Aufwand noch nicht eingeschätzt worden ist. Zudem besteht die Option, bei Vorliegen von ermittelten Gesamtkosten eines Projektes, diese retrograd auf die einzelnen Teilphasen zurückzurechnen. Das Ziel dieses Verfahrenstyps, der auch als Makroschätzverfahren bezeichnet wird, stellt die Verteilung der auf Basis anderer Verfahren ermittelten Projektkosten über die Laufzeit dar.[117]

Sämtliche Methodengruppen der Kennzahlenmethoden setzen daher auf einem Ähnlichkeitsbezug zwischen einem Referenzprojekt und einem Neuprojekt auf. Sie verfügen über keinen eigenständigen Charakter und werden daher als Ergänzung zu den übrigen Aufwandsschätzverfahren herangezogen.[118] Die daraus abgeleiteten Methoden beschränken sich vorrangig auf die Entwicklungskostenkalkulation von Software-Produkten.

2.2.4. Bewertung der Methodenklassen für ein Entwicklungszeitschätzverfahren

Um die am besten geeignete Methodenklasse zu identifizieren, die sich als Basisverfahren für ein Entwicklungszeitschätzverfahren für komplexe technische Systeme eignet, werden nachfolgend die einzelnen Methodenklassen mit dem erarbeiteten Anforderungskatalog bewertet. Das komprimierte Bewertungsergebnis ist in Abbildung 2.2 dargestellt. Wie beschrieben

---

[115] Vgl. hierzu das Verfahren von Wolverton (vgl. Burghardt (2006), S. 162).

[116] Vgl. Burghardt (2006), S. 163.

[117] Vgl. Litke (1996), S. 38.

[118] Vgl. Herrmann (1983), S. 173.

erfordert das Kriterium der **Objektivität,** den Einfluss von Faktoren gering zu halten, deren Ausprägung lediglich durch subjektive Einschätzung gewährleistet werden kann. Übertragen auf Methodenklassen von Aufwandsschätzverfahren fällt auf, dass Zielsysteme entweder durch die statistische Auswertung von vorhandenen Projektdaten vergleichbarer Projekte ermittelt oder auf analytischem Wege abgeleitet werden. Sämtliche Methoden können das Kernproblem der Objektivität jedoch nicht lösen. Dieses besteht darin, dass ausgehend von den projektspezifischen Ausprägungen der Einzelziele des ermittelten Zielsystems die Folgen auf die Zielgröße Entwicklungszeit einzuschätzen sind. Dieser Schätzvorgang muss durch einzelne Experten oder ein Expertenteam vorgenommen werden. Das Ergebnis dieses Schätzprozesses ist subjektiv. Verfahren, die bereits innerhalb des Entwicklungsprozesses mehrfach anzuwenden sind, ermöglichen ein Lernen, sodass extreme Einschätzungen subjektiver Wahrnehmungen einzelner Experten im Rahmen von Schätzteams tendenziell transparent werden. Dies ist bei Vergleichsmethoden der Fall, da der Abgleich stets mittels derselben relevanten Merkmale bei Analogiemethoden oder in Form von Indikatorlisten bei Relationsmethoden erfolgt.

Die **Validität** der einzelnen Methoden ist erheblich davon abhängig, ob die ermittelten Zielsysteme die zu ermittelnde Zielgröße auch tatsächlich messen. Sämtliche Schätzverfahren besitzen somit ein zweistufiges Validitätsproblem: Im ersten Schritt ist das relevante Zielsystem zu ermitteln. Im zweiten Schritt ist die Wahlentscheidung der projektspezifischen Ausprägung der einzelnen Ziele des Zielsystems zu treffen. Erst nach Projektabschluss kann in Form eines Vorher-Nachher-Vergleiches analysiert werden, ob unter Ceteris-Paribus-Bedingungen die Ergebnisse in derselben Zeitdauerhöhe wie der ursprüngliche Schätzwert zu erzielen waren. Um für einen einzelnen Faktor die Validität von Ergebnissen nachprüfen zu können, sind innerhalb von komplexen technischen Systemen umfangreiche Erfahrungsdaten notwendig. Hierfür ist eine hinreichend große Grundgesamtheit an vergleichbaren technischen Projekten erforderlich, die mit dem zu validierenden Verfahren durchgeplant wurden, sodass ein Vorher-Nachher-Vergleich möglich wird. Jedes dieser Projekte sollte die zum Zeitpunkt der endgültigen Spezifikation fixierten Ausprägungen für sämtliche Komplexitätsfaktoren der Produkt-, Prozess- und Organisationsstruktur während der gesamten Entwicklungsphase beibehalten. Aufgrund der Dynamik und Vielschichtigkeit von komplexen Entwicklungsprojekten kann eine solche Validität nur bedingt erzielt werden, da die geforderte Ceteris-Paribus-Bedingung sich aufgrund der z. T. relativ langen Entwicklungszeit von mehreren Jahren und der hohen Wettbewerbsintensität sowie der sich daraus ergebenden Dynamik i. d. R. nur bedingt aufrecht erhalten lässt. Folglich eignen sich Methoden, die auf statistische

Projektauswertungen verzichten, da die dazu geforderte Anzahl an vergleichbaren Projekten nicht vorliegt. Gleichzeitig hat das ermittelte Zielsystem nicht nur die Planungsfunktion, sondern vielmehr noch die Steuerungs- und Kontrollfunktion durch das Projekt zu übernehmen. Hierfür eignen sich Vergleichsmethoden, die konzeptionell auf einem Zielsystem mit wenigen, jedoch aussagefähigen Zielen aufbauen und als Vergleichsmaßstab lediglich ein abgeschlossenes Projekt benötigen. Dieses liegt bei Innovationen bereits als Ergebnis der Vorentwicklungstätigkeit vor.

Das Anforderungskriterium der **Normierung** und **Vergleichbarkeit** ist bei sämtlichen Methodenklassen dann erfüllt, sofern jede Zielsystemausprägung auf der Basis einer Skala mit einem möglichst hohen Skalenniveau messbar ist. Bei komplexen technischen Sachverhalten sind jedoch häufig die Auswirkungen qualitativer Ausprägungen im Hinblick auf eine Zielgröße einzuschätzen. Die Grundlage einer fundierten Normierung besteht darin, dass die Ausprägung einer Zielgröße vollständig erkannt wird und vergleichbare Ausprägungen auch möglichst denselben Skalenwert erhalten.

Die **Verhaltensbeeinflussung** wird bei den Beteiligten der Zeitschätzung insbesondere dadurch gefördert, dass diese zum einen die Analyse der Ausprägungen zwischen dem Referenzprojekt und den verschiedenen Handlungsalternativen selbst vornehmen und die Folgenbewertung der einzelnen Ausprägungen auf den Zielwert eigenständig durchführen. Zum anderen vollzieht sich die Verhaltensbeeinflussung nicht als Folge eines einmaligen Vorganges, sondern ist das Resultat eines sich wiederholenden Prozesses. Übertragen auf die Entwicklungszeitschätzung erfolgt das Lernen durch die mehrmalige Anwendung des Verfahrens von denselben Personen. Bei Großprojekten sind die beteiligten Experten i. d. R. über Jahre hinweg eingebunden. Aufgrund der Dynamik solcher Projekte bildet das Lernen innerhalb der Planungsphase eines solchen Projektes nur einen geringen Teil des Lernpotentials innerhalb der gesamten Realisationsphase des Projektes ab. Folglich sollte ein Zielsystem eines solchen Verfahrens darauf ausgerichtet sein, sowohl innerhalb der Planungsphase als Grundlage eines Zeitschätzverfahrens angewendet werden zu können als auch in der zeitlich wesentlich längeren Realisationsphase des Projektes als Kontroll- und Projektsteuerungsinstrument einsetzbar zu sein. Eine Methodenklasse, welche die Verhaltensbeeinflussung der planenden Experten unterstützt, bilden modifizierte Relationsmethoden, bei denen bereits ein als ähnlich identifiziertes Projekt ausreicht, um aufbauend auf dessen Ergebniswerten die Entwicklungszeit für das Neuprojekt planen und diese Ergebnisse im Projektverlauf auch steuern i. S. v. kontrollieren und überplanen zu können. Bei der Bewertung der einzelnen Methodenklassen anhand der Kostenkriterien von Schätzverfahren fällt generell auf, dass parametrische Verfahren lediglich für einen bestimmten, eindeutig definierten Projekttyp i. S. v. SW- oder HW-Entwicklungsprojekten angewendet werden. Zudem ist ein umfangreicher Erfahrungsschatz notwendig, um die Ausprägungen der Komplexitätsfaktoren eindeutig identifizieren zu können. Zudem erfordern algorithmische Methoden und Kennzahlenmethoden einen engen Projektbegriff und sind daher nur begrenzt zur Aufwandsschätzung komplexer technischer Produktentwicklungsprojekte geeignet, da sich damit sowohl ein **breiter Anwendungsbereich**, ein **geringer Erstellungs- und Pflegeaufwand** und eine **einfache und transparente Anwendung** verbieten.

Bewertungskriterien \ Methodenklassen		Algorithmische Methoden		Vergleichsmethoden		Kennzahlen-Methoden		
		Parametr. Methoden	Faktoren-/ Gewichtungs-Methoden	Analogie-Methoden	Relationen-Methoden	Multip.-M.	Produkt.-M.	Prozent-M.
Gütekriterien	Objektivität und Validität	◔	◔	◑	◑	◔	◔	◔
	Normierung / Vergleichbarkeit	◑	◑	◑	◑	◑	◑	◑
	Verhaltensbeeinflussung	○	○	◕	●	○	○	○
Kostenkriterien	breiter Anwendungsbereich	○	○	◕	●	◔	◔	◔
	frühzeitige Anwendung	○	○	◑	◕	◑	◑	◕
	geringer Erstellungs- & Pflegeaufwand	○	○	◕	◕	○	○	◔
	Einfachheit und Transparenz	○	○	●	●	◑	◑	◕

Legende:
- ● Anforderungen sehr gut erfüllt
- ◕ Anforderungen gut erfüllt
- ◑ Anforderungen erfüllt
- ◔ Anforderungen gering erfüllt
- ○ Anforderungen nicht erfüllt

Abbildung 2.2: Bewertung der einzelnen Methodenklassen als Basis eines Entwicklungszeitschätzverfahrens für komplexe technische Produkte

Bei Analogieverfahren ist die **Breite des Anwendungsbereiches** von dem Definitionsverständnis des analytisch hergeleiteten Zielsystems und der Eignung des Referenzprojektes als Vergleichsmaßstab abhängig. Kennzahlenmethoden hingegen erweisen sich aufgrund des geringen Dateninputs an bereits abgeschlossenen Projekten als bedingt geeignet. Algorithmische Methoden sind lediglich auf einen tendenziell engen Anwendungsbereich ausgerichtet und daher für die Aufgabenstellung dieser Arbeit ungeeignet. Eine **frühzeitige Anwendung** zu Beginn der Spezifikationsphase ist bei sämtlichen Verfahrenstypen nur bedingt möglich, da diese auf Indikatorausprägungen aufbauen, die i. d. R. erst am Ende der Spezifikationsphase vorliegen. Allerdings sind die Vergleichsmethoden und die Prozentsatzmethode bereits auf Basis geringer Spezifikationskenntnisse anwendbar. Ein **geringer Erstellungs- und Pflegeaufwand** lässt sich bei Vergleichsmethoden erzielen, indem ein möglichst ähnliches Referenzprojekt ausgewählt und der Vergleich mittels eines aus wenigen Einflussgrößen bestehenden Zielsystems durchgeführt wird.[119] Durch ein solches Vorgehen wird gleichzeitig die Aktualität der Datenlage sichergestellt, da der Fokus der Datenerhebung eindeutig auf dem aktuellsten System beruht. Währenddessen führt die für algorithmische Methoden erforderliche umfangreiche Datengrundlage zu einem hohen Erstellungs- und Pflegeaufwand. Abgeschwächt trifft diese Aussage auch auf die Kennzahlenmethoden mit Ausnahme der Prozentsatzmethode zu; letztere benötigt die Inputdaten eines anderen Verfahrens und verursacht damit dessen Kostenstrukturen. **Einfachheit und Transparenz bei der Anwendung** eines Schätzverfahrens kann generell durch zwei Maßnahmen erzielt werden: Entweder ist das Verfahren selbsterklärend, nach einer erfolgten Begleitung leicht erlernbar oder mit Hilfe eines Methodenfachmannes durchführbar. Die Funktion des Methodenfachmannes besteht primär in der Koordinationsfunktion innerhalb des Informationsgenerierungsprozesses. Dabei hat der Methodenexperte sicherzustellen, dass durch eine strukturierte Gruppendiskussion von Seiten der Fachexperten sämtliche verfügbaren Informationen[120] über die Ausprägungen der zeitbeeinflussenden Größen des zu bewertenden Projektes innerhalb der Gruppendiskussion aufgedeckt werden. Eine Relationsmethode erfüllt diesen Anspruch im Besonderen, sofern diese auf der Basis eines einfach zu operationalisierenden Zielsystems aufbaut, das gleichzeitig auf der Metaebene eine weitreichende Erfassung der potentiell relevanten zeitbeeinflussenden Größen sicherstellt. Analog dieser Ergebnisse empfiehlt sich für die Schätzung der Entwicklungszeit für komplexe technische Produkte ein Verfahren, das konzeptionell auf einer Relationsmethode mit einem breit operationalisierbaren Zielsystem aufbaut. Dieses Zielsystem wird in Kapitel 3 erarbeitet.

2.3. Zwischenfazit

Der Forschungslücke dieser Arbeit folgend wird in Kapitel 2 ein Pflichtenheft für die Erarbeitung eines Entwicklungszeitschätzverfahrens für komplexe technische Serienprodukte vorge-

[119] So unterscheidet Schulz in exklusive und inklusive Ceteris-Paribus-Bedingungen. Der Vorteil des exklusiven Ceteris-Paribus-Gesetzes liegt darin, dass zwischen Ausgangssituation und angestrebtem Zielzustand sämtliche andere eingreifende Faktoren nicht konstant gehalten werden müssen (vgl. Schulz (2001), S. 360). Nur ein solches Ceteris-Paribus-Gesetz, das sich von dem strikten actio-reactio-Verständnis löst, kann die wissenschaftstheoretische Basis für eine Schlussfolgerung auf der Basis von ähnlichen, jedoch nicht gleichen Systemzusammenhängen im Sinne dieser Arbeit bilden.

[120] Vgl. Weber/Eisenführ (2003), S. 314ff.

stellt. In einem ersten Schritt werden die Anforderungen für ein solches Verfahren definiert (vgl. Abbildung 2.3). Dazu werden die bekannten Kriterienkataloge, die an Zeitschätzverfahren für SW-Entwicklungsprojekte und an Herstellkostenschätzverfahren für technische Komponenten des Fahrzeug- und Maschinenbaus gestellt werden, auf deren Anwendbarkeit für die Problemstellung dieser Arbeit überprüft. In einem zweiten Schritt werden die einzelnen Methodenklassen für Aufwandsschätzverfahren von SW- und HW-Projekten kurz erläutert. Aufbauend auf dem fundierten Verständnis über die Leistungsfähigkeit der einzelnen Methodenklassen, wird jede einzelne Klasse auf der Basis des Anforderungskataloges bewertet.

	Anforderungskriterien an Entwicklungszeitschätzverfahren für komplexe technische Produkte	
Gütekriterien	Objektivität / Validität	Der Einfluss subjektiv geschätzter operationalisierter Einflussgrößen sollte gering gehalten werden. Die Messung der Eigenschaften eines Einflussfaktors sollte nachgewiesen werden.
	Normierung / Vergleichbarkeit	Die Ergebnisse sollten auf einer Vergleichsskala (Ordinal- oder Intervallskala) oder Skala eines höheren Informationsniveaus (Intervall- oder Verhältnisskala) messbar sein.
	Verhaltens-beeinflussung	Rückschlüsse auf den Ressourcenverbrauch bestimmter Einflussgrößenausprägungen sollten einen Erfahrungszuwachs auf Seiten des/der Schätzer(s) ermöglichen und damit einen permanenten Lernprozess aufrechterhalten.
Kostenkriterien	breiter Anwendungsbereich	Der Anwendungsbereich des Verfahrens sollte für eine hohe Anzahl von Produkten und Entwicklungsprozessen möglich sein.
	frühzeitige Anwendung	Die Anwendbarkeit des Entwicklungszeitschätzverfahrens sollte bereits zu Beginn der Spezifikationsphase gewährleistet werden, damit bis zur abschließenden Entscheidung zum Zeitpunkt der endgültigen Spezifikation Erfahrungsdaten über die relevanten Einflussgrößen zur Verfügung stehen.
	geringer Erstellungs- und Pflegeaufwand	Die Verfahrensanwendung sollte ohne großzahlige Datenerhebungen anhand einer Vielzahl abgeschlossener Projekte realisierbar sein. Die Pflege des Verfahrens im betrieblichen Alltag hat sich bei jedem Überplanungsprozess in Form zusätzlicher, qualitativ hochwertiger Informationen zu amortisieren.
	Einfachheit & Transparenz bei der Anwendung des Verfahrens	Das Verfahren sollte plausibel nachvollziehbar zu sein. Es hat schnelles Lernen über Erfahrungswissen zu ermöglichen.

Abbildung 2.3: Übersicht über die Anforderungskriterien für Entwicklungszeitschätzverfahren komplexer technischer Produkte

Als Ergebnis bleibt festzuhalten, dass die Relationsmethode die am besten geeignete Vorgehensweise für ein Entwicklungszeitschätzverfahren für komplexe technische Produkte darstellt. Ein maßgebliches Kennzeichen dieser Methode bildet ein umfassendes Zielsystem von Einflussfaktoren, das die Messung von Ausprägungsunterschieden zwischen einem Vergleichswert, dem Referenzumfang RU, und einer damit zu vergleichenden Alternative A_i zulässt. Auf dieser Erkenntnis aufbauend wird in Kapitel 3 das geforderte Zielsystem erarbeitet.

3. Entwicklungszeitschätzung für Serienentwicklungsprojekte auf Basis einer Relationsmethode

Als Lösung des verbalen Problems dieser Arbeit bietet sich ein Entwicklungszeitschätzverfahren an, das methodisch auf einer Relationsmethode aufbaut. Das Ziel des geforderten Zeitschätzverfahrens ist es, mit einem Minimum an verfügbarem Dateninput ein möglichst valides Schätzergebnis für die kürzest mögliche (a), die meistwahrscheinliche (m) und die längste Zeitdauer (b) zu liefern. Auf Basis dieser Ergebniswerte können dann die zeitrisikoadjustierten Kennzahlen $Time\text{-}at\text{-}Risk_{\beta\sigma}$ und $Time\text{-}including\text{-}Risk_{\beta\sigma}$ berechnet werden.[121] Diese Kennzahlen bilden gleichzeitig eine maßgebliche Inputgröße für das in dieser Arbeit geforderte mathematische Modell.[122] Die Basis der Schätzung bildet ein bereits abgeschlossenes Entwicklungsprojekt, der Referenzumfang RU. Für diesen sollten die benötigte Entwicklungszeit EZ_{RU} und die für den Entwicklungsprozess angefallenen Kosten bekannt sein. Andererseits hat dieses Entwicklungsprojekt eine möglichst ähnliche Produkt-, Prozess- und Organisationsstruktur zu der Alternative A_i des zu bewertenden Neuentwicklungsprojektes auszuweisen.[123] Nach ***Eppinger/Salminen*** lassen sich die Einflussfaktoren, die auf die Entwicklungsprojekte einwirken, in drei Dimensionen unterscheiden: die Produkt-, die Prozess- und die Organisationsstruktur.[124] Folglich sind diejenigen zeitbeeinflussenden Größen sowohl für den Referenzumfang RU als auch für die zu bewertenden Alternativen A_i zu identifizieren, von denen eine maßgebliche Auswirkung auf die Entwicklungszeit zwischen beiden Projekten erwartet wird. Dabei erfordert die Zeitschätzung auf Basis einer Relationsmethode, dass die Entwicklungszeit einer Alternative A_i als relative Zeitgröße in Form prozentualer Zu- oder Abschlagssätze ausgewiesen wird. Jedes Einflusskriterium kann dabei zeitverkürzend oder -verlängernd wirken. Ausgangspunkt für die nachfolgenden Betrachtungen bildet folgende Zeitformel:

---

121 Auf die Definition dieser zeitadjustierten Kennzahlen wird in Kapitel 4.2.4 detailliert eingegangen.

122 Vgl. Kapitel 1.4, insbesondere S. 12, Abbildung 1.3.

123 Mit der Festlegung des Referenzumfanges ist für die Entwicklungszeitschätzung eine erhebliche Einflussgröße determiniert, da auf der Basis dieses Projektes die einzelnen zeitbeeinflussenden Größen identifiziert und deren Ausprägungsunterschiede zwischen dem Referenzumfang und dem Neuentwicklungsprojekt festgelegt werden.

124 Vgl. Eppinger/Salminen (2001), S. 285ff.

$$EZ_{Ai} = EZ_{RU} \cdot \left(1 + \sum_{i=1}^{n} \Delta EZ_{Produkt\_Ai} + \sum_{i=1}^{n} \Delta EZ_{Prozess\_Ai} + \sum_{i=1}^{n} \Delta EZ_{Organisation\_Ai} \right). \quad (3.1)$$

In Gleichung 3.1 wird für jede der identifizierten Einflussgrößen eine Zeitdifferenz zwischen dem Referenzumfang und der zu bewertenden Alternative geschätzt. Die Summe der produktstrukturbedingten Zeitdifferenzen beträgt $\sum_{i=1}^{n} \Delta EZ_{Produkt\_Ai}$, die Summe der prozessstrukturbedingten Zeitdifferenzen umfasst $\sum_{i=1}^{n} \Delta EZ_{Prozess\_Ai}$ und die Summe der organisationsbedingten Zeitdifferenzen wird mittels $\sum_{i=1}^{n} \Delta EZ_{Organisation\_Ai}$ berechnet. Für die effektive und effiziente Identifikation der Einflussgrößen und der Bewertung von deren Einfluss auf die Zeitdifferenz wird ein Kriterienkatalog benötigt, der es dem Schätzerkreis erlaubt, einerseits sämtliche maßgeblichen Einflussgrößen zu identifizieren. Andererseits sollte dieser Kriterienkatalog nicht zu umfangreich sein, um die Kostenfolgen bei der Anwendung des Zeitschätzverfahrens gering zu halten. Wie in Kapitel 2.2 erörtert, steht als Ausgangslage für die Entwicklungszeitschätzung bei komplexen technischen Produktprojekten lediglich eine bescheidene Datenlage zur Verfügung. Folglich müssen sämtliche Versuche scheitern, aus einer hinreichend umfangreichen Grundgesamtheit an Daten abgeschlossener Projekte mittels statistischer Verfahren eine Liste der maßgeblichen Einflussgrößen zu extrahieren. Es verbleibt lediglich die Option, Ansätze der allgemeinen Komplexitätstheorie, die den Anspruch erheben, die Einflussgrößen komplexer Sachverhalte umfassend zu berücksichtigen, auf deren Anwendbarkeit für die vorliegende Zielsetzung hin zu überprüfen. Dazu werden in Kapitel 3.1 die grundlegenden Ansätze der Komplexitätstheorie vorgestellt. Darauf aufbauend wird in Kapitel 3.2 überprüft, wie sich der Ansatz des mehrdimensionalen, relationalen Komplexitätsmodells von ***Reiß*** eignet, um als Zielsystem des Zeitschätzverfahrens dieser Arbeit die produkt-, prozess- und organisationsbedingten zeitbeeinflussenden Größen hinreichend vollständig und effektiv erfassen zu können.

3.1. Metaansätze der Komplexitätstheorie

Sowohl alltagssprachlich wie auch wissenschaftstheoretisch wird der Begriff „Komplexität" eher mit „kompliziert", „undurchschaubar" und damit i. S. v. fehlender Transparenz gebraucht oder jedoch unter Verzicht auf eine exakte Definition als Realphänomen unterstellt.[125] Die Ursache dieser begrifflichen Unzulänglichkeit basiert in der Eigenschaft komplexer Systeme:

[125] Vgl. Lindemann (1996), S. 293.

Nach ***Malik*** ist *Komplexität* auf die Tatsache realer Systeme zurückzuführen, die eine menschlich kaum fassbare Anzahl an möglichen Zuständen aufweisen.[126] Es ist daher nicht verwunderlich, dass eine Vielzahl von Definitionen sich darin versuchen, den Komplexitätsbegriff greifbarer zu gestalten. Da die Komplexitätstheorie eine transdisziplinäre Wissenschaftssparte darstellt, muss es der Anspruch einer allgemein gültigen Komplexitätsdefinition sein, im Rahmen der relativ jungen Wissenschaftssparte der „Allgemeinen Komplexitätstheorie" Gültigkeit zu besitzen. Dies gelingt lediglich dann, wenn ein Komplexitätsbegriff gefunden werden kann, der sämtliche verschiedene kontextbezogene Komplexitätsphänomene umfasst und eine Verdichtung auf allgemeine, systemtheoretisch formulierte Wirkungsprinzipien und Lösungsansätze zulässt. Nach ***Stacey*** gelingt diese Zielsetzung der Definition einer allgemein gültigen Komplexitätstheorie nur, sofern auf die kausalen Erklärungsmuster des Newton´schen Paradigmas[127] verzichtet wird: „The science of complexity is concerned with the fundamental logical properties of the behaviour of nonlinear and network feedback systems, no matter where they are found."[128]

Kennzeichnend für komplexe Systeme ist die hohe Interaktion der Systemelemente. Damit sind Systemzustände oder Verhaltensweisen nicht eindeutig auf kausale Ursache-Wirkungsfolgen zurückzuführen. Das interaktive Elementeverhalten ist vielmehr Ursache und Wirkung von Rückkopplungseffekten innerhalb des komplexen Systems und der Beziehungsintensität der Einzelelemente zugleich: Zum einen generieren tangierte Elemente eines Systems neue Systemzustände, die als Neukonfiguration wiederum auf das verursachende Element einwirken. Zum anderen resultiert die Systemkomplexität primär aus der Intensität der Beziehungen zwischen den Elementen und weniger aus den isoliert betrachteten Elementen selbst. Als Folge dieser Systemeigenschaften hat sich in den naturwissenschaftlichen und sozialwissenschaftlichen Disziplinen bereits seit längerem die Erkenntnis durchgesetzt, dass der kontextbezogene Zugang innerhalb einer Wissenschaftssparte keine tiefere Erkenntnis über komplexe Systeme zulässt. Vielmehr basiert das Wesen der Komplexität auf der grund-

---

[126] Vgl. Malik (1996), S. 185. Bliss bezeichnet diesen Definitionsansatz als „Komplexität als Ignoranz". Er subsumiert darunter eine Planungs-, Entscheidungs- oder Handlungssituation, bei welcher die Wirkungszusammenhänge des zu erfassenden Systems von Seiten des Betrachters nicht isoliert verstanden werden können (vgl. Bliss (2000), S. 91).

[127] Das Newton´sche Paradigma geht auf das Weltbild der frühen, neuzeitlichen Naturwissenschaften und deren Erklärungsparadigma in Form des kausalen Ursache-Wirkungs-Prinzips zurück, das später auch auf Lebensphänomene übertragen wurde. Dieses basiert auf einem komparativ-statischen Grundverständnis, mittels diesem das zu interpretierende Phänomen auf isolierbare Wirkungsmechanismen zurückgeführt wird. Somit bleibt interagierendes Elementeverhalten auf das allgemeine Systemverhalten unberücksichtigt und systeminadäquates lineares wie eindeutig abgrenzbares Verhalten wird unterstellt (vgl. Bliss (2000), S. 72f. und die dort angegebenen Quellen: vgl. Lewin (1996), S. 23; vgl. Stacey (1995), S. 477-495; vgl. Bertalanffy (1962), S. 1-20).

[128] Stacey (1995), S. 480.

legenden Systemeigenschaft der allgemeinen Komplexitätstheorie und damit kontextunabhängig. Nach ***Sahal*** lässt sich allein mit diesem generellen Ansatz ein tieferer Einblick in ein spezielles System gewinnen.[129] Um Komplexität als messbare Größe zu definieren, behilft sich ***Malik*** des Begriffes der Varietät: Diese gibt „die Anzahl der unterscheidbaren Zustände eines Systems bzw. die Anzahl der unterscheidbaren Elemente einer Menge“[130] wieder. In seiner Status-quo-Analyse zum Begriffsverständnis von Komplexität kommt ***Bliss*** nach seiner Analyse von acht möglichen Interpretationsansätzen zu dem Ergebnis, dass zwei grundsätzliche Arten von Komplexitätsansätzen bestehen:[131]

- Dabei handelt es sich um Ansätze, die einerseits die offensichtlich real gegebene Strukturdimension eines komplexen Systems mit Hilfe der Faktoren „Systemgröße“[132], „kombinatorische Varietät“[133] und „dynamische Varietät“[134] zu erklären versuchen.[135] Dieses Komplexitätsverständnis wird als „Realkomplexität“ bezeichnet.[136]
- Andererseits können davon Ansätze zur Komplexitätsbeschreibung abgegrenzt werden, die auf die Systembeschreibung bzw. die Modellbildung abzielen: Dieses sind die Ansätze

---

129 Vgl. Sahal (1976), S. 5.

130 Malik (1996), S. 186.

131 Vgl. Bliss (2000), S. 124.

132 Eine Reihe von Definitionsansätzen sieht Komplexität als Folge der „Größe des Systems“. Kennzahlen für die Bewertung dieser Systemgröße bilden die absolute Anzahl und die Vielfalt der involvierten Systemelemente sowie die Anzahl und Vielfalt der Systemrelationen, wobei die Komplexitätsursache maßgeblich auf der Anzahl der Interaktionen von Elementen basiert. Dieses Vielzahl- und Vielfaltsverständnis von Komplexität kann mittels mathematischer Kombinatorik bestimmt werden. Hierbei besteht eine Substitutionsbeziehung zwischen der Anzahl der Elemente und der Anzahl an Relationen: Eine geringere Elementenanzahl kann durch eine höhere Anzahl an Relationen kompensiert werden und vice versa (vgl. Bliss (2000), S. 93 und die dort genannten Quellen, insbesondere Luhmann (1996), S. 49).

133 Aus dem Fokus der „kombinatorischen Varietät“ resultiert Komplexität aus der potentiellen Varietät eines Systems und damit aus der Anzahl der unterscheidbaren Zustände bzw. Zustandsvariationen. Während Malik diesen Komplexitätsgrad als mathematisch exponentiell ermittelbar ansieht, weist Stacey auf die mögliche Existenz von lokalen Regeln hin. Nach diesen können bestimmte Systemelemente nur dann eine bestimmte Ausprägung annehmen, sofern andere Systemelemente ebenfalls eine bestimmte Ausprägungskombination angenommen haben. Zusätzlich zu diesen elementenbezogenen Input-Reaktionsregeln kann eine momentbezogene Zustandsänderung erfolgen. Als Resultat ergibt sich ein dynamisches Komplexitätsverständnis, das schwer zu definieren ist (vgl. Bliss (2000), S. 94-97, vgl. Malik (1996), S. 187-189, vgl. Stacey, R. (1995), S. 487). Von diesem Zugang der Komplexität wird nachfolgend Abstand genommen, da sich eine solche Vorstellungswelt einer zählbaren Erfassung von Komplexitätstreibern gänzlich entzieht.

134 Das Komplexitätsverständnis der „dynamischen Varietät“ basiert auf der Bewertung eines Systems auf der Grundlage eines physikalischen bzw. informationstheoretischen Entropiebegriffes. Aus diesem Verständnis lässt sich die Komplexität eines Systems mit der potentiellen Informationsmenge definieren, die zur Systembeschreibung benötigt wird. Der Fokus der „dynamischen Varietät“ erweitert das statische Vielfaltsverständnis sämtlicher potentieller Systemzustände und somit die kombinatorische Varietät um diejenige Informationsmenge, die aus der dynamischen a-Posteriori-Betrachtung benötigt wird, um die Mikrozustände eines bestimmten Makrozustandes des Systems zu spezifizieren (vgl. Gell-Mann (1996), S. 311).

135 Die nachfolgende Klassifizierung der verschiedenen Definitionsansätze zur Thematik „Komplexität“ gehen auf Bliss zurück (vgl. Bliss (2000), S. 92-124).

136 Vgl. Bliss (2000), S. 124.

der „algorithmischen Komplexität“[137], der „effektiven Komplexität“[138], der „logischen Tiefe“[139] und der „extrinsischen Komplexität“[140], die unter die „Abbildungskomplexität“[141] subsumiert werden. Die Definitionsansätze der algorithmischen Komplexität zielen dabei auf einen relativen Vergleich zwischen dem zu bewertenden System und dem Bewertungssystem. Währenddessen nähert sich die extrinsische Komplexitätsdefinition dem Komplexitätsbegriff, indem eine Transparenz zwischen der Interdependenz von Komplexität und der Gliederungstiefe der Systembetrachtung aufgezeigt wird. Als Folge für die Bewertung des Komplexitätsausmaßes eines technischen Systems ergibt sich, dass eine solche Bewertung lediglich innerhalb eines umweltobligaten Sinnzusammenhanges möglich ist. Für einen Vergleich ist eine Konvention über eine gemeinsame Bewertungssprache und damit ein einheitlicher Bewertungskatalog auf der Metaebene sowie die Gliederungstiefe der Bewertung erforderlich.[142]

Ein geeigneter Komplexitätsansatz, der konzeptionell ein umfassendes und gleichzeitig kurzes Zielsystem als Basis eines Zeitschätzverfahrens zur Verfügung stellt, benötigt die beiden Perspektiven der Realkomplexität und der Abbildungskomplexität. Um die komplexitätsbeeinflussenden Größen möglichst umfassend bewerten zu können, ist somit ein System-

[137] Das „algorithmische Komplexitätsverständnis“ geht auf Kolmogorov zurück und orientiert sich am informationstheoretischen Enthropiebegriff. Nach diesem Verständnis kann die Komplexität eines Systems auf der Grundlage der minimalen Länge der binären Codierung der Systembeschreibung quantitativ fassbar definiert werden (vgl. Wolkenstein (1990), S. 209). Nach dieser Komplexitätsdefinition führt eine Erhöhung/Verringerung in der Länge der kürzesten binären Beschreibung zu einer richtungsgleichen Veränderung des Komplexitätsbegriffes (vgl. Norretranders (1997), S. 126).

[138] Das Verständnis der „effektiven Komplexität“ geht auf die Definition Gell-Manns zurück und definiert Systemkomplexität als Beschreibungslänge ihrer regelmäßigen Informationsbasis (vgl. Gell-Mann (1996), S. 93f., S. 107). Ein effektiv-komplexes System weist daher eine nicht zu lange Beschreibungslänge und gleichzeitig ein Mindestmaß an Regelmäßigkeit auf. Systeme, die lediglich einem Bewertungskriterium gerecht werden, können nicht als „effektiv-komplex“ gelten.

[139] Das Komplexitätsverständnis aus dem Fokus „der logischen Tiefe“ definiert Systemkomplexität als die Anzahl deduktiver oder kausaler Schritte, die zwischen dem betrachteten Sachverhalt und dem vermutlichen Ursprung liegen (vgl. Bennet (1986), S. 58-59). Diese Definition setzt damit an dem zur Ausführung einer algorithmischen Systembeschreibung benötigten Ressourcenverzehr (insbesondere dem Faktor „Zeitdauer“) an und löst sich damit von der Vorstellung qualitativ oder quantitativ erfassbarer Systembeschreibungsumfänge (vgl. Bennet (1988), S. 230).

[140] Die bisherigen Ansätze zur Komplexitätsdefinition haben Komplexität als ein Resultat einer dem betrachteten „System innewohnenden, strukturellen Disposition“ angesehen; Komplexität wurde damit als direkte Folge von intrinsischen Systemeigenschaften interpretiert. Wird ein System jedoch von außen bewertet, so ist für diese Bewertung der „extrinsischen Komplexität“ entscheidend, aus welchem fachlichen Betrachtungsfokus und bis zu welcher Gliederungsebene die Systembewertung vorgenommen wird. Die vordefinierte Aggregationsstufe des Makrozustandes beeinflusst damit objektiv den Komplexitätsgrad des betrachteten Systems. Extrinsische Komplexität ist in Abhängigkeit von der Gliederungstiefe des Systems bestimmbar und messbar; von Bedeutung ist dabei die Abstraktion des Betrachtungsfokus: weg von dem faktischen realen Unterbau und hin zu einem vereinfachenden Modell über die komplexe Systemstruktur. Damit geht das Verständnis der extrinsischen Komplexität als eine Funktion über die Anzahl möglicher, von außen auf das System gerichteter Interaktionsperspektiven mit diesem System einher (vgl. Bliss (2000), S. 120-123).

[141] Vgl. Bliss (2000), S. 124.

[142] Vgl. Luczak/Fricker (1997), S. 318.

bewertungsansatz der Realkomplexität notwendig, der die Erfassung jeder einzelnen Einflussdimension auf Basis eines „einheitlichen Bewertungskanons" und einer „einheitlichen Gliederungstiefe des zu bewertenden Systems" zulässt. Um jedoch sicherstellen zu können, dass sämtliche Komplexitätsphänome auch vollständig erkannt und unter den einheitlichen Bewertungskanon subsumiert worden sind, ist der Fokus der Realkomplexität um die Perspektiven der Abbildungskomplexität zu ergänzen. So ist bei der Systembewertung von physischen Produktsystemen i. S. der Realkomplexität festzulegen, welche Gliederungstiefe bei der Bewertung von Teilsystemen zur Analyse herangezogen wird. Insbesondere bei der Bewertung der Zeitdifferenz, die von einer bestimmten Ausprägung eines Teilsystems ausgeht, ist eine exakte definitorische Abgrenzung jedes Teilziels gegenüber dem komplementären Zielsystem notwendig. Jedes Teilziel ist somit aus der Perspektive des umweltobligaten Sinnzusammenhanges zu definieren, dessen Ausprägungsunterschied bei einem Vergleich zwischen zwei Projekten auszuweisen und die daraus erwartete Zeitabweichung einzuschätzen ist. Der Komplexitätsgrad des Zielsystems lässt sich dadurch beeinflussen, indem kritische Teilziele innerhalb des Entscheidungsfindungsprozesses aktiv erkannt und zugunsten zeit- und zeitrisikoreduzierter Ausprägungen ausgelegt werden. In der Literatur über Managementtheorien finden sich zwei grundlegende Vorgehensweisen zur Reduktion der mit dem Komplexitätsphänomen verbundenen Negativeffekte: der „konstruktivistisch-technomorphe" und der „systemisch-evolutionäre" Theorietyp der Komplexitätsbeherrschung:[143]

- Das „konstruktivistisch-technomorphe" Verständnis von Komplexitätsbeherrschung basiert auf dem Verständnis des modernen Maschinenbegriffes. Ein System wird dabei mit einer „Maschine im Sinne der klassischen Mechanik"[144] gleichgesetzt. Damit verbunden ist die Vorstellung eines vollständigen Wissens über sämtliche Details der Einzelteile eines Systems. Die Grundvorstellung dieses Typs von Komplexitätsbeherrschung geht von der Denkweise des Maschinenbaus aus; dabei sind die Funktionen, die Zuverlässigkeit und die Effizienz eines Gesamtsystems einerseits direkt von den Funktionen und Eigenschaften der Systemeinzelteile abhängig. Andererseits besteht die Vorstellung einer vollkommenen Beherrschbarkeit des Gesamtsystems durch die vollkommene Information über jedes Einzelteil und dessen Zusammenwirken innerhalb des Gesamtsystems.[145]
- Der „systemisch-evolutionäre" Theorietyp setzt an einer spontanen, sich selbst generierenden Ordnung an. Diese Vorstellungswelt geht auf biologische Organismen und deren

143 Vgl. Malik (1996), S. 37.

144 Vgl. ebenda, S. 37.

145 Vgl. ebenda, S. 37f.

Fähigkeit zur Selbstorganisation zurück. Dieser Theorietyp eignet sich besonders, um den Menschen und dessen soziale Institutionen zu erklären. Somit ist die Existenz dieser Institutionen, wie u. a. Moral, Sprache, Recht, Familie, Geld, Kredit, Wirtschaft, Unternehmung, nicht als Folge der menschlichen Vernunft anzusehen, sondern die menschliche Vernunft resultiert aus der Evolution dieser Institutionen.[146]

Der Problemstellung dieser Arbeit folgend, eignet sich lediglich das „konstruktivistisch-technomorphe" Verständnis der Komplexitätsbeherrschung; nach diesem wird das Zielsystem i. S. d. Arbeit umfassend und effektiv auf den theoretischen Gesetzmäßigkeiten einer Komplexitätsmechanik in den folgenden Abschnitten erarbeitet.[147]

3.2. Das mehrdimensionale, relationale Komplexitätsmodell als methodische Basis der Entwicklungszeitschätzung

Einen Ansatz zur Operationalisierung von Komplexitätswirkungen stellt das mehrdimensionale, relationale Komplexitätsmodell von ***Reiß*** dar.[148] Dieses Modell zur Komplexitätserfassung und -beherrschung eignet sich insbesondere für die Zielsetzung dieser Arbeit, indem es beide für die Bewertung des Zeitbegriffs wesentlichen Bewertungsperspektiven beinhaltet. Dazu gehört zum einen die Bewertung der Komplexitätsausprägung zum Bewertungszeitpunkt mit Hilfe der Komplexitätsfaktoren „Vielzahl", „Vielfalt" und „Vieldeutigkeit". Zum anderen kann das Potential an Änderungsmöglichkeiten während der Entwicklungsphase mittels des Komplexitätsfaktors „Veränderlichkeit" ermittelt werden. Jeder Faktor verfügt über zwei – sich i. d. R. diametral beeinflussende – Pole, die so genannten „Sektoren" der Elementen- und der Relationenkomplexität.[149] Die Elementenkomplexität weist die Wirkungen der einzelnen Elemente eines (Teil-)Systems aus. Die Relationenkomplexität erfasst diejenigen Komplexitätswirkungen, die sich aus den Schnittstellen ergeben, die sowohl zwischen den Elementen innerhalb des betrachteten (Teil-)Systems vorhanden sind (Relationenkomplexität 1) als auch von den Systemelementen, die auf das Umsystem einwirken (Relationenkomplexität 2).[150] Die Anwendung dieses Komplexitätsansatzes zielt in dieser Arbeit auf die möglichst kurze und umfassende Erfassung sämtlicher Komplexitätswirkungen der drei

---

[146] Vgl. ebenda, S. 38ff.

[147] Vgl. Reiß (1993a), S. 54.

[148] Vgl. ebenda, S. 54.

[149] Vgl. Reiß (1993a), S. 58.

[150] Vgl. ebenda, S. 57: Reiß geht in seinem Grundkonzept der Sektorenbildung lediglich von den beiden Sektoren der Elementen- und der Relationenkomplexität aus. Zur Bewertung der Produktstruktur reicht eine einfache Perspektive der Relationenkomplexität jedoch nicht aus, daher wird diese nachfolgend untergliedert in die Erfassung der innersystemischen Schnittstellen (Relationenkomplexität 1) und derjenigen der außersystemischen Schnittstellen bzw. Schnittstellen zum Umsystem hin (Relationenkomplexität 2).

Einflussdimensionen auf die Entwicklungszeit. Da der kritische Pfad innerhalb eines Projektes letztlich die Gesamtdauer der Entwicklungszeit widerspiegelt, empfiehlt es sich zur Erfassung sämtlicher divergierender Auswirkungen sämtliche Arbeitspakete (AP) des kritischen Pfades daraufhin zu untersuchen, wie sich eine Änderung auf den Netzplan auswirkt (vgl. Abbildung 3.1). Ein Arbeitspaket kann dabei selbst den Umfang einer Alternative einnehmen oder lediglich Bestandteil einer solchen sein. Der Bewertungsprozess ist in den Abbildungen 3.1 bis 3.3 beispielhaft dargestellt.

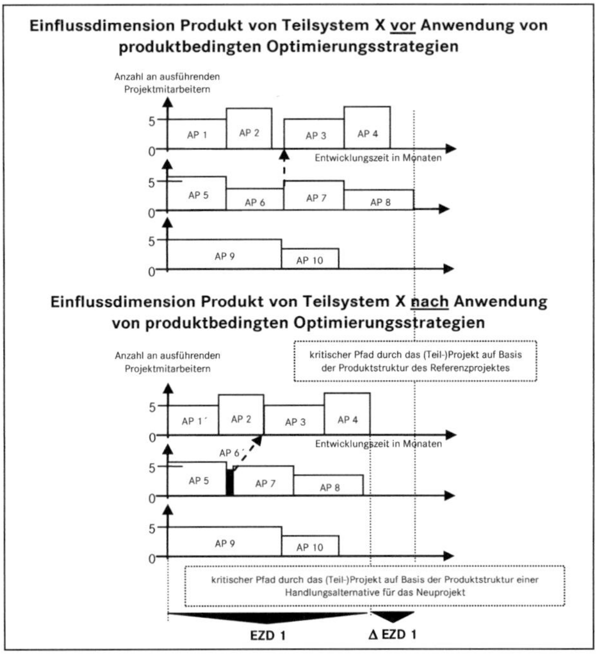

Abbildung 3.1: Bewertungsperspektive der Einflussdimension Produktstruktur

Werden z. B. in der Produktstruktur einer Handlungsalternative verschiedene Komponenten zu einer einzigen zusammengefasst, dann sind nur diese Zeitverkürzungswirkungen maßgeblich, die sich bei gleicher Prozess- und Personalausstattung wie das Referenzprojekt auf die Entwicklungszeit auswirken. Änderungen hinsichtlich der Prozessstruktur und der Organisation bleiben vorerst unberücksichtigt. Es wird bei der Bewertung der Produktstruktur unterstellt, dass die Produktstruktur der zu bewertenden Handlungsalternative mit den vergleichbaren Prozessen und der Personalausstattung des Referenzumfangs durchgeführt wird. In Abbildung 3.1 resultiert aus den Optimierungen der Produktstruktur eine Verkürzung der

Arbeitspakete 1 und 6: von AP 1 zu AP 1′ und von AP 6 zu AP 6′. Dadurch ändert sich auch der kritische Projektpfad EZ_Pr. Die Entwicklungszeit wird um die Zeitspanne ΔEZ_Pr reduziert. Lediglich der Testumfang auf der Ebene des (Teil-)Systems und des Gesamtsystems ist noch auszuführen. Das Zeitschätzverfahren zielt auf die möglichst umfangreiche Erfassung der Produktstruktur. Mit zunehmendem Detaillierungsgrad innerhalb der Spezifikationsphase darf ein exakteres Schätzergebnis erwartet werden. Zum Zeitpunkt der endgültigen Spezifikation sollte die gesamte Produktstruktur bekannt sein, sodass das Teilsystem und dessen Schnittstellen zum Umsystem hin bekannt sind. Wird nun der Entwicklungsprozess des Referenzumfanges abgeändert, so stellt sich die Frage, welche Teilprozesse für welche Umfänge der Produktstruktur variieren werden. Gegenstand der Prozessbewertung bilden exakt spezifizierte Produktstrukturumfänge, sodass für jedes Teilsystem überprüft werden kann, inwieweit eine Prozessveränderung zu einer Einsparung der Entwicklungszeit führt (vgl. Abbildung 3.2). Im Gegensatz zur Produktstruktur wird bei der Prozessgestaltung i. d. R. davon ausgegangen, dass die vorhandenen Prozesse des Referenzproduktumfanges stets auf ein weitergehendes Verkürzungspotential bei deren Anwendung innerhalb der Handlungsalternativen überprüft werden.

Dieses ist bei digitalen Simulationen anstelle eines physischen Testaufbaus der Fall. Dazu werden zusätzlich zu den Entwicklungszeitreduktionen, die aus den bereits erfolgten Produktstrukturoptimierungen resultieren, weitere Zeitersparnisse ausgewiesen, die auf die prozessuale Optimierung der Arbeitspakete AP 2, AP 4, AP 7 und AP 8 zurückzuführen sind. Als Ergebnis wird die Entwicklungszeit für das Gesamtsystem im Umfang von AP 1 bis AP 10, um die Zeitspanne ΔEZ_Pz verkürzt. Das Ergebnis des Bewertungsprozesses sollte eine Zeitreduktion des Teilnetzplanes in Form einer prozentualen Zeitverkürzung bilden und sich gleichzeitig positiv auf die Optimierung des Gesamtnetzplanes auswirken.

Die Zielsetzung muss es jedoch sein, nach der erstmaligen Erfassung der Produktstrukturauswirkungen sich bei der darauf aufsetzenden Bewertung der Einflüsse der Entwicklungsprozessgestaltung und der Organisationsalternativen auf diejenigen Prozessalternativen zu konzentrieren, die ein deutliches Zeit- und/oder Zeitrisikoreduktionspotential vermuten lassen (vgl. Abbildung 3.3). Dieses Vorhaben zielt u. a. darauf ab, dass bisher erkannte Risikotreiber eliminiert werden und ein verkürzter Entwicklungsprozess für das Teilsystem und das Gesamtsystem planbar wird. Mittels des Teilzielsystems der Entwicklungsorganisation sind die bereits bewerteten Produktstruktur- und Prozessalternativen durch eine veränderte Personalausstattung weiterhin zu verkürzen.

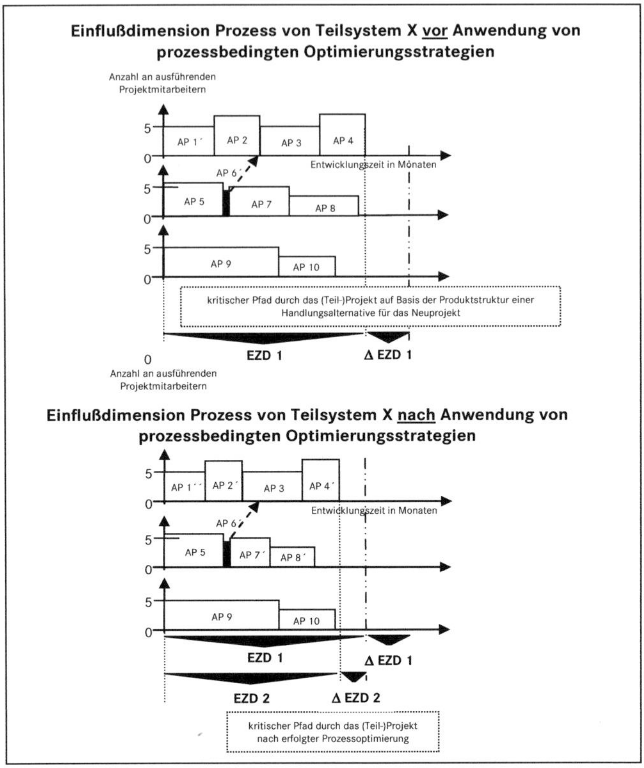

Abbildung 3.2: Bewertungsperspektive der Einflussdimension Entwicklungsprozess

Wie in Abbildung 3.3 dargestellt, können durch die Optimierung der Organisationsstruktur die Arbeitspakete AP 3 und AP 9 in dem Umfang verkürzt werden, dass der kritische Projektpfad in Höhe von ΔEZ_Eo auf die Länge von EZ_Eo reduziert werden kann. Für das geforderte Zielsystem dieser Arbeit sind die vier Komplexitätsfaktoren für jede Einflussdimension aus der Perspektive eines Metaverständnisses für komplexe technische Produkte zu definieren. Dabei ist zu beachten, dass jeder Faktor zumindest aus den beiden Sektoren der Elementen- und der Relationenkomplexität besteht, deren Ausprägungen sich nur in Abhängigkeit voneinander diametral optimieren lassen (vgl. Abbildung 3.4). Folglich wirken die Ausprägungen der beiden Sektoren komplementär auf die Zeitwirkung desselben Faktors.

Der Komplexitätsfaktor ***Vielzahl*** erfasst die Komplexitätswirkung eines Systems, die sich aus der Anzahl an Elementen und deren Schnittstellen ergeben. Die Elementenkomplexität erfasst

i. A. die Größe des Systems in Form von Menge, Anzahl oder Dauer.[151] Die Relationenkomplexität des Vielzahlbegriffes resultiert aus der Anzahl an Schnittstellen innerhalb des jeweiligen (Teil-)Systems. So führt eine Reduktion der Elementenanzahl zu einer Verringerung der Komplexitätswirkung der Elementenkomplexität jedoch zu einem Anstieg der Komplexität auf der Systemebene. Ebenso bewirkt ein Entkoppeln der einzelnen (Teil-)Systemelemente voneinander eine geringere Relationenkomplexität des (Teil-)Systems. Die komplementären Wirkungen der einzelnen Sektorausprägungen verhindern eine gleichzeitige Optimierung. Die simultane Steuerung der beiden Einflussdimensionen des Systems bewirkt im Aggregat betrachtet die Dimensionierung des Gesamtsystems.

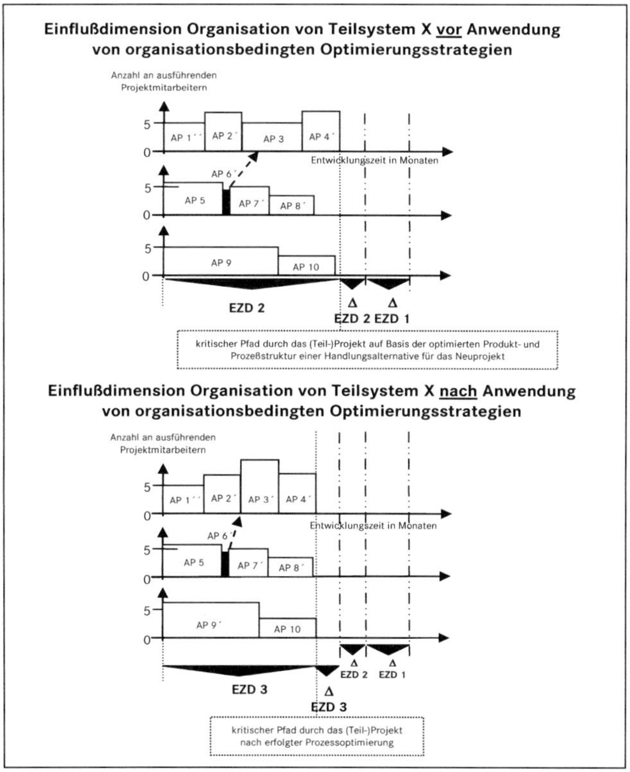

Abbildung 3.3: Bewertungsperspektive der Einflussdimension Entwicklungsorganisation

Der Komplexitätsfaktor ***Vielfalt*** erfasst die Verschiedenartigkeit innerhalb eines Systems. Die Elementenkomplexität definiert dabei die Diversität der Elemente anhand von deren markan-

[151] Vgl. Reiß (1993a), S. 58.

ten Abweichungen von einem Durchschnitt.[152] Die Relationenkomplexität des Vielfaltsbegriffs resultiert aus der Divergenz des betrachteten Systems und wird mit Hilfe von gegenläufigen Strömungen erfasst.[153] Die Optimierung des Gesamtsystems aus der Perspektive der Vielfalt kann auf der Elementenperspektive durch reduzierte Abweichungen vom Durchschnitt erfolgen. Werden die als Ausreißer bewerteten Elemente durch konstruktive, prozessuale oder personalseitige Maßnahmen verringert, wirkt dieses auf das System homogenisierend. Eine Ausweitung verursacht eine Komplexitätssteigerung des Gesamtsystems. Die Relationenkomplexität lässt sich durch Harmonisierungsstrategien für das Schnittstellenmanagement innerhalb des (Teil-)Systems und dessen Subsysteme reduzieren, indem die gegenläufigen Strömungen im System verringert werden.[154] Diese Gleichgerichtetheit aller Kräfte kann durch die Standardisierung der Elemente und deren Schnittstellen erzielt werden.[155]

Unter den Komplexitätsfaktor ***Vieldeutigkeit*** werden sämtliche Sachverhalte subsumiert, die dazu führen, dass die Erzielung eines klaren Bildes eines betreffenden Systems erschwert wird. Ursachen hierfür bilden primär Unsicherheiten, die sich wiederum auf Wissensdefizite über das System zurückführen lassen. Vieldeutige Systemelemente verfügen über keine prägnante Gestalt, sodass die Erkennung von Mustern schwer fällt. Relationenseitig resultiert Vieldeutigkeit eines Systems aus der Unschärfe der Schnittstellen. Diese lassen sich auf unscharfe Zuordnungs- und Wirkungsrelationen sowie aus der Überlagerung mehrerer Muster zurückführen. Letztere resultieren aus wechselseitig-zirkulären Abhängigkeiten anstelle mechanistischer Ursache-Wirkungsbeziehungen.[156] Die Optimierung eines vieldeutigen Systems lässt sich elementenseitig dadurch erzielen, indem der Freiheitsgrad des Systems determiniert wird. Dazu sind Systemparameter mit Hilfe spezifizierender Vorgaben derart zu konkretisieren, dass diese mit Hilfe einer Skala von hohem Informationsniveau messbar werden. Vieldeutige Relationen führen zu einer Unschärfe des Systems. Die Disziplinierung dieser Unschärfe kann mit Hilfe von Autarkisierungsstrategien innerhalb von Organisationen oder klar sequentiell definierter Abfolgen im Entwicklungs- und Produktionsbereich erfolgen.

Während anhand der bisher beschriebenen Komplexitätsfaktoren die Bewertung eines Systems zu einem bestimmten Zeitpunkt erfolgt, beinhaltet der Komplexitätsfaktor der ***Veränderlichkeit*** diejenigen Komplexitätswirkungen des Systems, die bei vieldeutigen Systemen innerhalb einer bestimmten Zeitdauer eintreten können. Für die Beurteilung der Folgen

---

152 Vgl. Reiß (1993a), S. 58.

153 Vgl. Reiß (2000), S. 466.

154 Vgl. Reiß (1993a), S. 58f.

155 Vgl. Reiß (1993b), S. 134f.

156 Vgl. Reiß (1993a), S. 59.

der Ausprägungen des Komplexitätsfaktors Veränderlichkeit ist diejenige Zeitspanne maßgeblich, die zwischen dem Entscheidungszeitpunkt und einem vordefinierten, zukünftigen Zeitpunkt liegt. Diese Unterscheidung der Komplexitätsfaktoren in zwei Gruppen nach dem Aspekt der betrachteten Zeitdauer besitzt im Hinblick auf die Komplexitätsdefinition jedoch grundlegenden Charakter. So können Systeme, welche lediglich die drei Eigenschaften der Vielzahl, Vielfalt und Vieldeutigkeit aufweisen und damit auf der Basis einer Zeitpunktbetrachtung bewertbar sind, als kompliziert charakterisiert werden. Währenddessen gelten Systeme erst als komplex, sofern sie neben den drei erstgenannten Eigenschaften zusätzlich das Charakteristikum der Veränderlichkeit erfüllen.[157] Die systembedingte Veränderung kann einerseits in Form kontinuierlicher Wachstums- oder Schrumpfungsmuster auftreten, oder andererseits als Problemfall in einer wesentlich komplexeren Form diskontinuierlich-unstetiger Veränderungsmuster. Als wesentlicher Einflussfaktor auf die Bewertung des Ausmaßes der Dynamik eines Systems gilt die Zeitspanne, innerhalb derer ein Veränderungsmuster an diesem System beobachtet wird. Von großer Bedeutung für die Analyse der Relationenkomplexität ist es daher, nach welchem Wachstums- oder Dynamikmuster sich die einzelnen Elemente im Zeitablauf verändern und welcher Grad an Unschärfe daraus auf das Gesamtsystem resultiert.[158] Die Optimierung eines veränderlichen Systems erfolgt simultan durch die ideale Kombination von sich verstetigenden Dynamisierungsmaßnahmen auf der Elementenebene und einer Reduktion des Chaos der Relationenkomplexität durch Verzicht auf die Selbstorganisation von Teileinheiten eines Systems.[159] Da das Kriterium der Veränderlichkeit die Vielzahl-, Vielfalts- und Vieldeutigkeitscharakteristika der Elemente und Relationen des eigenen Systems im Zeitablauf bewertet,[160] ist das Ausmaß an möglichen Veränderungen von der Dauer der betrachteten Zeitperiode abhängig. Die beschriebenen Zusammenhänge über das Zielsystem der Komplexitätsfaktoren des mehrdimensionalen relationalen Komplexitätsmodells werden in Abbildung 3.4 graphisch zusammengefasst.

Des Weiteren lassen sich die Komplexitätsfaktoren unter die Chaos- und Massenkomplexität subsumieren.[161] Komplexität als Massenphänomen umfasst das klassische Komplexitätsverständnis und damit die Komplexitätsfolgen, die sich aus den Faktoren der Vielzahl und Vielfalt ergeben. Komplexität als Chaosphänomen ist die Folge von vieldeutigen Mustern zum

[157] In Anlehnung an Bürgel et al. (1996), S. 20.

[158] Vgl. Reiß (1993a), S. 59.

[159] Vgl. Reiß (1993b), S. 135.

[160] Vgl. Reiß (2000), S. 467f.

[161] Vgl. Reiß (2000), S. 467.

Bewertungszeitpunkt und sich im Zeitablauf wandelnder vielzahliger und vielfältiger Einflüsse.[162]

komplexe Systeme			
komplizierte Systeme			
Massenkomplexität		Chaoskomplexität	

Komplexitätsfaktoren / Systemsicht	Vielzahl	Vielfalt	Vieldeutigkeit	Veränderlichkeit
Relationen-komplexität	erweitern ↑ Größe ↓ bereinigen	diversifizieren ↑ Diversität ↓ homogenisieren	variieren ↑ Freiheitsgrad ↓ determinieren	dynamisieren ↑ Dynamik ↓ verstetigen
Komplexitäts-optimierungs strategien	Dimensionieren	Differenzieren	Spezifizieren	Stabilisieren
Relationen-komplexität	koppeln ↑ Kopplungsgrad ↓ entkoppeln	konfrontieren ↑ Divergenz ↓ harmonisieren	liberalisieren ↑ Unschärfe ↓ disziplinieren	Selbstorganisation ↑ Chaos ↓ Fremdorganisation

Bewertung der Auswirkungen der Komplexitätsfaktoren auf die Entwicklungszeitdifferenz von Alternative A_i gegenüber dem Referenzprojekt RU

Abbildung 3.4: Erfassung von System- und Komplexitätseigenschaften

Folglich resultiert das Chaosphänomen eines Systems aus der zum Bewertungszeitpunkt vorhandenen Erkenntnisunsicherheit über das System und der als unsicher erwarteten Entwicklung der zum Bewertungszeitpunkt als sicher bewerteten Ausprägungen innerhalb des Zeitfensters der Betrachtung. Allerdings ist zu beachten, dass der Komplexitätsgrad des Gesamtsystems nicht nur von einem Komplexitätsfaktor abhängt, sondern von der simultanen Optimierung der vier Komplexitätsfaktoren für jede der drei Einflussdimensionen.

3.3. Ein Entwicklungszeitschätzverfahren auf Basis des mehrdimensionalen relationalen Komplexitätsmodells

Wie im vorhergehenden Abschnitt ausgeführt, differenziert ***Reiß*** in seinem Zielsystem zur weitreichenden Erfassung komplexer Zusammenhänge vier Komplexitätsfaktoren, von denen jeder zwei Sektoren aufweist. Überträgt man diese Sichtweise auf die von ***Eppinger/ Salminen*** vorgeschlagene Einteilung an Einflussgrößen auf Entwicklungsprojekte von

[162] Vgl. Reiß (1993a), S. 59.

komplexen technischen Produkten,[163] so ergeben sich für jede der drei Einflussdimensionen je vier Komplexitätsfaktoren. In Gleichung 3.1 erfasst der Term $\sum_{i=1}^{4} \Delta EZ_{Produkt\_Ai}$ sämtliche Zeitfolgen, die sich durch divergierende Ausprägungen der Produktstruktur zwischen Referenzumfang und der zu bewertenden Alternative A_i ergeben:

$$EZ_{Ai} = EZ_{RU} \cdot \left(1 + \sum_{i=1}^{4} \Delta EZ_{Produkt\_Ai} + \sum_{i=1}^{4} \Delta EZ_{Prozess\_Ai} + \sum_{i=1}^{4} \Delta EZ_{Organisation\_Ai} \right). \quad (3.1)$$

Dabei sind sämtliche Einflussgrößen einer komplexen Problemstellung mittels der vier Komplexitätsfaktoren erfassbar.[164] Die Summe $\sum_{i=1}^{4} \Delta EZ_{Produkt\_Ai}$ erfasst diejenigen Zeitdifferenzen, die von einer geänderten Prozessstruktur ausgehen. Die Teilsumme $\sum_{i=1}^{4} \Delta EZ_{Organisation\_Ai}$ weist die Zeitdauerfolgen zwischen dem Referenzumfang und der Alternative A_i aus, die auf divergierende Ausprägungen der Entwicklungsorganisation zurückzuführen sind. Die Erfassung der Entwicklungszeitdifferenzen, die auf produktstrukturbedingte Ausprägungen zurückgeführt werden können, erfolgt auf Basis der vier Komplexitätsfaktoren der Produktstruktur. Die Unterschiede in der Zeitdauer, die sich aus den Ausprägungsunterschieden einer vielzahligen Produktstruktur ergeben, werden in Form der Summe $\Delta EZ_{Produkt\_Vz\_Ai}$ erfasst. Analog werden die Zeitdauerfolgen der differierenden Produktvielfalt mittels der Summe $\Delta EZ_{Produkt\_Vf\_Ai}$, unterschiedliche Vieldeutigkeitsausprägungen mit Hilfe der Summe $\Delta EZ_{Produkt\_Vd\_Ai}$ und Veränderlichkeitsunterschiede auf Basis von $\Delta EZ_{Produkt\_Vä\_Ai}$ ausgewiesen (vgl. Gleichung 3.2):

$$\sum_{i=1}^{4} \Delta EZ_{Produkt\_Ai_i} = \Delta EZ_{Produkt\_Vz\_Ai} + \Delta EZ_{Produkt\_Vf\_Ai} + \Delta EZ_{Produkt\_Vd\_Ai} + \Delta EZ_{Produkt\_Vä\_Ai}. \quad (3.2)$$

Die Auswirkungen auf die Entwicklungszeitdauer, die von den Ausprägungsunterschieden einzelner Komplexitätsfaktoren der Einflussdimensionen der Prozessstruktur (vgl. Gleichung 3.3) und der Entwicklungsorganisation (vgl. Gleichung 3.4) ausgehen, werden analog dem Vorgehen bei der Einflussdimension der Produktstruktur erfasst:

$$\sum_{i=1}^{4} \Delta EZ_{Prozess\_Ai} = \Delta EZ_{Prozess\_Vz\_Ai} + \Delta EZ_{Prozess\_Vf\_Ai} + \Delta EZ_{Prozess\_Vd\_Ai} + \Delta EZ_{Prozess\_Vä\_Ai}, \quad (3.3)$$

[163] Vgl. Eppinger/Salminen (2001), S. 284f.

[164] Vgl. Reiß (2000), S. 466.

$$\sum_{i=1}^{4} \Delta EZ_{Organisation\_Ai} = \Delta EZ_{Orga\_Vz\_Ai} + \Delta EZ_{Orga\_Vf\_Ai} + \Delta EZ_{Orga\_Vd\_Ai} + \Delta EZ_{Orga\_Vä\_Ai}. \quad (3.4)$$

Wie in Abbildung 3.4 dargestellt, verfügt jeder Komplexitätsfaktor über zwei Sektoren. Folglich basiert die Ergebnisgröße eines einzelnen Komplexitätsfaktors auf der Summe der Auswirkungen der einzelnen Sektorausprägungen. Die Komplexitätsfaktoren der Produktstruktur benötigen drei Sektoren zur Erfassung sämtlicher Ausprägungsunterschiede auf die Zeitdifferenz:

1. Sektor 1: die von den Ausprägungsdifferenzen der einzelnen Elemente des Systems (Elementenkomplexität) verursachten Zeitdifferenzen,
2. Sektor 2: die von den Verbindungen innerhalb des Teilsystems (Relationenkomplexität 1) hervorgerufenen Zeitdifferenzen und
3. Sektor 3: die von den Verbindungen zwischen dem Teilsystem hin zu den anderen Teilsystemen des übergeordneten Gesamtsystems (Relationenkomplexität 2) ausgehenden Zeitdifferenzen.

Folglich erweitern sich die Summenformeln der Zeitdauerfolgen einer divergierenden Produktstruktur um die Auswirkungen der Anzahl j der einzelnen Sektoren:

$$\Delta EZ_{\mathrm{Pr}odukt\_Vz\_Ai} = \sum_{j}^{3} \Delta EZ_{\mathrm{Pr}odukt\_Vz_j\_Ai}, \quad (3.5)$$

$$\Delta EZ_{\mathrm{Pr}odukt\_Vf\_Ai} = \sum_{j}^{3} \Delta EZ_{\mathrm{Pr}odukt\_Vf_j\_Ai}, \quad (3.6)$$

$$\Delta EZ_{\mathrm{Pr}odukt\_Vd\_Ai} = \sum_{j}^{3} \Delta EZ_{\mathrm{Pr}odukt\_Vd_j\_Ai}, \quad (3.7)$$

$$\Delta EZ_{\mathrm{Pr}odukt\_Vä\_Ai} = \sum_{j}^{3} \Delta EZ_{\mathrm{Pr}odukt\_Vä_j\_Ai}. \quad (3.8)$$

Für die Einflussdimension der Prozessstruktur und der Entwicklungsorganisation entfällt die Bewertung von Sektor 2. Ansonsten gilt für die Berechnung, der von der Prozessstruktur ausgehenden Zeitdifferenzen:

$$\Delta EZ_{\mathrm{Pr}ozess\_Vz\_Ai} = \sum_{j}^{2} \Delta EZ_{\mathrm{Pr}ozess\_Vz_j\_Ai}, \quad (3.9)$$

$$\Delta EZ_{\mathrm{Pr}ozess\_Vf\_Ai} = \sum_{j}^{2} \Delta EZ_{\mathrm{Pr}ozess\_Vf_j\_Ai}, \quad (3.10)$$

$$\Delta EZ_{\mathrm{Pr}ozess\_Vd\_Ai} = \sum_{j}^{2} \Delta EZ_{\mathrm{Pr}ozess\_Vd_j\_Ai}, \quad (3.11)$$

$$\Delta EZ_{\Pr ozess\_Vä\_Ai} = \sum_j^2 \Delta EZ_{\Pr ozess\_Vä_j\_Ai}. \tag{3.12}$$

Analog sind die Auswirkungen einer divergierenden Organisationsstruktur (Gleichung 3.4) für die Alternative A_i zu erfassen:

$$\Delta EZ_{Orga\_Vz\_Ai} = \sum_j^2 \Delta EZ_{Orga\_Vz_j\_Ai}, \tag{3.13}$$

$$\Delta EZ_{Orga\_Vf\_Ai} = \sum_j^2 \Delta EZ_{Orga\_Vf_j\_Ai}, \tag{3.14}$$

$$\Delta EZ_{Orga\_Vd\_Ai} = \sum_j^2 \Delta EZ_{Orga\_Vd_j\_Ai}, \tag{3.15}$$

$$\Delta EZ_{Orga\_Vä\_Ai} = \sum_j^2 \Delta EZ_{Orga\_Vä_j\_Ai}. \tag{3.16}$$

Zur einfachen, umfassenden und transparenten Datenerfassung wird für jede Einflussdimension ein Datenerhebungsbogen erarbeitet, der simultan die Ausprägungen der einzelnen Sektoren der zu vergleichenden Projektumfänge und der daraus resultierenden Entwicklungszeitdifferenzen erfasst (vgl. Abbildung 3.5). Diese werden für jedes Projektpaar, $P_{t-1}P_{t-2}$ und $P_{t0}P_{t-1}$, in Form der drei Zeitwerte a, m und b ausgewiesen. Sie bilden die Zeitbasisdaten für die nachfolgende Bewertung der Auswirkungen der Prozess- und Entwicklungsstrukturänderungen auf die Zeitdauer. Die Ergebniszeitwerte des Vorgängerprozesses bilden dabei jeweils die Inputwerte für den Nachfolgeprozess.

	Untersuchungsumfang: E/E-System			Auswirkung auf die Entwicklungszeitdauer (i. S. v. Differenzzeiten)					
	P t-2	P t-1	P t0	P t-2 zu P t-1			P t-1 zu P t0		
Produktgröße				a	m	b	a	m	b
Anzahl der Komponenten des Teilsystems: Anzahl an Steuergeräten									
Anzahl der Schnittstellen innerhalb des Teilsystems: Anzahl an Botschaften									
Anzahl der Schnittstellen außerhalb des Teilsystems									
Variantenvielfalt									
Anzahl an Varianten innerhalb eines Teilsystems									
Anzahl der variantenbedingten Schnittstellen innerhalb des Teilsystems									
Anzahl der variantenbedingten Schnittstellen außerhalb des Teilsystems									
technische Produktrisiken									
Anzahl an Komponenten mit Materialrisiken									
... Schnittstellen innerhalb des Teilsystems									
... Schnittstellen außerhalb des Teilsystems									
planungszeitraumbedingte Risiken									
Anzahl an Komponenten mit Spezifikationsänderungspotential									
Auswirkungen auf die Schnittstellen innerhalb des Teilsystems									
Auswirkungen auf die Schnittstellen außerhalb des Teilsystems									
ZWISCHENSUMME Produktstruktur:				0%	0%	0%	0%	0%	0%

relative Veränderung der Entwicklungszeit nach Berücksichtigung des Einflusses der Komplexitätsfaktoren der Produktstruktur	**Ausgangspunkt:** P_t-2	0	0	0			
	Entwicklungszeitdifferenz zwischen P_t-2 zu P_t-1	0,0	0	0,0			
	Ergebnispunkt: P_t-1	0	0	0			
	Ausgangspunkt: P_t-1				0	0	0
	Entwicklungszeitdifferenz zwischen P_t-1 zu P_t0				0	0	0
	Ergebnispunkt: P_t0				0	0	0

Abbildung 3.5: Zielsystem für die Erfassung und Bewertung der Ausprägungsdifferenzen der Einflussgrößen am Beispiel der Produktstruktur

3.4. Operationalisierung der zeitbeeinflussenden Größen der Entwicklungsprozessgestaltung und deren Bewertung für technische Systeme

Ein Entwicklungszeitschätzverfahren für komplexe technische Produkte hat basierend auf einer Relationsmethode sämtliche Ausprägungsunterschiede der zeitbeeinflussenden Größen des Zielsystems zu erfassen. Die Vorgehensweise der Operationalisierung dieser Faktoren blieb bisher unbeantwortet. In diesem Kapitel werden daher messbare Ausprägungsarten für die Komplexitätsfaktoren erörtert, anhand derer die geforderte Zeitschätzung methodisch angeleitet erfolgen kann (vgl. Gleichungen 3.1 bis 3.16). Bei der Operationalisierung der einzelnen Komplexitätsfaktoren wird eine für komplexe technische Serienprodukte allgemeingültige Perspektive eingenommen, sodass sowohl größere als auch kleinere Systemumfänge mit unterschiedlichen Komplexitätsgraden erfasst werden können. Zugleich versteht sich das nachfolgend ausgearbeitete Zielsystem als Anleitung zur projektspezifischen Erfassung.

3.4.1. Komplexitätsfaktoren in der Produktstruktur

Um die Auswirkungen des Komplexitätsgrades von Teilen oder der Gesamtheit einer Produktstruktur eines technischen Systems auf den Entwicklungszeitaufwand einschätzen zu können, bedarf es eines tiefgreifenden Verständnisses über den zu untersuchenden Systemumfang und dessen Einordnung in das technische Gesamtsystem. Folglich wird eine (Teil-)Systemanalyse notwendig, die den Untersuchungsumfang in die Produktstruktur des Gesamtsystems einordnet und die Gliederungstiefe desjenigen Teilsystems festlegt, dessen Entwicklungszeit geschätzt werden soll. Diese Vorgehensweise folgt der auf dem Systemdenken aufbauenden Struktur technischer Systeme; diese lassen sich top-down in mehrere Ebenen von Teilsystemen hierarchisch untergliedern, die beginnend bei der Produktebene, mehrere Ebenen von Baugruppen bis hin zur Gliederungsebene der Einzelteile umfassen (vgl. Abbildung 3.6).[165] Ein solcher Untersuchungsumfang kann sowohl ein Einzelteil als auch eine Teilbau-, Bau- oder Hauptbaugruppe umfassen.

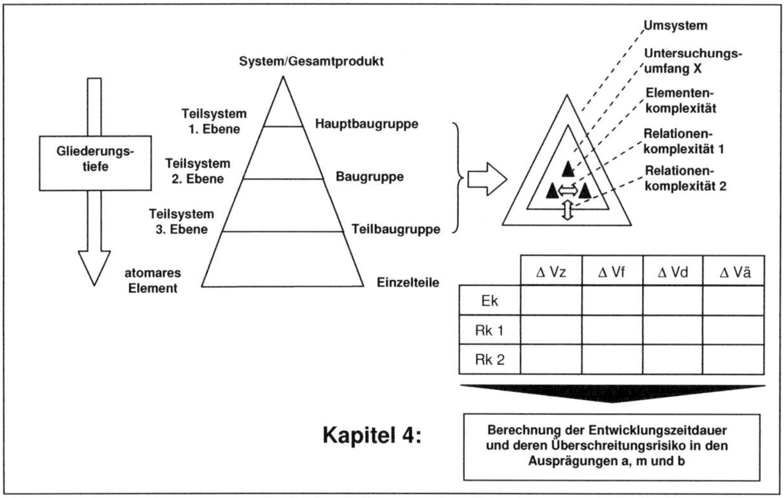

Abbildung 3.6: Produktstrukturierung als Basis für die Bewertung der Komplexitätsausprägung von technischen Systemen

Wie in Kapitel 3.3 beschrieben erfolgt eine Einschätzung der Zeitdifferenz stets zwischen einem Referenzumfang und einer bestimmten Alternative A_i. Für jede zu bewertende Produktstrukturalternative sind die vier Komplexitätsfaktoren auf Basis der mechanistischen Grundstruktur eines komplexen technischen Systemumfangs aus der Perspektive von drei

[165] Vgl. Eitrich (1996), S. 66ff., insbesondere S. 67, Abb. 4-15.

Subzielgrößen zu erfassen.[166] Nach der Ermittlung sämtlicher Ausprägungsunterschiede des Zielsystems sind die davon ausgehenden Auswirkungen auf die Entwicklungszeitdauer mittels eines relativen Zu- oder Abschlags auf die vorliegende Zeitdauer des Referenzumfanges zu bewerten.

3.4.1.1. Übersicht über geeignete Ansätze zur Produktstrukturierung

Das Ziel von Strukturierungsansätzen für eine Produktstruktur bildet das umfassende Wahrnehmen der Problemstellung[167] und die zielgrößeneffiziente Umsetzung der marktseitig geforderten Funktionsbündel eines Produktes in eine Produktstruktur.[168] Als Funktion wird der abstrakt beschriebene Wirkzusammenhang zwischen Eingangs-, Ausgangs- und Zustandsgrößen eines Systems zum Erfüllen einer Aufgabe definiert.[169] Als primäre Zielgröße findet sich in der Literatur der Faktor Selbstkosten und somit sowohl die Kosten für die einzelnen Komponenten eines komplexen, technischen Systems als auch deren Entwicklungskosten.[170] Die Prämissensetzung dieser Arbeit geht über diese Zielsetzung hinaus:[171] Die Wahl einer geeigneten Produktstruktur beeinflusst maßgeblich die Entwicklungskosten, die zukünftigen Produktkosten, die Kosten, die während des Produktlebenszyklus anfallen, und die Entwicklungszeit. In der Literatur finden sich verschiedene Produktstrukturierungsansätze, deren Zielsetzung eine möglichst herstellkosteneffiziente Untergliederung des Produktes bildet.[172] Diese sollen nachfolgend auch auf der Basis einer funktionsbezogenen Betrachtung die Ausgangsperspektive für die Analyse mechatronischer Systeme bilden:

- Differential- vs. Integralbauweise,[173]
- Baukasten, Baureihen, Module, Pakete und Plattformen.[174]

Darüber hinaus wird bei der Erörterung der Optimierungspotentiale für die einzelnen Komplexitätsfaktoren die Anwendbarkeit von Optimierungsmethoden wie der Variants-Mode-and-Effects-Analysis – kurz VMEA[175] – und der Fehler-Möglichkeiten-Einfluss-Analyse – kurz

166 Vgl. Kapitel 3.3, Gleichungen 3.5 bis 3.8.

167 Vgl. Rapp (1999), S. 17.

168 Innerhalb der Konzeptentwicklungsphase bildet die Festlegung der Produktfunktion die unmittelbare Folge nach der Identifikation der Kundenbedürfnisse (vgl. Ulrich/Eppinger (2000), S. 16f.).

169 Vgl. VDI-Richtlinie 2222 (1977), Blatt 1.

170 Vgl. Ehrlenspiel (2003), S. 126, insbesondere Bild 5.1-5.

171 Vgl. Kapitel 1.3.

172 Der Begriff der Produktstruktur wird in der Literatur mit den Fachtermini der Erzeugnisstruktur und Erzeugnisgliederung gleichgesetzt (vgl. Eitrich (1996), S. 66).

173 Vgl. Schuh/Schwenk (2001), S. 79f. und die dort genannten Quellen.

174 Aus der Vielzahl der Literaturquellen zur variantenorientierten Produktstrukturierung seien nachfolgend die für diese Arbeit maßgeblichen Quellen genannt: Schuh (1989), S. 58f, Pine II. (1984), S. 272-288.

175 Vgl. Eversheim et al. (1998), S. 31ff.

FMEA[176] – analysiert. Eine leistungsfähige Methode hat somit die Identifikation eindeutig zuordenbarer, messbarer Steuerungsgrößen für die Produktstruktur bereit zu stellen.[177] In dieser Arbeit soll an diesen Steuerungsgrößen angesetzt werden, um einerseits die Zeittreiber zu identifizieren und darauf aufbauend Produktstrukturalternativen im Hinblick auf deren Auswirkungen auf die Entwicklungszeit bewerten zu können. Die Kernproblematik einer Produktstrukturplanung besteht darin, dass bei der systematischen Auswahl des am besten geeigneten Produktstrukturtyps eine Vielzahl von Einflüssen und Merkmalen zu berücksichtigen ist.[178] Eine entwicklungszeitoptimierte Produktstruktur kann demnach mittels verschiedener Produktstrukturansätze verfolgt werden. Allerdings bietet eine fundierte Analyse die elementare Basis, um weniger geeignete Produktstrukturtypen für die Umsetzung bestimmter Funktionen bereits frühzeitig innerhalb der Spezifikationsphase zu erkennen und damit Planungsfehler zu verhindern. Aus der Vielzahl der Produktstrukturierungsansätze lassen sich zwei grundsätzliche Gruppen herausfiltern. Zur ersten Gruppe können die generischen Produktstrukturstrategien i. S. d. Integral- und Differentialbauweise gezählt werden.[179] Unter die zweite Gruppe lassen sich grundsätzlich diejenigen Produktstrukturtypen subsumieren, die prinzipiell für die Beherrschung der Variantenvielfalt von Produkten geeignet sind.[180] Dazu zählen Baukästen, Baureihen, Module, Pakete und Plattformen.

3.4.1.1.1. Differential- und Integralbauweise

Gegenstand der Untergliederung in Differential- und Integralbauweise bildet die Beantwortung der Frage, mit welcher Anzahl an physischen Teilen und der damit verbundenen Anzahl an Verbindungen eine Funktion technisch umgesetzt werden kann. Eine Differentialbauweise versucht eine technische Funktion dadurch produktstrukturseitig zu realisieren, indem der Funktionsträger in mehrere Anbauteile zerlegt wird. Ziel dieses Produktstrukturierungsansatzes ist es, die Variante eines Funktionsträgers über mehrere Produkte hinweg zu verwenden

---

176 Vgl. Ehrlenspiel (1995), S. 439. In der Literatur werden dazu drei verschiedene FMEA-Arten unterschieden: Die System-FMEA, die Konstruktions-FMEA und die Prozess-FMEA. Den Untersuchungsgegenstand der System-FMEA oder Produkt-FMEA bilden komplexe Gesamtsysteme, die auf der Systemkomponentenebene im Hinblick auf die Vermeidung von Fehlern bei der Systemauswahl und -auslegung überprüft werden. Mit Hilfe der Konstruktions- und Prozess-FMEA werden hingegen Komponenten der wesentlich niederen Produktstrukturebenen untersucht. Ziel der Konstruktions-FMEA ist es, potentielle Konstruktionsfehler noch vor der Fertigungsfreigabe erkennen und bewerten zu können. Auf diesen Ergebnissen – sofern vorhanden – setzt dann die Prozess-FMEA auf und untersucht die Prozessplanung und -ausführung auf mögliche Planungs- und Fertigungsfehler (vgl. Witter (1995), S. 10-12 und die dort genannten Literaturquellen).

177 Vgl. Rapp (1999), S. 17.

178 Vgl. Schuh (1989), S. 58.

179 Vgl. Schuh/Schwenk (2001), S. 79f.

180 Vgl. Schuh (1989), S. 58ff.

und damit einen Gleichteileumfang zu schaffen. Folglich wird das Produkt in der Montage komplexer, aufgrund der verwendeten Gleichteile jedoch kostengünstiger. Hinzu kommt die einfachere Handhabbarkeit einzelner Teile, sofern deren Abmessungen oder Massen bei Integralbauweisen behindernd wirken.[181] Durch die Anwendung der Integralbauweise wird hingegen die Reduktion der Produktkomplexität angestrebt, indem mehrere Funktionen in einem Bauteil zusammengefasst werden. Ziel dieser integrierenden Vorgehensweise bildet gleichsam die Erhöhung von Gleichteilen. Dieses gelingt insbesondere dann, sofern für mehrere Produktprojekte die gleichen Funktionen in einem gemeinsamen Bauteil umgesetzt werden können, wie dieses bei dem Austausch mehrerer Einzelteile aus Metall durch ein einziges Spritzgussteil aus Kunststoff der Fall ist.[182]

Der optimale Integrationsgrad für ein Produkt und damit das Abwägen zwischen den Vorteilen und den Nachteilen sowohl der Differential- als auch der Integralbauweise wird in dieser Arbeit dadurch erzielt, indem die Entwicklungszeit und deren erwartetes Überschreitungsrisiko des betrachteten (Teil-)Systems verbessert werden. Nach den zu optimierenden Zielgrößen dieser Arbeit sind Produktstrukturierungsstrategien im Hinblick auf die erwartbaren Unterschiede auf die Entwicklungszeit und die Lebenszykluskosten für jede Strategie zu bewerten.[183] Die Entscheidung zugunsten einer Differential- oder Integralbauweise einer Funktionsrealisierung ist demnach projektindividuell zu entscheiden, da eine einheitliche Anwendungsregel nicht existiert. Generell kann davon ausgegangen werden, dass mit einem Anstieg des Gleichteileumfangs bei einer Teilstruktur eines Neuentwicklungsprojektes die Entwicklungszeit für die einzelnen übernommenen Komponenten sinken wird. Allerdings stehen dieser Zeitersparnis u. U. erhöhte Aufwendungen für die Anpassung der Schnittstellen der anderen Systemkomponenten innerhalb desselben Teilsystems (Relationenkomplexität 1) gegenüber sowie die Anpassungsarbeiten zum Umsystem hin (Relationenkomplexität 2). Die Bewertung, ob eine Integralbauweise oder eine Differentialbauweise die zeiteffizientere Lösung darstellt, ist somit sowohl projektindividuell in Abhängigkeit des vorhandenen Systembaukastens und der Spezifikationserfordernisse des Neusystems als auch aus der Perspektive des individuellen Erfahrungsgrades zu beurteilen.

---

181 Vgl. Schuh/Schwenk (2001), S. 79f.

182 Vgl. ebenda (2001), S. 80.

183 Vgl. Rapp (1999), S. 63.

3.4.1.1.2. Baukästen, Baureihen, Module, Pakete und Plattformen

Ähnlich verhält es sich für die zweite Gruppe der generischen Produktstrukturstrategien, die sich in Baukästen, Module, Baureihen, Pakete und Plattformen[184] sowie Plattformen[185] untergliedern lassen (vgl. Abbildung 3.7).

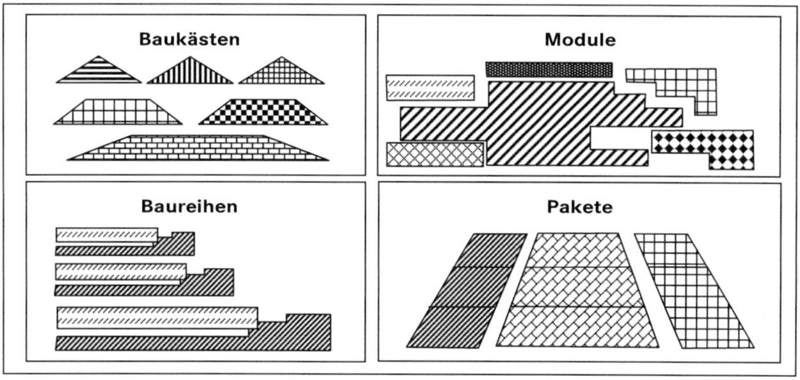

Abbildung 3.7: Produktstrukturtypen nach Schuh[186]

Unter dem Produktstrukturansatz des **Baukastens** wird ein Kombinationssystem von Bausteinen unterschiedlicher oder gleicher Form und Gestalt subsumiert.[187] Dazu verfügen Baukästen über eine geringe Anzahl an Grundkörpern, an die in verschiedenen Montagestufen unterschiedlich variantenreiche Anbauteile direkt montiert werden.[188] Die Schnittstellen bestehen direkt zwischen dem Grundkörper und den daran montierten variantenstiftenden Anbauteilen.[189] Baukastentypen können nach dem Kreis der/des Nutzer(s) in Anwender- und Herstellerbaukästen unterschieden werden. Beim Anwenderbaukasten fallen die Nutzungsgewinne primär in Form einer hohen Funktionsvielfalt beim Nutzer an. Hier kann mit Hilfe des Basisbausteins, z. B. eines Getriebemotors, eine Vielzahl von Spezialbausteinen, wie das Fräsen, Schleifen oder Sägen, betrieben werden, ohne dass für die Nutzung einer solchen Funktionalität jeweils ein neuer Baustein erforderlich wäre. Häufig finden sich Anwenderbaukästen zudem bei Küchenmaschinensystemen oder Anbaugeräten an landwirtschaftliche Traktoren. Bei Herstellerbaukästen nutzt lediglich der Hersteller die Baukasteneigenschaften für die Produktion seiner Produkte, die von Seiten des späteren Nutzers nicht mehr verändert

[184] Vgl. Schuh (1989), S. 58ff.
[185] Vgl. Rapp (1999), S. 73f.
[186] Vgl. Rapp (1999), S. 59.
[187] Vgl. Biegert (1971), S. 24.
[188] Vgl. Schuh (1989), S. 58f.
[189] Vgl. Rapp (1999), S. 52.

werden können. Herstellerbaukästen finden sich häufig in der Automobil- und Nutzfahrzeugindustrie als so genannte „Plattformstrategien" oder als Getriebebaukastensysteme.[190] Folglich können Plattformen unter die Gruppe der Baukästen, die aus Bausteinen gleicher Funktionen bestehen, subsumiert werden. Daher wird in dieser Arbeit auf eine detaillierte Analyse des Plattformbegriffs verzichtet. Um die Ausprägungen der Produktstruktur zu erfassen, erweist sich das Baukastenprinzip mit Bausteinen gleicher Funktion als ein leistungsfähiger Ansatz. Der Produktstrukturansatz der **Modularisierung** zielt auf die Optimierung von Prozessen in Entwicklung, Beschaffung, Fertigung, Montage und dem Service von Produkten, indem die Schnittstellen in der Funktions- und Baustruktur eines Produktes klein gehalten werden und eindeutig spezifiziert sind. Dadurch lassen sich komplexere Gesamtsysteme in qualitätsmäßig prüfbare Teilsysteme (Module) untergliedern.[191] Diese Vorgehensweise zielt auf eine möglichst geringe Funktions- und Baustruktur des Produktes, sodass die Komplexität des Produktes und dessen Entwicklungs- und Fertigungsprozess durch eine geschickte Aufteilung der Aufgaben für die einzelne Organisation und deren Mitarbeiter reduziert werden kann.[192] Unter der Modulbauweise oder Modularisierung wird daher die geeignete Gliederung eines Produktes subsumiert, „indem die Abhängigkeiten zwischen den Elementen (Modulen) verringert bzw. die Schnittstellenvarianten reduziert werden."[193] Im Kern richtet sich das Modularprinzip somit auf eine möglichst breite Vielfaltsausprägung im Hinblick auf den Absatzmarkt bei gleichzeitig reduzierter Innenkomplexität des Produktes.[194] In der Literatur wird Modularisierung als der Königsweg angesehen, einerseits die Herstellkostenreduktion durch die Realisierung von Economies of Scale in Form modularer Produktbestandteile durchzuführen.[195] Andererseits bedarf es bei der Bestimmung der Tiefe der Modularisierung entlang dem hierarchischen Produktmodell einer permanenten Abwägung zwischen der Überdimensionierung einzelner Module, den damit verbundenen Kosten und der mit dieser Überdimensionierung verbundenen Einsparung an Teilekosten aufgrund realisierter Skaleneffekte.[196] In die Entscheidungsrechnung dieser Arbeit fließen Herstellkostendifferenzen ein. So werden neben der Entwicklungszeit und den damit verbundenen Kosten bei Produktstrukturalternativen auch

---

[190] Vgl. Ehrlenspiel, (2003), S. 338f.

[191] Vgl. ebenda, S. 349.

[192] Vgl. ebenda, S. 349.

[193] Schuh/Schwenk (2001), S. 84.

[194] Vgl. Rathnow (1993), S. 109.

[195] Vgl. Pine II. (1984), S. 267.

[196] Vgl. Rapp (1999), S. 60.

Mehrkosten gegenüber dem Referenzumfang des Neuprojektes und Kostensenkungen gegenüber diesem erfasst.[197]

Der Produktstrukturtyp der **Baureihe** ist durch die Verwendung gleicher Baumuster von Anbauteilen gekennzeichnet, die insbesondere bei planerisch und konstruktiv aufwendigen Produkten, wie Motoren und Aggregaten, eingesetzt werden.[198] Als problematisch bei der Produktstrukturierung mittels Baureihen erweist sich jedoch die unzureichend exakte Spezifikation. So kann für die Bildung von Baureihen grundsätzlich jeder Parameter eines technischen Systems, wie Leistung, Baugröße, Gestalt, Anzahl, Anordnung, Werkstoffart, Festigkeit, Qualitätsparameter etc., herangezogen werden.[199] Folglich können komplexe, technische (Teil-)Systeme eine Baureihe bilden, ohne dass die verschiedenen Teilsysteme eine konstruktive Gemeinsamkeit aufweisen.[200] Damit ist jedoch die Basis für einen konstruktiven Vergleich, der konzeptionell innerhalb des Entwicklungszeitschätzverfahrens dieser Arbeit gefordert wird, erschwert. Der Produktstrukturierungsansatz der Baureihe eignet sich nur bedingt zur Erfassung der produktbedingten Komplexitätsausprägungen.

Pakete bestehen aus Anbauteilen für verschiedene Ausstattungen und Funktionen, die in einer bestimmten Konfiguration nur innerhalb einer Paketoption angeboten werden. Paketlösungen finden sich vielfach in der Automobilindustrie, um die Variantenvielfalt einzudämmen.[201] Da die Paketbildung bei Baureihen, Modulen und Baukasten durchgeführt werden kann, ist das Strukturprinzip der Paketbildung tendenziell als Ansatz zur Produktstrukturierung anstelle eines Produktstrukturtyps zu bewerten.[202] Für die Analyse der Ausprägungen der Produktstruktur verbleiben somit die Ansätze der Module und der Baukasten als aussagefähige Produktstrukturtypen.

Da die Modulbauweise lediglich als Produktgliederung definiert ist, die auf eine Reduktion der Abhängigkeiten zwischen den Modulen und Schnittstellen abzielt, ergibt sich in der Entwicklungspraxis eine breite Anwendungspalette von verschiedenen Modularten. Nach ***Pine II.*** lassen sich verschiedene Modularten unterscheiden, von denen sich vier Modularten für die Strukturierung komplexer technischer Systeme besonders eignen.[203] Gleichzeitig besteht zwischen den einzelnen, in Abbildung 3.8 dargestellten Modultypen und den bereits erörterten Produktstrukturansätzen ein hohes Überschneidungspotential.

---

[197] Vgl. Kapitel 5.1.3, insbesondere Gleichung 5.8 und 5.9.

[198] Vgl. ebenda, S. 59.

[199] Vgl. Koller (1985), S. 115.

[200] Vgl. Rapp (1999), S. 50.

[201] Vgl. Schuh (1989), S. 59.

[202] Vgl. Rapp (1999), S. 53.

[203] Vgl. Pine II. (1984), S. 272ff.

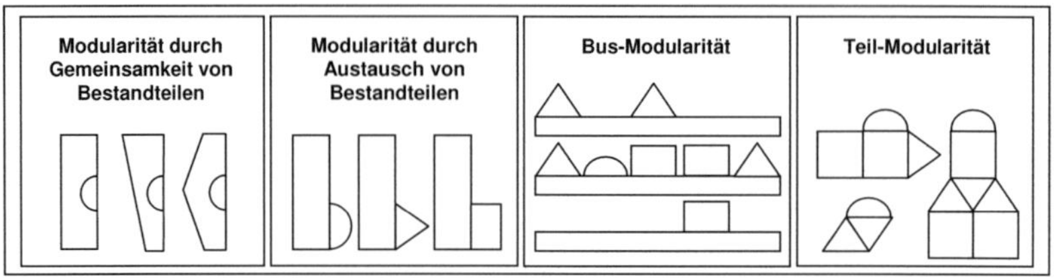

Abbildung 3.8: Untergliederung der Modularten nach Pine II.[204]

Auch dieses soll nachfolgend herausgearbeitet werden, damit auf der Basis eines möglichst komprimierten Katalogs an Produktstrukturtypen die verschiedenen, divergierenden Komplexitätsauswirkungen mit Hilfe der vier Komplexitätsfaktoren systematisch erfasst werden können:[205]

- **Modularität durch Gemeinsamkeit von Bestandteilen**: Dieser Produktstrukturtyp zielt darauf, dieselben Bestandteile bei möglichst vielen Produkten zu verwenden. Vorteile dieses Modultyps bilden die Skaleneffekte auf der Produktkostenseite und eine größere Vielfalt bei gleichzeitig geringeren Entwicklungszeiten. Allerdings kann auf der Basis gemeinsamer Produktelemente nur bedingt eine individuelle Kundenbezogenheit erzielt werden. Dazu sind austauschbare Umsysteme notwendig. Der Strategietyp der Gemeinsamkeit von Bauteilen eignet sich insbesondere bei Kernmodulen.[206] Die produktübergreifenden, gemeinsamen Bauteile bilden funktionsgleiche Bausteine nach dem Baukastenprinzip. Besteht ein solches gemeinsames Bauteil aus einem Teilsystem mit verschiedenen Elementen, das für bestimmte Variantenarten als Kernmodul unverändert angewendet wird, so ist dieser Modularitätstyp mit einem Paket oder einer Plattform identisch.
- **Modularität durch Austausch von Bestandteilen**: Dieser Produktstrukturtyp bildet den Gegenpol zur „Modularität durch Gemeinsamkeit von Bestandteilen" und fokussiert die verschiedenen Produktelemente, die mit dem gleichen Ausgangserzeugnis verbunden sind. Dadurch wird in Abhängigkeit von der Anzahl der verschiedenen austauschbaren Elemente eine Produktvielfalt in demselben Umfang erzielt. Die Anwendung des Modularitätstyps „Austausch von Bestandteilen" eignet sich bei komplexen, technischen Systemen im Besonderen bei Komponenten, die einen hohen

[204] Vgl. Pine II. (1984), S. 273, insbesondere Abbildung 8.8.

[205] Vgl. ebenda, S. 272ff.

[206] Vgl. ebenda, S. 272f.

Kundennutzen erzeugen.[207] Nur dann lohnt sich die Investition in diese aus der Baukastenperspektive funktionsgleichen oder funktionsverschiedenen Bausteine.[208]

- **Bus-Modularität**: Dieser Modularitätstyp nutzt eine Standardstruktur, an welcher eine Anzahl verschiedener Produktelemente befestigt werden können. Dieser Modultyp wurde für Computer Hardware entwickelt. Dort umfasst ein Bus als „Rückwandplatine den Primärpfad zur Informationsübertragung zwischen Verarbeitungseinheiten, Speicher, Plattenlaufwerken und anderen Bestandteilen, die an den Bus angesteckt werden können."[209] Der Bus bildet somit eine vereinheitlichte Plattform, an welche die vielfaltstreibenden Teilsysteme angebaut werden können und damit eine individualisierte Massenfertigung - auch bei komplexen Produkten wie Automobilen - möglich wird. Die Modularität durch Austausch von Bestandteilen bildet somit einen Sonderfall der Busmodularität, da bei diesem Ansatz lediglich eine Schnittstelle für ein austauschbares Modul-Element an derselben Schnittstelle des Kernelements besteht. Kennzeichnend für die Bus-Modularität ist hingegen eine Vielzahl von Schnittstellen, wobei an einer Schnittstelle jedoch nur dasselbe Element platziert werden kann oder die Schnittstelle frei bleibt. Die Kombination aus den belegten und freien Schnittstellen ermöglicht sodann die Variantenvielfalt des (Teil-)Systems.
- **Teil-Modularität**: Dieser Modultyp ermöglicht die Kombination jeder gewünschten Anzahl von verschiedenen Elementen und Teilsystemen zu einem Gesamtsystem über Schnittstellen, die zumindest zwischen zwei verschiedenen Modulen einheitlich sein müssen.[210] Im einfachsten Fall besteht dieser Modultyp aus normierten Bausteinen eines Baukastens.[211] Bei komplexeren technischen Produkten lassen sich gemeinsame Schnittstellen bilden, indem einerseits der Austausch von Bestandteilen bereits in der Produktspezifikation vorgesehen ist und andererseits mehr Funktionen in kleinere Bestandteile modularisiert werden.[212]

Für die Bewertung von Produktstrukturalternativen eignen sich somit nur Methoden, welche die geforderten Funktionen eines zu bewertenden, komplexen, technischen (Teil-)Systems umfassend in eine Produktstruktur überführen. Dazu eignen sich die von ***Pine II.*** dargestellten Modularitätstypen im Besonderen, da auf Basis dieser sämtliche vorgestellte Produktstruktu-

207 Vgl. Pine II. (1984), S. 274ff.
208 Vgl. Ehrlenspiel (2003), S. 337.
209 Pine II. (1984), S. 279.
210 Vgl. ebenda (1984), S. 283.
211 Vgl. Ehrlenspiel (2003), S. 342.
212 Vgl. Pine II. (1984), S. 284.

rierungsansätze erfasst werden können. So können Baukästen in ihrem strukturellen Ansatz mit der Bus-Modularität verglichen werden, da an einen Grundkörper verschiedene Anbauteile montierbar sind. Baureihen können mit der Modularität mittels gemeinsamer Bestandteile erfasst werden, da gleiche Baumuster und Anbauteile verwendet werden. Der Produktstrukturierungsansatz der Pakete weist einerseits eine große Ähnlichkeiten mit der Modularität durch den Austausch von Bestandteilen aus, da hier die Bündelung verschiedener Funktionen an einem Basismodul erfolgt. Andererseits sind Pakete mit der Teilmodularität vergleichbar, falls dort die Bündelung verschiedener Module zu einer bestimmten Funktion erfolgt. Ebenso erfasst die Teilmodularität die Vorgehensweise der Differentialbauweise, da hier Funktionen durch eine Anzahl von Gleichteilen umgesetzt werden. Die Integralbauweise kann aufgrund der Funktionenbündelung in einem Bauteil als Busmodularität aufgefasst werden. Somit bietet der Modul-Ansatz von ***Pine II.*** die Option, sämtliche bestehende Produktstrukturierungsansätze unter die vier genannten Modultypen zu subsumieren.

3.4.1.2. Anwendung des mehrdimensionalen relationalen Komplexitätsmodells als Produktstrukturierungsansatz

Für die im vorhergehenden Abschnitt erörterten Ansätze zur Produktstrukturierung steht eine Operationalisierung als Einflussgrößen des Entwicklungszeitschätzverfahrens dieser Arbeit noch aus. Auf Basis dieser Produktstrukturierungsansätze wird jeder Sektor der vier Komplexitätsfaktoren nachfolgend definiert, sodass sie als Messgrößen die unterschiedlichen Strukturausprägungen von komplexen technischen (Teil-)Systemen erfassen können.

3.4.1.2.1. Der Komplexitätsfaktor Vielzahl zur Analyse von Produktstrukturalternativen von komplexen technischen (Teil-)Systemen

Der Komplexitätsfaktor Vielzahl bewertet ein System nach dessen schwer überschaubarer Anzahl von Elementen und von Relationen.[213] Vielzahlige Systemelemente erfassen die Anzahl sämtlicher Systemelemente, welche das zu bewertende technische (Teil-)System beinhaltet. Vielzahlige Systemrelationen geben die Anzahl an Komponenten wieder, die mit anderen Komponenten mittels einer Schnittstelle sowohl innerhalb des (Teil-)Systems als auch zum Umsystem hin in Beziehung stehen. Unterstellt man, dass an jeder Schnittstelle genau zwei

[213] Vgl. Reiß (1993a), S. 58.

Elemente beteiligt sind, so besitzt eine Anzahl von f Elementen eine theoretisch maximale Anzahl von s Schnittstellen: $s(f) = \frac{f(f-1)}{2}$.[214] (3.17)

Soll die Produktstruktur eines durch den Komplexitätsfaktor Vielzahl gekennzeichneten (Teil-)Systems im Hinblick auf dessen Zielgröße optimiert werden, so bietet sich die Strategie der Dimensionierung an.[215] Aus der Perspektive technischer Systeme ist diese als Konfigurieren zu verstehen, da eine vollständige Zuordnung von Funktionen und Komponenten erfolgen soll und eine Beschränkung auf die Festlegung der geometrischen Dimensionen nicht ausreichend ist. Diese zielt auf eine optimale Auslegung des technischen Systems durch eine optimale Ausgestaltung der Anzahl der Elemente und deren Relationen innerhalb des Teilsystems sowie der Anzahl der maßgeblichen Außenschnittstellen des Teilsystems zum Umsystem. Aus der Perspektive eines technischen Teilsystems wirkt eine Erhöhung der Anzahl der Komponenten oder der Teilsysteme einer geringeren Produktstrukturhierarchiestufe als komplexitätserweiternd. Von einer Reduktion der Anzahl der Einzelelemente wird eine komplexitätsvermindernde Wirkung erwartet. Ebenso verhält es sich mit der Anzahl der zu betreuenden Schnittstellen: abweichend von der Grundkonzeption des mehrdimensionalen, relationalen Komplexitätsmodells wird hierbei jedoch der Zusammenhang unterstellt, dass bei technischen Systemen eine steigende Anzahl an Schnittstellen komplexitätsfördernd wirkt. Währenddessen dürfte von einer Reduktion der Schnittstellenanzahl tendenziell ein geringerer Entwicklungsaufwand erwartet werden. Eine vielzahlige Produktoptimierung ist für die einzelnen Produktstrukturtypen demnach von unterschiedlichen Faktoren abhängig. Bei dem Modultyp der Busmodularität kann z. B. die Anzahl der Schnittstellen zu den Umsystemen erfasst werden.[216] Die Anzahl der verschiedenen Elemente, die zu den identifizierten Schnittstellen hin kompatibel sein müssen, um die geforderte Variantenanzahl zu erfüllen, wird hingegen bei der Elementenkomplexität des Komplexitätsfaktors Vielfalt gemessen.

3.4.1.2.2. Der Komplexitätsfaktor Vielfalt zur Analyse von Produktstrukturalternativen von komplexen technischen (Teil-)Systemen

In der Literatur über technische Systeme wird der Komplexitätstreiber Vielfalt als die zentrale Ursache für die Komplexitätseigenschaft von technischen Systemen und den daraus resultierenden Kostenfolgen angesehen. Überbordende Produktvielfalt gilt als Synonym für

---

214 Vgl. Eversheim et al. (1998), S. 33.

215 Vgl. Reiß (1993b), S. 134.

216 Exemplarisch für leistungsfähige Ansätze zur Integralbauweise sei hier auf die Plattformkonzepte verwiesen (vgl. Ehrlenspiel (2003), S. 350f.).

eine aus ökonomischer Perspektive zu große Anzahl von Produktvarianten.[217] Gemäß DIN sind solche Varianten „Gegenstände ähnlicher Form und/oder Funktion mit einem in der Regel hohem Anteil identischer Gruppen oder Teile."[218] Ziel einer umfassenden Variantenbildung bildet häufig das Bestreben dem Kunden ein möglichst breites Sortiment zu bieten und dadurch als kompetenter Anbieter am Markt auftreten zu können. Eine dergestalt verstandene Marktkompetenz und die daraus resultierenden Produktvarianten führen jedoch zu exponentiell steigenden Produktkosten in Form von zusätzlichen Planungs-, Koordinations-, Budgetierungs-, Dispositions-, Steuerungs- und Kontrollprozessen.[219] Weiterhin führt eine Verkürzung der Produktlebenszyklen zu einem Anstieg der Neu- und Weiterentwicklungen. Als Folge resultieren hieraus steigende Entwicklungs- und Bauteilkosten pro zusätzlicher ausgebrachter Produkteinheit aufgrund tendenziell sinkender Absatzzahlen und der damit nicht mehr erzielbaren Skaleneffekte.[220] Kostenseitig wird das Auffinden einer ertragsoptimalen Variantenzahl gefordert, bei welcher der höchste Produktertrag erzielbar ist.[221] Vielfältige Elemente entstehen durch die große Anzahl der angebotenen Produkte eines Unternehmens, der verschiedenen Komponenten oder der Rohmaterialien eines technischen Produktes.[222] Vielfältige Relationen resultieren aus der Anzahl an gegenläufigen Zielen, die sich z. B. aus der Befriedigung von zusätzlichen Partialmärkten im Rahmen des Produktangebots eines Unternehmens und dem damit verbundenen progressiven Verlauf der Kosten für jede zusätzliche Variante ergeben. Diese Zusatzkosten der Variantenvielfalt werden primär durch eine komplexere Disposition von Kaufteilen, durch die Planung bzw. Steuerung der Teilefertigung und der Montage verursacht.[223] Als Folge dieses progressiven Herstellkostenverlaufs von Varianten, die häufig lediglich in einer geringen Stückzahl gefertigt werden, lässt sich trotz der Erschließung zusätzlicher Absatzmärkte kein gestiegener Gewinn verzeichnen; vielmehr führen die exorbitant gestiegenen Entwicklungs- und Herstellkosten für jede zusätzliche Variante zu einem Gewinnrückgang für das Unternehmen.[224] Vielfalt er-

---

217 Vgl. Adam/Johannwille (1998), S. 6ff.

218 DIN 199, Zitat nach: Franke et al. (2002), S. 11.

219 Vgl. Männel (1998), S. 113.

220 Vgl. Reiners/Sasse (1999), S. 222.

221 Vgl. Adam/Johannwille (1998), S. 6-22.

222 Vgl. Schuh/Schwenk (2001), S. 7f., S. 8, insbesondere Fußnote 15 und die dort genannten Quellen.

223 Vgl. Franke et al. (2002), S. 6.

224 Die Entstehung der Komplexitätsfalle bei der Entwicklung komplexer, technischer Systeme und das sich daraus ergebende Rentabilitätsdefizit wird bei Bliss anhand der Variantenentwicklung (in Form von ID-Nummern) eines Unternehmens aus der Fahrzeugindustrie aufgezeigt (vgl. Bliss (1998), S. 150, insbesondere Abb. 1). Folglich ist eine zusätzliche Variante nach deren direkt zurechenbarem Verhältnis von Kosten zu Nutzen zu bewerten. Betrachtet man das Verhältnis zwischen der degressiv steigenden Nutzenzuwachskurve und dem exponentiell steigenden Kostenwachstumsverlauf, das sich aus der Variantenvielfalt eines jeden Systems ergibt, so bewegt sich das Variantenwachstum auf den Rentabilitätspunkt zu. Übersteigt

scheint damit als Vielzahl der realisierten Produktalternativen. Folglich setzt eine aktive Steuerung der Vielfaltsausprägung eines Produktes bereits bei der Wahl der Produktstrukturierung in der Spezifikationsphase an.[225]

Dieser Exkurs des in der Literatur weit verbreiteten Kostenfokus liefert wertvolle Anhaltspunkte für eine Operationalisierung der Vielfaltsausprägungen für die Entwicklungszeitschätzung. Um die Gesamtsystemfunktionalität sicherzustellen sind Teilsystemvarianten passgenau im Verhältnis zum übergeordneten System auszulegen. Aus der Perspektive der Entwicklungszeitschätzung bietet sich elementenseitig der Ansatzpunkt, ein (Teil-)System daraufhin zu untersuchen, wie viele verschiedene Varianten eines (Teil-)Systems geplant sind. Auf dieser Information aufbauend, ist zu analysieren, inwieweit eine weitere Variantenbildung auch Entwicklungszeit verlängernd wirkt. Sofern die Ausprägung der Variantenfunktion keine direkte Auswirkung auf das Gesamtprodukt besitzt, wie dieses z. B. bei der Variantenbildung bei Kunststoffkomponenten mit gleichen, technischen Eigenschaften der Fall ist, kann eine entwicklungszeitneutrale Parallelisierungsstrategie angewendet werden.

Erfolgt eine zusätzliche Variantenbildung jedoch aufgrund einer geänderten Funktionalität, die sich in einer partiell geänderten Produktstruktur widerspiegelt, so resultieren daraus neue Komponentenkonstellationen. Aus der Perspektive der Elementenkomplexität ist daher der Frage nachzugehen, in welchem Umfang (Diversität) die zu bewertenden zusätzlichen Varianten im Verhältnis zu der Variantenanzahl des Referenzumfangs mit elementenseitig verschiedenen Ausprägungen Auswirkungen auf die Entwicklungszeit haben können. Dabei ist die bisherige Prozess- und Organisationsstruktur des Referenzumfanges zu unterstellen. Weitere Auswirkungen einer sich massiv verändernden Variantenanzahl, die zu Veränderungen der Prozess- und/oder Organisationsstruktur führen, sind im Rahmen der Komplexitätsfaktoren der Prozessstruktur und der Entwicklungsorganisation zu erfassen. Häufig jedoch darf erwartet werden, dass jede weitere Variante mit verschiedenen Funktionen zusätzliche Testläufe im Verhältnis zum Umsystem erfordert. Als dessen Folge darf eine Verlängerung der Entwicklungszeit erwartet werden. Die Auswirkung einer zeitverkürzenden Entwicklungsprozess- und Entwicklungsorganisationsgestaltung auf die Entwicklungszeit wird erst bei der Alternativenbewertung innerhalb der jeweiligen Einflussdimension bewertet. Relationenseitige Vielfalt erfasst die Anzahl der innersystemischen und der außersystemischen Schnittstellen des zu bewertenden (Teil-)Systems bei jeder zusätzlichen Variante. Grundsätzlich eröffnen sich dabei zwei grundsätzliche Bewertungsperspektiven. Einerseits können die

---

die Variantenvielfalt des Gesamtsystems den Rentabilitätspunkt, so führt jede weitere Variante unweigerlich in die vielfaltsbedingte Komplexitätskostenfalle (vgl. Kaiser (1995), S. 111).

225 Vgl. Reiners/Sasse (1999), S. 223.

Vielfaltswirkungen bewertet werden, die auf ein (Teil-)System einwirken. Bei diesem von außen nach innen gerichteten Fokus wird die Entwicklungszeit eines (Teil-)Systems daraufhin bewertet, zu welcher Anzahl an verschiedenen Varianten jede einzelne Außenschnittstelle dieses Bauteil kompatibel sein muss. Andererseits eröffnet sich innersystemisch die Perspektive nach der Anzahl an Kombinationsmöglichkeiten zwischen den verschiedenen Komponenten/(Teil-)Systemen innerhalb des Gesamtsystems. Implizit wird bei der Bewertung beider Vielfaltswirkungen unterstellt, dass aus einer steigenden Varietät des Neuprojekts gegenüber dem Referenzumfang eine ansteigende Entwicklungszeit bei einer identischen Prozess- und Organisationsgestaltung auftritt.[226]

3.4.1.2.3. Der Komplexitätsfaktor Vieldeutigkeit zur Analyse von Produktstrukturalternativen von komplexen technischen (Teil-)Systemen

Die Wissensdefizite von Seiten des Betrachters über das System kennzeichnen ein vieldeutiges System. Dieses Unwissen führt zu Wahrnehmungen über das System, die als nicht sicher gelten. Während die Komplexitätstreiber Vielzahl und Vielfalt noch eindeutig bestimmt werden können und lediglich die Auswirkungen dieser Komplexitätstreiber auf eine Zielgröße als unsicher anzusehen sind, ist bereits das Stadium der Wahrnehmung einer vieldeutigen Produktstruktur mit Unbestimmtheiten, Unsicherheiten, Risiken und Intransparenzen behaftet.[227] Folglich ist bereits die Identifikation der Ausgangseigenschaften innerhalb der Analysephase nicht eindeutig bestimmbar. Diese Unsicherheit resultiert wiederum aus den drei Sektoren des Komplexitätsfaktors der vieldeutigkeitsbedingten Produktstruktur: Aus der Perspektive der vieldeutigen Elementenkomplexität ist die Anzahl an alternativen Erscheinungsformen eines jeden Elementes des betrachteten (Teil-)Systems zu erfassen.[228] Dabei stellt sich u. a. die Frage, wie jedes Element aufgrund des neuen Materials in den Dauerlauftests der Entwicklungsphase reagiert. Alternativ können neue Fertigungsverfahren eine Verzögerung der Serienfähigkeit eines Einzelelements verursachen, woraus ein verspäteter Serienanlauf des Gesamtprojekts resultieren kann. Um die möglichen Ausprägungsvarianten von vieldeutigen Elementen erfassen zu können, bedarf es geeigneter Verfahren, um die Anzahl der möglichen

---

226 Dieses Vielfaltsverständnis lehnt sich an die Methode der Variant Mode and Effects Analysis an. Ziel dieser Methode ist die Verringerung und Beherrschung der Variantenvielfalt, indem auf Basis einer Variantenanalyse die Entstehung von Produktvarianten erst am Ende der Wertschöpfungskette zugelassen werden. Während die VMEA primär auf die Optimierung der kostentreibenden Bezugsgrößen bei der Produktentwicklung abzielt, dient die strukturierte Analyse und Bewertung der Vielzahlursachen in dieser Arbeit einer möglichst exakten Einschätzung der Entwicklungszeitfolgen von parallel zur Serienreife fertig zu stellenden Produktvarianten (vgl. Eversheim et al. (1998), S. 32ff.).

227 Vgl. Reiß (2000), S. 466.

228 Vgl. ebenda, S. 466f.

Ausprägungen transparent aufzuzeigen, wie dieses z. B. mit Entscheidungsbäumen geleistet werden kann.[229] Als Beispiel für vieldeutige Systemelemente kann der seit einem Jahrzehnt anhaltende Trend in der Automobilindustrie angeführt werden, physische Fahrzeugkomponenten, die bisher aus Metall hergestellt wurden, künftig aus Kunststoff herzustellen. Mit der damit verbundenen Gewichtsreduktion wird der Kraftstoffverbrauch reduziert.[230] Allerdings erhöhen sich dadurch im Produktentwicklungsprozess die Qualitätsrisiken in Form von veränderten Steifigkeits-, Zugfestigkeits- und Lebensdauereigenschaften, da andere Materialarten divergierende Eigenschaften gegenüber dem Ursprungsmaterial besitzen, das konstruktiv innerhalb des Referenzumfangs verwendet wurde.[231]

Vieldeutige Relationen können durch unscharfe Zuordnungsrelationen entstehen.[232] In dieser Arbeit ergeben sich unscharfe Zuordnungsrelationen aus dem unbekannten Zusammenhang zwischen der Verwendung eines neuen Materials oder eines neuen Verfahrens:

1. Änderungen an einem oder mehreren Elementen des zu bewertenden (Teil-)Systems können zu Risiken an den Schnittstellen innerhalb des (Teil-)Systems führen (Relationenkomplexität 1).
2. Risiken, die aus Änderungen zum Umsystem hin resultieren, sind beim verursachenden (Teil-)System zu erfassen (Relationenkomplexität 2).

Zeitrisiken resultieren durch jede Art von nicht eindeutig prognostizierbaren Veränderungen. So basiert beispielsweise die Entscheidung, eine technische Funktion nicht mehr mittels pneumatischer Ansteuerung, sondern elektrisch mit Hilfe eines Magnetventils zu steuern, auf der Erwartungshaltung, die vieldeutigen Einzelelemente dieses neuen Systems beherrschen zu können. Wird dieser Switch von einer mechanisch-pneumatischen Ansteuerung zugunsten einer elektrischen Ansteuerung bei mehreren Funktionen vollzogen, so können innerhalb des gesamten elektrisch-elektronischen Systems, z. B. eines Kraftfahrzeugs, Fehlerquellen bei einzelnen elektrisch-elektronisch umgesetzten Funktionen auftreten, die lediglich aufgrund des Zusammenwirkens der verschiedenen Funktionen innerhalb des Gesamtsystems entstehen. Diese unklaren Attribuierungen treten als Vielfaltstreiber häufig bei mechatronischen Gesamtsystemen auf, bei denen einzelne Funktionen mittels mechanischer, elektrisch-elektronischer und Software-Komponenten realisiert werden. Unklare Attribuierungen, unscharfe

229 Vgl. Reiß (2000), S. 466.

230 Vgl. Gäthke (2006), S. A3.

231 Vgl. Dobler et al., (2003), S. 305f.

232 Vgl. Reiß (1993a), S. 59.

Wirkungsstrukturen oder Lag- und Leadstrukturen bilden weitere systematische Quellen für vieldeutige Relationen.[233]

Der elementare Unterschied bei der Ermittlung der vieldeutigen Ausprägungen gegenüber den Komplexitätsfaktoren der Massenkomplexität besteht jedoch in der Eindeutigkeit der Quantifizierung der risikobeeinflussenden Größen. Während vielzahl- und vielfaltsbedingte Ausprägungen eindeutig anhand verhältnisskalierter Ergebnisse ausgewiesen werden konnten, kann das Ausmaß der erwarteten vieldeutigen Risikoausprägungen lediglich ordinalskaliert als Ergebnis der subjektiven Bewertung durch Experten ausgewiesen werden.

3.4.1.2.4. Der Komplexitätsfaktor Veränderlichkeit zur Analyse von Produktstrukturalternativen von komplexen technischen (Teil-)Systemen

Der Komplexitätsfaktor Veränderlichkeit versucht diejenigen operationalisierten Einflussgrößen aufzudecken, die aufgrund der vorhandenen Vieldeutigkeit des zu bewertenden technischen Systems innerhalb eines bestimmten Zeitraumes eintreten.[234] So wird z. B. bei den Materialtests physischer Komponenten eine Mindesttestzeit vorgeschrieben, um beurteilen zu können, für welchen Zeitraum eine physische Komponente die vorgeschriebenen Funktionen mit einer festgesetzten Wahrscheinlichkeit erfüllt.[235] Von großer Bedeutung ist der Aspekt der Zeitdauer aus der Perspektive der Planung und dem damit verbundenen Bewertungshorizont: Während kurzfristig die externen Komplexitätstreiber nicht handlungsrelevant für die Änderung von Produktgestaltungsvarianten sind, erhöhen diese externen Komplexitätstreiber bei längerfristigen Planungshorizonten den Anpassungszwang an eine zwischenzeitlich eingetretene Wandlung der Marktverhältnisse und/oder der technologischen Innovationen.[236] Bei physischen (Teil-)Systemen kann die Anzahl veränderlicher Systemelemente erfasst werden, von denen während der Projektlaufzeit Spezifikationsänderungen der Produktstruktur erwartet werden, die zu einer Verlängerung der Entwicklungszeit führt. Spezifikationsänderungen sind gerade bei längeren Entwicklungszeiten üblich. Hierbei sollte jedoch differenziert werden, ob bereits das Ausmaß an Komplexität in der Produktstruktur und/oder die geplante Länge des Entwicklungsprozesses selbst eine Quelle zusätzlicher Änderungen sein kann.

Die zentrale Voraussetzung für die Prognosefähigkeit der Auswirkungen des Grades an Veränderlichkeit eines dynamischen Systems für die zur Bewertung anstehende Zeitdauer bildet

---

[233] Vgl. ebenda, S. 59.

[234] Vgl. Reiß (1993a), S. 59.

[235] Vgl. Bertsche/Lechner (2004), S. 47-53.

[236] Vgl. Reiß (2000), S. 466.

die Fähigkeit, Änderungsmuster zu erkennen.[237] So können bei komplexen technischen Systemen die Ausfallraten für einzelne, weniger komplexe Teilsysteme und Komponenten relativ eindeutig aufgrund der Testergebnisse von Dauerlaufversuchen nachgewiesen werden. Sind die einzelnen Teilsysteme jedoch zu relativ komplexen Baugruppen oder dem Gesamtsystem zusammengefügt, so resultiert die Systemzuverlässigkeit aus dem Produkt der Zuverlässigkeiten der einzelnen Systemelemente.[238] Die Prognose über eine Ausfallwahrscheinlichkeit des Gesamtsystems kann somit erst im fortgeschrittenen Verlauf des Entwicklungsprozesses erhärtet werden, sobald sämtliche Systemkomponenten in einer Musterbauqualität vorliegen, welche die Durchführung eines Lebensdauertests erlaubt. Die Ursache dieses fehlenden Vorhersagemusters bildet die Unschärfe, die sich aus dem Zusammenwirken der einzelnen Relationen innerhalb des (Teil-)Systems zum Umsystem hin während der durch Tests simulierten Produktlebensdauer entwickelt. Da ein erfolgversprechendes Gesamtprodukt jedoch marktseitig einen gewissen Qualitätsmindestanspruch i. S. v. maximal vom Markt akzeptierter Ausfallraten aufzuweisen hat bzw. eine Mindestlaufzeit erwartet wird, sind diese Produkteigenschaften innerhalb der Entwicklungszeit spezifikationskonform umzusetzen.[239] Dazu sind die Erwartungen über das Zeitrisiko der einzelnen Baugruppen (Elementenkomplexität) und deren Schnittstellen innerhalb der Produktalternative (Relationenkomplexität 1) und außerhalb des Bewertungsumfangs (Relationenkomplexität 2) zu bewerten.

3.4.1.3. Zusammenfassung der Komplexitätsfaktoren der Produktstruktur

Die Komplexitätsfaktoren der Produktstruktur erfassen die Ausprägungsdifferenzen der Produktstruktur des zu bewertenden (Teil-)Systems A_i gegenüber dem Referenzumfang RU. Die Untergliederungsebene kann dabei bis auf die unterste Ebene der einzelnen Komponenten ausgeweitet werden. Eine solche Detaillierung ist aus Effizienzgründen nicht ratsam. Elementeinseitig werden die Ausprägungen der einzelnen (Teil-)Systeme wie folgt untergliedert:

- nach deren Anzahl (Vielzahl),
- nach der Anzahl der Variantenvielfalt von (Teil-)Systemen (Vielfalt),
- nach der Anzahl von (Teil-)Systemen mit identifizierten Risiken in der Produktstruktur (Vieldeutigkeit),

---

237 Vgl. Reiß (2000), S. 467, Reiß (1993a), S. 59.

238 Vgl. Bertsche/Lechner (2004), S. 98-104.

239 Vgl. Ehrlenspiel (2005), S. 124-135: Produktqualität spiegelt sich bei den Produktnutzern in Form von geringeren Lebenslaufkosten wider. Dazu zählen neben den Investitionskosten auch die Instandhaltungskosten und sonstige in regelmäßigen Abständen wiederkehrende Kostenarten, wie z. B. Steuern oder Ausfallkosten.

- und (Teil-)Systeme, bei denen nach Abschluss der endgültigen Spezifikation Risiken in der Produktstruktur erwartet werden (Veränderlichkeit).

Aus der Perspektive der Relationenkomplexität werden die Schnittstellenausprägungen sowohl zwischen den (Teil-)Systemen innerhalb des zu bewertenden Systems erfasst (Relationenkomplexität I) als auch diejenigen Schnittstellen zwischen dem zu bewertenden System und der übergeordneten Produktstruktur (Relationenkomplexität II).

3.4.1.4. Anwendungsbeispiel: Synoptische Bewertung der Produktstruktur der drei Elektrik-/Elektronik-Systeme

Die Ausführungen der vorangehenden Abschnitte sollen nun anhand der in Kapitel 1.6 erörterten Elektrik-/Elektronik-Systeme – kurz E/E-Systeme – konkretisiert werden. Für die Erfassung der Zeitdauerfolgen wird, wie in Kapitel 3.3 erörtert, die grundsätzliche Vorgehensweise des Entwicklungszeitschätzverfahrens dieser Arbeit angewendet. Die verschiedenen E/E-Systeme, deren Produktstrukturen nachfolgend miteinander verglichen werden, wurden über einen langen Zeitraum hin entwickelt. Folglich stieg der Komplexitätsgrad jedes Nachfolgeproduktes gegenüber dem Produktvorgänger erheblich an. Als Folge des produktstrukturbedingten Komplexitätszuwachses ist bei gleich bleibender Entwicklungsprozesstechnologie und gleicher personaler Ausstattung der Entwicklungsorganisation mit einem Anstieg der Entwicklungszeit zu rechnen. Da die zwischen den verschiedenen Produktgenerationen liegenden Komplexitätssprünge auch auf Seiten der Entwicklungsprozesstechnologie stattgefunden haben, ist bei der Bewertung des Prozesseinflusses die Frage zu beantworten, wie sich die Alternative einer Prozesstechnologie bei einem mit dem Vorgängerprojekt vergleichbaren Mitarbeiterstamm auswirkt. Im Hinblick auf das in dieser Arbeit zu bewertende E/E-System besteht eine höhere Chance auf eine Entwicklungszeitreduktion durch die Fokussierung auf einige wenige Komplexitätstreiber und deren aktives Management. Bei kleineren Produktumfängen kann direkt von der Komplexität der Produktstruktur auf die Entwicklungszeitdauer geschlossen werden, indem lediglich ein Prozesspfad zu verfolgen ist. Diese Vorgehensweise verbietet sich bei komplexeren Produkten, da dort eine Vielzahl parallelisierter Teilprozesse derart zu gestalten ist, dass die kürzeste Zeitdauer daraus resultiert. Den längsten Prozess innerhalb dieses Netzplanes – den kritischen Pfad – gilt es dann, soweit möglich zu verkürzen. Dabei besteht die Möglichkeit, dass der ursprünglich kritische Pfad so weit verkürzt wird, dass ein bisher nicht kritischer Pfad an dessen Stelle tritt.[240]

Mit Hilfe der Einflussdimension der Produktstruktur werden diejenigen Zeitänderungen zwischen Projekt P_{t-2} und Projekt P_{t-1} erfasst, die sich aufgrund der divergierenden Produktstruktur ergeben. Dabei werden für P_{t-2} dieselben Entwicklungsprozesstypen unterstellt wie für P_{t-1}. Zudem wird die Annahme getroffen, dass die Entwicklungsmannschaft hinsichtlich Anzahl und Qualifikation identisch bzw. vergleichbar ist. In einem ersten Schritt soll die Produktstruktur der drei E/E-Systeme erörtert werden. Die Produktgröße lässt sich dabei anhand der folgenden Vielzahlausprägungen identifizieren:

- zum einen anhand der Module als Teilsysteme eines jeden E/E-Systems,
- zum anderen anhand der Steuergeräte – als Teilsysteme eines Moduls – eines jeden E/E-Systems.
- Jedes Teilsystem umfasst ein oder mehrere Steuergeräte. Jedes Steuergerät besteht als Einheit aus einem elektrotechnischen Modul, dessen Funktion in Abhängigkeit von der Software variiert, die auf dieses Modul aufgespielt worden ist. Folglich wird die Variantenvielfalt eines E/E-Systems, das auf vernetzten Steuergeräten aufbaut, durch unterschiedliche Softwarevarianten sichergestellt.[241]

Die Fragestellung des Vernetzungsgrades zwischen einzelnen Teilsystemen bzw. deren Steuergeräten kann erst auf Basis der Kenntnis des Produktstrukturplanes bewertet werden. Dort setzt nachfolgende Beobachtung an: Das E/E-System von Projekt P_{t-2} umfasst die drei Teilsysteme der Motorsteuerung, der Getriebesteuerung und der Bremsensteuerung. Sämtliche Steuerungssysteme sind innerhalb des Basismoduls „Integriertes Elektroniksystem“ vernetzt. Das E/E-System von Projekt P_{t-2} ist somit nach dem Prinzip der Busmodularität konzeptioniert (vgl. Abbildung 3.9). Die hier untersuchten E/E-Systeme bestehen aus zwei grundlegenden Komponenten: dem Energie-Bordnetz und der Informationsverteilung. Die

---

240 Zur Berechnung des kritischen Pfades ist es von erheblicher Bedeutung, ob die Vorgänge als deterministisch oder stochastisch geplant werden. Während im deterministischen Fall sämtliche Vorgänge eines kritischen Weges zugleich kritische Vorgänge sind, gilt im stochastischen Fall, dass ein Vorgang als kritisch gilt, sofern „er mit hoher Wahrscheinlichkeit auf *einem* kritischen Weg liegt. Die Wahrscheinlichkeit selbst stellt ein Maß für die Kritizität des Vorganges dar. … Vorgänge mit hoher Kritizität müssen nicht unbedingt auf dem *wahrscheinlichsten* kritischen Weg liegen.“ (Küpper et al. (1975), S. 179.) Für die hier verfolgte stochastische Sicht auf der Basis der Dreiecksverteilung wird dieses Problem dadurch gelöst, indem jedes Arbeitspaket mit derselben Eintrittswahrscheinlichkeit im Hinblick auf das Überschreitensrisiko bewertet wird. Aufgrund der Anordnung im Netzplan kann dann eine eindeutige Längenbewertung der möglichen Parallelpfade erfolgen. Dieses Problem ist für die Problemstellung der Arbeit nicht signifikant, da komplexe (Teil-)Systeme von Produktprojekten nur bedingt parallel entwickelt werden können, da der Entwicklungsprozess die Einhaltung sequentiell aufeinander aufbauender Prozessschritte erfordert.

241 Hierzu zählen z. B. die Sprachvarianten bei Navigationsgeräten oder die softwaregesteuerte Variantenbildung von Motoren innerhalb einer Motorenklasse, das so genannte „Flashen“.

Energieversorgung besteht im Wesentlichen aus dem Generator, der Batterie und den dazugehörigen Kabelsträngen. Der Generator ist direkt am Motor des Fahrzeugs angeschlossen und empfängt von dort die notwendige Bewegungsenergie, die er in elektrische Energie umwandelt und in der Motorbatterie zwischenspeichert. Von dort werden die elektrischen Verbraucher des Fahrzeugs mit der notwendigen elektrischen Spannung versorgt. Die Informationsverteilung bildet den zweiten wesentlichen physischen Bestandteil des Bordnetzes, das wiederum auf Bussystemen basiert. Busse koordinieren die Informationsflüsse innerhalb des Fahrzeuges zwischen den Steuergeräten. Jedes Steuergerät, das entweder Informationen oder Energie empfängt oder sendet, ist an den physischen Kabelbaum des E/E-Systems angeschlossen. Der Basisbus sämtlicher nachfolgend zu untersuchenden E/E-Systeme ist das so genannte „Integrierte Elektronik-System" – kurz „IES". Die Funktion dieses Basisbusses besteht darin, sämtliche andere Busse und deren Systeme zu vernetzen. Er bildet das Basismodul eines modular aufgebauten Bussystems, das im Rahmen von Modellpflegemaßnahmen und darauf aufbauenden Neuentwicklungsprojekten erweiterungsfähig ist. Weiterhin verfügen die Module des Motorsteuergeräts und der Getriebesteuerung über eine gemeinsame Schnittstelle. Das Projekt P_{t-2} besitzt 18 Steuergeräte; die Anzahl an Botschaften, deren Austausch innerhalb des E/E-Systems geleistet werden muss, beträgt ca. 100 (vgl. Abbildung 3.15).

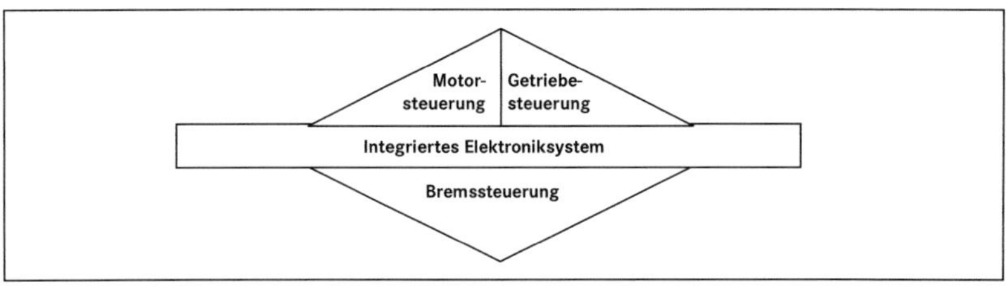

Abbildung 3.9: Produktstruktur des E/E-Systems von Projekt P_{t-2}

Das E/E-System von Projekt P_{t-1} besteht aus zehn Teilsystemen, darunter befindet sich der integrale Bus, der so als „Integriertes Elektroniksystem" bezeichnet wird. An dieses Basis-Modul sind die Module der Motorsteuerung, der Getriebesteuerung, der Bremsensteuerung, des Antriebsregeltempomates, der Telematikumfängesteuerung, der Tür, der Heizungs-Klima-Regelung und des Schalterfeldes direkt angeschlossen (vgl. Abbildung 3.10). Der Komplexitätsgrad des Motorsteuergerätes hat sich jedoch massiv erhöht, da mit Hilfe dieses Moduls die Abgasstufe Euro 5 erfüllt werden muss, um damit die vom Gesetzgeber vorgeschriebenen strengeren Abgasvorschriften zu erfüllen.

Produktstrukturbedingt wird dieses Spezifikationserfordernis mittels eines höheren Motordrucks bei der Abgasverbrennung sichergestellt. Zusätzlich sind folgende Module bei Projekt P_{t-1} gegenüber P_{t-2} hinzugekommen (vgl. Abbildung 3.10):

1. Das System der Abgasnachbehandlung hat die nächst höhere Abgasstufe – Euro 5 – zu erfüllen. Dazu ist der zusätzliche Einbau eines SCR-Katalysators notwendig.
2. Der Antriebsregel-Tempomat: Dieses Modul dient dazu, dass von Seiten des Fahrers eine Regelgeschwindigkeit eingegeben werden kann, die während der Fahrt eingehalten wird, ohne dass der Fahrzeugführer zusätzlich das Gaspedal bedienen muss. Gleichzeitig sorgt die Software-Steuerung dieses Moduls dafür, dass eine vorgegebene Richtgeschwindigkeit in Abhängigkeit vom Gelände und der Beladung des Nutzfahrzeuges mit einem möglichst geringen Spritverbrauch realisiert werden kann.
3. Die Bremsensteuerung wird auf eine elektropneumatische Ansteuerung der Bremsen umgestellt. Dazu ist ein zusätzliches Steuergerät notwendig, das die Ansteuerung der Bremse mittels Druckluft elektronisch regelt.
4. Die Heizungs-Klima-Regelung: Dieses Modul gliedert sich in die Teilbaugruppen Heizung, Kühlung und Belüftung im Fahr- und Standbetrieb. Letztere erfordert insbesondere für das Übernachten im Fahrerhaus bei Extremtemperaturen im Winter oder Hochsommer leistungsfähige Komponenten, wie z. B. eine angemessene Batterie.
5. Das Schalterfeld: Dieses beinhaltet sämtliche durch den Fahrer zu steuernde Bedienelemente zur Aktivierung von Funktionen, wie z. B. der Abstandsregeltempomat, Längs- und Quersperren, Innenbeleuchtung, u. a. m.
6. Die Telematikendgeräte: Dieses Modul beinhaltet sämtliche Funktionen der Frontpartie, die für eine möglichst kurze Fahrtroute zwischen den einzelnen Zielen unter Berücksichtigung der aktuellen Verkehrslage sorgt. Zu den Telematikumfängen von P_{t-1} zählen das Global Positioning System – kurz GPS – und der Routenplaner.
7. Das Türmodul: Dieses umfasst die Elektronik für die elektrisch-gesteuerten Türkomponenten, wie z. B. den Antrieb der Türscheiben und der Rückspiegelverstellung.

Des Weiteren sind im Schalterfeld sämtliche Schalttafeln, wie Geschwindigkeitsanzeige, Drehmoment, Tankanzeige und Außentemperaturanzeige integriert. Die Komplexität des Schalterfeldes steigt mit den Bedienungsanforderungen der dahinter geschalteten Elektrik/Elektronik.

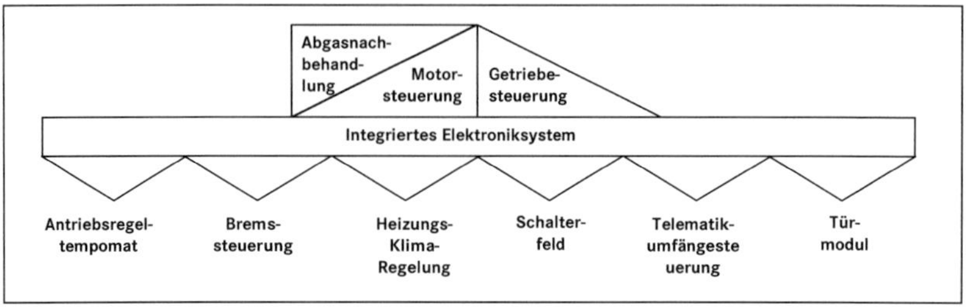

Abbildung 3.10: Produktstruktur des E/E-Systems von Projekt P_{t-1}

Beim Vergleich der Produktstruktur von Projekt P_{t-2} (vgl. Abbildung 3.9) mit Projekt P_{t-1} (vgl. Abbildung 3.10) fallen folgende Zusammenhänge auf:

- Die Anzahl der Module, die mit dem integrierten Bus über eine gemeinsame Schnittstelle verfügen, steigt von drei auf acht Module. Dabei verfügt das Motorsteuermodul als einziges Teilmodul über zwei Schnittstellen: zum einen ist es mit dem Basisbus verbunden, zum anderen mit der Abgasnachbehandlung.
- Die Zahl der innersystemischen Schnittstellen steigt somit von vier auf zehn an. Außersystemische Schnittstellen sind bei der Betrachtung eines Gesamtsystems nicht auszumachen.
- Die Zahl der in diesem Bordnetz verbauten Steuergeräte steigt von 18 auf 27 an.
- Die Anzahl der innerhalb des Bordnetzes zu verarbeitenden Botschaften erhöht sich von ca. 100 auf ca. 500 Botschaften.
- Die Leistungsfähigkeit des E/E-Systems korreliert mit der Übertragungsgeschwindigkeit, mit der Informationen innerhalb des E/E-Systems transportiert werden. Bei Projekt P_{t-1} wird die Nachrichtenübertragung mittels Bussen mit 11- und 29-Bit-Indentifiern sichergestellt, während bei Projekt P_{t-2} lediglich Busse mit 11-Bit-Identifiern Verwendung fanden.

Aus diesen Produktstrukturbeschreibungen wird ersichtlich, dass der Komplexitätsfaktor Vielzahl dominiert; dieser lässt sich anhand der Anzahl der innerhalb des Bordnetzes zu verarbeitenden Botschaften und des Anstiegs der Steuergeräte verdeutlichen. Die Anzahl der einzelnen Module des Bordnetzes und deren Vernetzungsgrad bildet einen weiteren Indikator.[242] Vergleicht man die Produktstruktur von Projekt P_{t-1} mit derjenigen von Projekt P_{t0}, so fallen folgende Zusammenhänge auf (vgl. Abbildung 3.11):

[242] Resultat verschiedener Gespräche mit Entwicklungsexperten der Daimler AG im Verlauf des Jahres 2007 in Stuttgart.

- Der integrierte Bus besteht anstelle von einem Element aus drei Elementen, die miteinander eng vernetzt sind und den neuen Basisbus des E/E-Systems darstellen. Die einzelnen Teilsysteme sind in Abhängigkeit von ihrer lokalen Zugehörigkeit an einen der drei Basisbusse direkt angekoppelt.
- Die Anzahl, der an dieses Basisbus-System angekoppelten Module bleibt gleich, allerdings sind bei einigen Modulen erhebliche Komplexitätssprünge zu beobachten:
    - Bei den Telematikumfängen erhöht sich die Anzahl an Teilsystemen, die an dieses Modul angeschlossen sind. Deutlich wird dies durch den massiven Anstieg an Steuergeräten von 3 auf 7 für dieses Teilmodul.
    - Bei der Abgasnachbehandlung führen die gestiegenen gesetzlichen Anforderungen und die einzuhaltende Euro 6-Norm zu erheblichen konstruktiven Änderungen. So reicht die Konzeption der bisherigen innermotorischen Optimierung der Verbrennung mit motorexterner Abgasfilterung nicht mehr aus. Anstelle dieser beiden Maßnahmen ist konstruktiv zusätzlich ein Abgasnachbehandlungssystem zu entwickeln. Die Komplexitätsauswirkung auf das E/E-System ergibt sich aus der simultanen Optimierung von Motoreinstellung und Abgasnachbehandlung über sämtliche Motorvarianten hinweg. Dabei ist zu berücksichtigen, dass die motorseitige Variantenbildung innerhalb bestimmter Bandbreiten mittels Software vollzogen wird, um die physische Variantenkomplexität zu reduzieren. Der Anstieg der Produktstrukturkomplexität auf das E/E-System lässt sich durch den Anstieg der Steuergeräte belegen; gegenüber dem Vorgängerprojekt steigt die Anzahl an Steuergeräten für die Module Motorsteuerung und Abgasnachbehandlung von 3 auf 6 über sämtliche Motorvarianten.[243]
    - Die Komplexität des gesamten E/E-Systems lässt sich sehr deutlich durch den Anstieg an Steuergeräten von 27 auf 48 belegen. Dadurch stieg die Kapazitätsgrenze an Botschaften, die innerhalb des E/E-Systems zu verarbeiten sind, von ca. 500 auf ca. 1000 an. Da die Anzahl an übertragbaren Botschaften die zentrale Größe eines Bordnetzes wiedergibt, wird die Kapazitätsgrenze der maximal transportierbaren Botschaften als Ausprägung des elementenseitigen Vielzahlkriteriums der Produktstruktur gesehen.

243 Die Variantenbildung bei Motorvarianten erfolgt innerhalb einer Motorbaureihe mittels Software. Eine zusätzliche Motorvariante innerhalb einer Baureihe benötigt somit einen Entwicklungsaufwand, der ca. 10% an zusätzlicher Entwicklungszeit im Verhältnis zur Basisvariante erfordert. Ein Anstieg von einer auf vier Varianten führt demnach zu einem Anstieg der Entwicklungszeit um 30%.

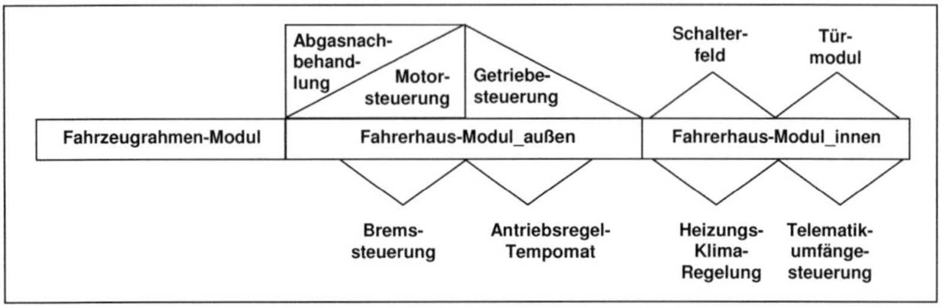

Abbildung 3.11: Produktstruktur des E/E-Systems von Projekt P_{t0}

Überträgt man die Eigenschaften des E/E-Systems als skalierbare Merkmale auf das Entwicklungszeitschätzverfahren, so ergibt sich folgendes Bild: Bei der Produktstrukturierung der drei E/E-Systeme bildet die Größe des E/E-Systems den signifikantesten Indikator für die Messung der daraus resultierenden Entwicklungszeit. Für die Bewertung des Kriteriums **Vielzahl** ergeben sich folgende Zusammenhänge:

- Für die Messung der Elementenkomplexität ist der Anstieg an Steuergeräten ein starker Indikator.
- Bei der Bewertung der Relationenkomplexität wird dieser jedoch durch die Anzahl der Botschaften, die innerhalb eines E/E-Systems zu verarbeiten sind, übertroffen.

Währenddessen ergab sich im Verlauf der Diskussion, dass der Ausgestaltung des Faktors Vielfalt für den Anlauf der Serienproduktion keine signifikante Bedeutung zukommt. Die elementenseitige **Vielfalt** in der Produktstruktur wird durch die Anzahl an länderspezifischen und einsatzbedingten Varianten gebildet. Letztere werden auch als Varianten für Nischenmärkte bezeichnet. Die Variantenbildung basiert bei E/E-Systemen primär auf der Leistungsfähigkeit der Basisstruktur und damit auf dem Bussystem; dessen Leistungsfähigkeit ist bereits bei der endgültigen Produktspezifikation festzulegen. Beim Projektvergleich $P_{t-2}P_{t-1}$ ist zu beobachten, dass die Anzahl der Absatzmärkte identisch ist: Bei beiden Projekten wurden dieselben Märkte in West- und Osteuropa sowie Südafrika beliefert. Bei Projekt P_{t0} wurde über diese Märkte hinaus zusätzlich der Markt in Brasilien erschlossen. Allerdings sind die dort benötigten Linkslenkervarianten bereits über die vorhandenen Markterfordernisse in Kontinentaleuropa mit abgedeckt. Auch die Ausprägung der Nischenmärkte war für die drei Projekte identisch, sodass davon kein divergierender Einfluss auf die Entwicklungszeit zu erwarten war bzw. ist. In Folge war bzw. ist von den Vielfaltsausprägungen der Produktstruktur keine zusätzliche Änderung auf die Entwicklungszeit zu erwarten.

Die **Vieldeutigkeit** der Produktstruktur weist die zum Spezifikationszeitpunkt ersichtlichen Risiken der Produktstruktur aus. Die Informationsübertragung zwischen den Teilsystemen innerhalb des Bordnetzes der Projekte P_{t-2} und P_{t-1} fand auf Basis analoger Datenübertragung statt. Folglich wurden die produktstrukturbedingten Risiken bereits bei der Anzahl der zusätzlichen Teilsysteme, die bei Projekt P_{t-1} zusätzlich im Verhältnis zum Projekt P_{t-2} entwickelt wurden, erhoben. Bei Projekt P_{t0} wurden sämtliche Teilsysteme des Bordnetzes auf eine digitale Informationsübertragung umgestellt. Als Folge dieser Strategieänderung des Bordnetzmanagements wurde ein Anstieg der Risikozeit um 10% für alle 12 Teilsysteme eingeschätzt. Die **Veränderlichkeit** der Produktstruktur erfasst die vieldeutigen Risiken einer Produktstruktur. Beim Projektvergleich $P_{t-2}P_{t-1}$ wurde jeweils dieselbe Bordnetzspannung angewendet; für die Schnittstellen innerhalb des Systems von Projekt P_{t-1} wurden daher keine zusätzlichen technischen Risiken erwartet. Bei Projekt P_{t0} wurde anstelle der 12V-Spannung eine 24-V-Bordnetz-Spannung eingeführt, um insbesondere die Vielzahl an zusätzlichen Endgeräten der Fahrerhauselektronik technisch beherrschen zu können. Während Anschlussstellen für die Elektrogeräte, wie das Navigationsgerät, der Kühlschrank im Fahrerhaus und die Kaffeemaschine bei den drei Projekten identisch waren bzw. sind, nahm und nimmt die Anzahl Varianten für die Kommunikationselektronik, insbesondere für die Integration von Mobiltelefonen unterschiedlicher Hersteller und Unterhaltungsmedien (z. B. iPods) massiv zu. Die daraus resultierenden Entwicklungszeitrisiken sind ausschließlich mittels der Relationenkomplexität zu erfassen, da die Endgeräte, die von verschiedenen Herstellern stammen, jedes für sich die Qualitätsanforderungen zwar erfüllt, die Integration in ein komplexes Netzwerk jedoch zu Qualitätsproblemen führt. Die Ursache ist in der Produktstruktur des Projektes P_{t0} zu sehen. Das 24V-Bordnetz erfordert für jede Variante der Kommunikationselektronik einen Wandler, der die Spannung des 24V-Bordnetzes wiederum auf 12V reduziert. Dabei ist zu berücksichtigen, dass für jede Variante eines Elektroniksystems, wie z. B. für Mobiltelefonen oder Unterhaltungsmedien ein eigenes Interface benötigt wird. Da die Kommunikation über das Bordnetz softwarebasiert ist und jedes Interface i. d. R. eine eigenständige SW-Konfiguration aufweist, ist hierin die Ursache für einen massiven Anstieg physischer Testläufe und Testläufe für die Basissoftware des Busses „Fahrerhaus-Modul-Innen" zu sehen. Mit dieser Maßnahme soll sichergestellt werden, dass eine hohe Bandbreite der am Markt verfügbaren Variantenzahl an Kommunikationsmedien problemlos als Teilsystemkomponente im neuen Fahrzeugtyp eingesetzt werden kann. Die Lebenszyklen von Kommunikationsendgeräten weisen eine geringere Dauer auf als derjenigen von Nutzfahrzeugen; folglich sind Fahrzeughersteller gezwungen die maßgeblichen Technologiesprünge der Kommunikationsendgeräte, die während der mehrjährigen Entwicklungszeit und des längeren Lebenszyklus des Fahrzeuges auftreten, konstruktiv in der Entwicklungsphase mit zu berücksichtigten. Als Folge der veränderlichen Produktstruktur resultieren erhebliche veränderlichkeitsbedingte Risiken beim Projektvergleich $P_{t-1}P_{t0}$. Diese werden ausschließlich als relationenseitige Risikoausprägungen erfasst, da die Produktstrukturrisiken ausnahmslos von Seiten der Anbieter von Kommunikationsendgeräten ausgehen. Unterstellt wurden 100 Varianten von Fahrzeugtelekommunikationsgeräten, wie Mobiltelefonen, Unterhaltungsmedien, mit unterschiedlichen Schnittstellen der Kommunikationssoftware identifiziert. Davon entfallen 30 Schnittstellen auf Geräte, die zum Spezifikationszeitpunkt bereits als marktrelevant zum Zeitpunkt des Produktionsanlaufes identifiziert wurden. Aufgrund des exponentiell steigenden Marktwachstums auf dem Kommunikationssektor werden bis zur Markteinführung des Fahrzeuges in Summe 100 Schnittstellen angenommen, die von Seiten des Marktes dann erwartet werden. Für diesen Komplexitätsanstieg wurde expertenseitig ein Mittelwert für den Entwicklungszeitanstieg in Höhe von 5% eingeschätzt (vgl. Abbildung 3.15). Um die Folgen dieser produktstrukturbedingten Änderungen auf den Netzplan jedes Moduls des E/E-Systems zu übertragen, werden nachfolgend dem vereinfachten Netzplan von Projekt P_{t-2} (vgl. Abbildung 3.12) der vereinfachte Netzplan von Projekt P_{t-1} gegenübergestellt (vgl. Abbildung 3.13). Der Produktstrukturnetzplan von Projekt P_{t-1} stellt die geforderte Produktstruktur von P_{t-1} auf Basis der in Projekt P_{t-2} verfügbaren Prozess- und Organisationsstruktur auf. Analog wird der Ergebnisnetzplan von Projekt P_{t-1} (vgl. Abbildung 3.13) mit dem produktstrukturbedingten Netzplan von Projekt P_{t0} (vgl. Abbildung 3.14) verglichen.

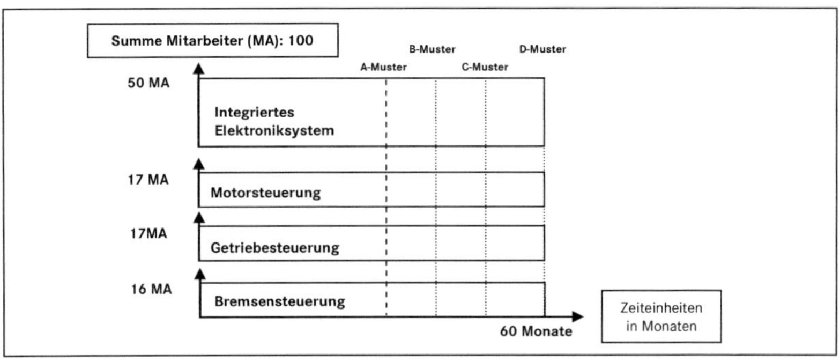

Abbildung 3.12: Vereinfachter Netzplan des E/E-Systems von Projekt P_{t-2}

Der Netzplan von Projekt P_{t-2} bildet die Ex-Post-Perspektive ab, aus welcher der Verlauf des abgeschlossenen Projektes rekonstruiert wird. Kennzeichnend für dieses Projekt ist, dass das zu entwickelnde E/E-System im Vergleich zu den E/E-Systemen der Nachfolgeprojekte einen geringen Grad an Komplexität aufweist. Die drei Module des Projektes P_{t-2} wurden parallel entwickelt. Die Prüfung der A-Musterumfänge erfolgte dabei auf der Ebene eines jeden

Moduls. Die Prüfung der B-, C- und D-Musterumfänge erfolgte jeweils als Gesamtsystemtest. Dieser hohe Grad an Verknüpfungen hat prozesstechnisch zur Folge, dass der Entwicklungsfortschritt der einzelnen Teilsysteme zum jeweils vorgesehenen Termin der Gesamterprobung der B-, C- und D-Musterumfänge sichergestellt sein muss, soll der Netzplan des Gesamtsystems nicht gefährdet werden. Durch eine geeignete Aufteilung der 100 Mitarbeiter auf die einzelnen Teilpakete wurde das Projekt in 60 Monaten realisiert (vgl. Abbildung 3.12).

Gegenüber Projekt P_{t-2} führt die wesentlich komplexere Produktstruktur von Projekt P_{t-1} zu einem wesentlich umfangreicheren Netzplan. Unter der Prämisse vergleichbarer Prozesstechniken und Mitarbeiter zwischen den Projekten P_{t-2} und P_{t-1} führt dieses zu einem Anstieg der Entwicklungszeit auf 87 Monate gegenüber den 60 Monaten, die dann für Projekt P_{t-2} benötigt wurden (vgl. Abbildung 3.13). Im Rahmen des Vergleiches der Produktstruktur zwischen den Projekten P_{t-1} und P_{t0} ist der weitere Anstieg der Komplexität der Produktstruktur ersichtlich. Würden lediglich die 120 Entwicklungsmitarbeiter für die Umsetzung von P_{t0} zur Verfügung stehen, die Projekt P_{t-1} realisiert haben, so würde daraus eine Verlängerung der Entwicklungszeit für P_{t0} auf 72 Monate gegenüber der für P_{t-1} realisierten Zeitdauer von 48 Monaten resultieren.[244]

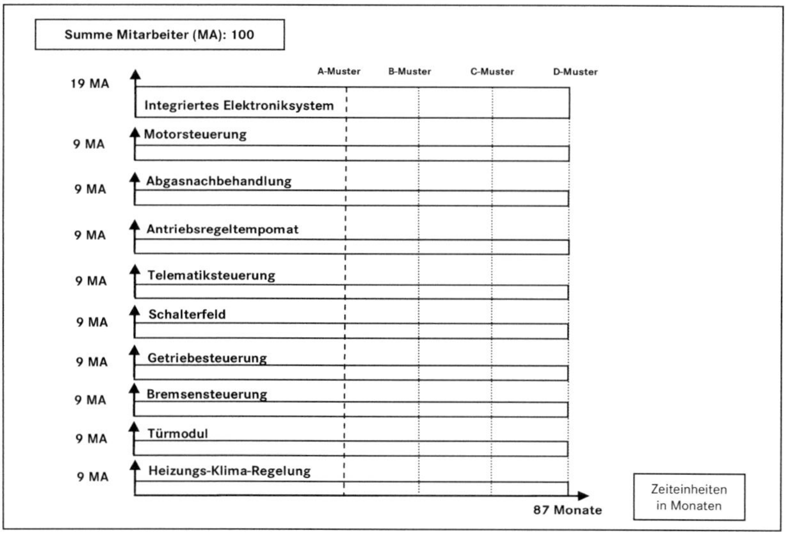

Abbildung 3.13: Vereinfachter Netzplan des E/E-Systems von Projekt P_{t-1} nach Berücksichtigung der Produktstruktur

[244] Die Entwicklungsdauer von 48 Monaten lag zum Zeitpunkt der Durchführung der Analyse bereits vor, da es sich bei Projekt P_{t-1} um ein bereits abgeschlossenes Projekt handelt. Die Anwendung des Entwicklungszeitschätzverfahrens dient hierbei als Basis des geforderten Analogieschlusses (vgl. Kapitel 1.5 und 2.2.4).

Dieses ist auf den Personalbedarf für die Entwicklung des zusätzlichen Moduls der Abgasnachbehandlung zurückzuführen. Dieser Mehrumfang führt zwangsläufig zu einer Reduktion des Personals, das für die Entwicklung der anderen Module des E/E-Systems zur Verfügung steht. Beim Vergleich der beiden Projektpaare P_{t-2} und P_{t-1} sowie P_{t-1} und P_{t0} fällt auf, dass die wesentlich umfangreichere Produktstruktur von P_{t0} bei gleich bleibender Prozesstechnologie und Kapazitätsausstattung wie P_{t-1} in 87 Monaten entwickelt werden kann.[245]

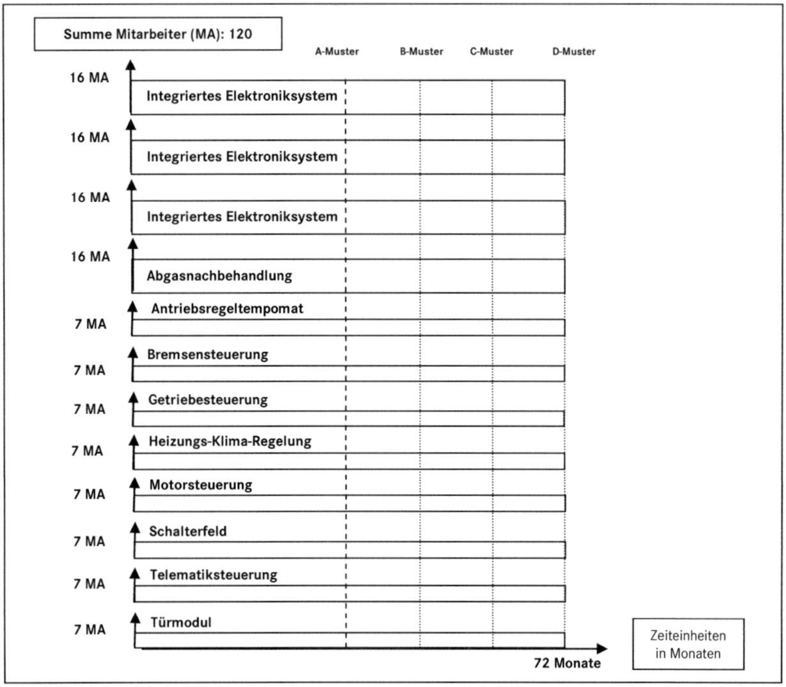

Abbildung 3.14: Vereinfachter Ergebnisnetzplan des E/E-Systems von Projekt P_{t0} nach Berücksichtigung der Produktstruktur

Währenddessen wird davon ausgegangen, dass die Produktstruktur von P_{t0} in 72 Monaten entwickelt werden kann. Die Ursache ist im jeweiligen Referenzpunkt zu sehen. So bildet der Ergebnisnetzplan von Projekt P_{t-2} den Referenzpunkt für die Differenzschätzung zu Projekt P_{t-1}. Projekt P_{t-1} wiederum bildet den Referenzpunkt von P_{t0}. Der simultane Abgleich des Einflusses der geänderten Produktstruktur für beide Projektpaare ermöglicht die Validierung des Einflusses bestimmter Ausprägungen einzelner Komplexitätsfaktoren auf die Entwick-

245 In den Abbildungen 3.13 bis 3.15 werden lediglich die Modalwerte als realisierte Entwicklungszeiten für die Projekte P_{t-2} und P_{t-1} bzw. als Planwerte für das Projekt P_{t0} zur Verdeutlichung der Vorgehensweise angeführt.

lungszeit. Im Fall von P_{t-1} werden diese Mittel-Ziel-Zusammenhänge retrograd eingeschätzt. Für P_{t0} erfolgt die Bewertung mit Blick auf die Zukunft.

	Untersuchungsumfang: E/E-System			Auswirkung auf die Entwicklungszeitdauer (i. S. v. Differenzzeiten)					
	P_{t-2}	P_{t-1}	P_{t0}	P_{t-2} zu P_{t-1}			P_{t-1} zu P_{t0}		
Produktgröße				a	m	b	a	m	b
Anzahl der Komponenten des Teilsystems: Anzahl an Steuergeräten	18	27	48	19,5%	20,0%	21,0%	19,5%	20,0%	22,0%
Anzahl der Schnittstellen innerhalb des Teilsystems: Anzahl an Botschaften	100	500	1000	24,5%	25,0%	26,0%	14,0%	15,0%	16,0%
Anzahl der Schnittstellen außerhalb des Teilsystems									
Variantenvielfalt									
Anzahl an Varianten innerhalb eines Teilsystems									
Anzahl der Variantenbedingten Schnittstellen innerhalb des Teilsystems									
Anzahl der Variantenbedingten Schnittstellen außerhalb des Teilsystems									
technische Produktrisiken									
Anzahl an Komponenten mit Materialrisiken			12				9,5%	10,0%	11,0%
... Schnittstellen innerhalb des Teilsystems									
... Schnittstellen außerhalb des Teilsystems									
planungszeitraum- bedingte Risiken									
Anzahl an Komponenten mit Spezifikationsänderungspotential									
... Auswirkungen auf die Schnittstellen innerhalb des Teilsystems									
... Auswirkungen auf die Schnittstellen außerhalb des Teilsystems			100				4,5%	5,0%	6,0%
ZWISCHENSUMME Produktstruktur:				44%	45%	47%	48%	50%	55%

relative Veränderung der Entwicklungszeit nach Berücksichtigung des Einflusses der Komplexitätsfaktoren der Produktstruktur								
Ausgangspunkt:	48	60	60	60			
Entwicklungszeitdifferenz zwischen P_{t-2} zu P_{t-1}		26,4	27	28,2			
Ergebnispunkt:	P_{t-1}	86,4	87	88			
Ausgangspunkt:	P_{t-1}				48	48	48
Entwicklungszeitdifferenz zwischen P_{t-1} zu P_{t-0}					23	24	26
Ergebnispunkt:	P_{t0}				71	72	74

Abbildung 3.15: Synoptische Bewertung der Produktstruktur des E/E-Systems[246]

Als Zwischenergebnis bleibt festzuhalten, dass die Entwicklungszeit von Projekt P_{t-1} nach Berücksichtigung der zu P_{t-2} divergierenden Produktstruktur in einer Bandbreite von 86,4 bis 88 Monaten eingeschätzt wird. Für Projekt P_{t0} ergibt sich eine erwartete Zeitspanne von 71 bis 74 Monaten.

3.4.2. Ansätze zur Entwicklungsprozessstrukturierung

Grundlage der Bewertung von Gestaltungsalternativen von Entwicklungsprozessen im Hinblick auf deren Auswirkung auf die prozessverursachten Zeitunterschiede bildet die Identifikation von prozessstrukturbedingten Komplexitätstreibern. Zur Unterscheidung der verschie-

[246] Für den Projektvergleich $P_{t-1}P_{t0}$ wurden für P_{t-1} die realisierten und für P_{t0} die geplanten Entwicklungszeiten unterstellt, da hier P_{t-1} als Referenzumfang fungiert. Beim Projektvergleich $P_{t-2}P_{t-1}$ bildet P_{t-2} den Referenzumfang, von dem aus die Entwicklungszeitdifferenz für Projekt P_{t-1} in Abhängigkeit der Ausprägungsdifferenz der Sektoren abgeleitet wird.

denen Strukturtypen von Entwicklungsprozessen komplexer technischer Produkte bieten sich die Forschungsergebnisse von ***Clark*** und ***Fujimoto*** an.[247] Beide Autoren haben seit Beginn der 1990er Jahre in umfangreichen Studien prozessuale Alternativen für eine aktive Prozessgestaltung zur Reduktion der Entwicklungszeit in der Automobilindustrie weltweit untersucht. Ausgangsbasis für die Prozessuntersuchungen bildet die Produktstruktur des Gesamtfahrzeugs (vgl. Abbildung 3.16).[248]

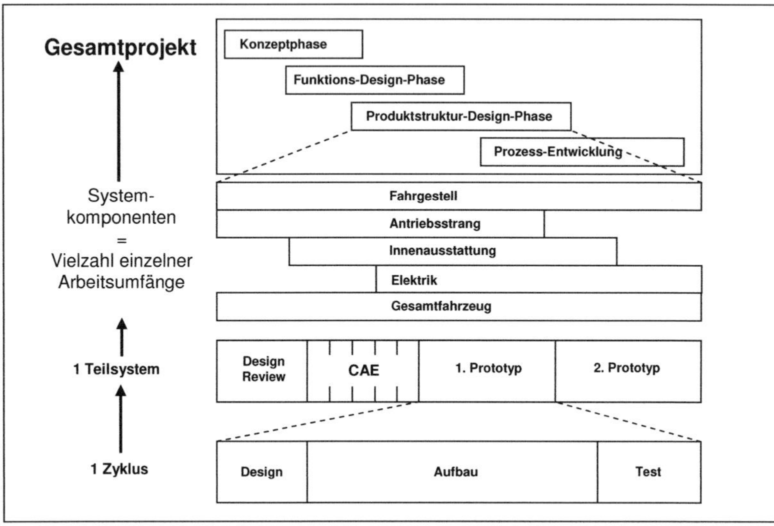

Abbildung 3.16: Prozessstrukturierung von Fahrzeugentwicklungsprojekten[249]

Das Strukturdesign des Fahrzeugs wird in die einzelnen Fahrzeugbaugruppen untergliedert: das Gesamtfahrzeug (vehicle), der Fahrzeugaufbau/Karosserie (body), der Antriebsstrang (powertrain), die Innenausstattung (interior) und die Elektrik (electrical). Aus der Perspektive des Gesamtprojekts lässt sich jede einzelne Baugruppe in eine Vielzahl einzelner Aufgabenstellungen unterteilen. Die Entwicklung jeder physischen Fahrzeugkomponente beinhaltet demnach die Abfolge der Phasen Design Review, Computer Aided Engineering und einer bestimmten Anzahl an Prototypen.

Das Ziel der Erstellung physischer Prototypen bildet die Überprüfung der funktionalen und strukturellen Vollständigkeit und der Leistungsfähigkeit des Gesamtsystems. Jeder einzelne

---

247 Aus der umfangreichen Literatur sei hier auf folgende Veröffentlichungen verwiesen: Clark/Fujimoto (1991) und Clark/Fujimoto (1989), S. 25-58.

248 Vgl. Thomke/Fujimoto (2000), S. 128.

249 Vgl. Fujimoto (1999), S. 87, figure 10.

Prototyp untergliedert sich wiederum in die chronologisch abzuarbeitenden Einzelphasen Design, Aufbau und Test.[250] In seinen Forschungsergebnissen kommt ***Fujimoto*** zu dem Ergebnis, dass das größte Potential zur Entwicklungszeitreduktion des Gesamtfahrzeuges in der Reduktion der Zeitdauer besteht, die für jeden einzelnen Prototypen in der Abfolge des Design-, Aufbau- und Testzyklus benötigt wird. Auf der Ebene der Prototypen klassifiziert ***Fujimoto*** sieben Optionen zur Verkürzung der Entwicklungszeit (vgl. Abbildung 3.17). Die Zielsetzung der Komplexitätsfaktoren der Entwicklungsprozessstruktur bildet die Identifikation eines leistungsfähigen Kriterienkatalogs für die Bewertung der Auswirkungen dieser Verkürzungsstrategien. Anhand der zeitlichen Reduktionswirkung innerhalb eines Netzplanes lassen sich die sieben Verkürzungsoptionen in zwei zeitoptimierende Grundtypen zusammenfassen:

1. Der Grundtyp der teilweisen oder vollständigen Parallelisierung subsumiert die Verkürzungsoptionen „Partitioning" und „Overlapping".
2. Dem Grundtyp der sequentiellen Komprimierung können die Verkürzungsoptionen „Compressing", „De-iterating", „Switching", „Knowledge Front-Loading" und „Activity Front-Loading" zugeordnet werden.

Die Parallelisierung von Arbeitspaketen kann unter der Bedingung erfolgreich angewendet werden, dass ursprünglich sequentiell aufeinander folgende Arbeitspakete von ihrer chronologischen Abfolge vollständig oder teilweise entkoppelt werden können. Der entkoppelte Teil kann sodann zeitparallel zu den nicht entkopplungsfähigen Arbeitspaketen ausgeführt werden. Dieses Vorgehen setzt jedoch voraus, dass die Entwicklungsorganisation hinsichtlich ihrer Qualität und Quantität in dem Umfang aufgestockt werden kann, in dem die angestrebte Parallelisierung technisch realisierbar ist. Für die Analyse der prozessbedingten Komplexitätsfaktoren wird daher unterstellt, dass personalseitig keine Einschränkungen vorliegen. Die determinierenden Grenzen des Personalthemas im Hinblick auf die Zielgröße der Entwicklungszeit werden im Abschnitt des organisationsbedingten Zielsystems analysiert.

Fujimoto unterscheidet in seinen Untersuchungsergebnissen zwei Parallelisierungsoptionen: Die vollständige Parallelisierung oder „Partitioning" und die partielle Parallelisierung oder „Overlapping". Die Option des Partitioning setzt voraus, dass die Verknüpfung zwischen zwei Problemlösungsschritten innerhalb eines Arbeitspaketes[251] vollständig eliminiert werden kann, sodass das Arbeitsresultat des ersten Problemlösungsschrittes nicht zwangsläufig die Inputgröße des darauf folgenden Arbeitspaketes darstellen muss. Dieses ist z. B. bei einer

---

[250] Vgl. Fujimoto (1999), S. 86.

[251] Der Umfang eines Arbeitspaketes beinhaltet bei dieser Sichtweise vereinfachend einen Zyklus für eine Problemlösung, z. B. die Erarbeitung eines bestimmten Reifegrades eines Musterteiles.

modularen Produktstruktur der Fall, die durch eine einfache Schnittstellengestaltung zwischen den Systemelementen eine weitgehende Parallelisierung der Entwicklungsteilprozesse für die Einzelteile ermöglicht.[252]

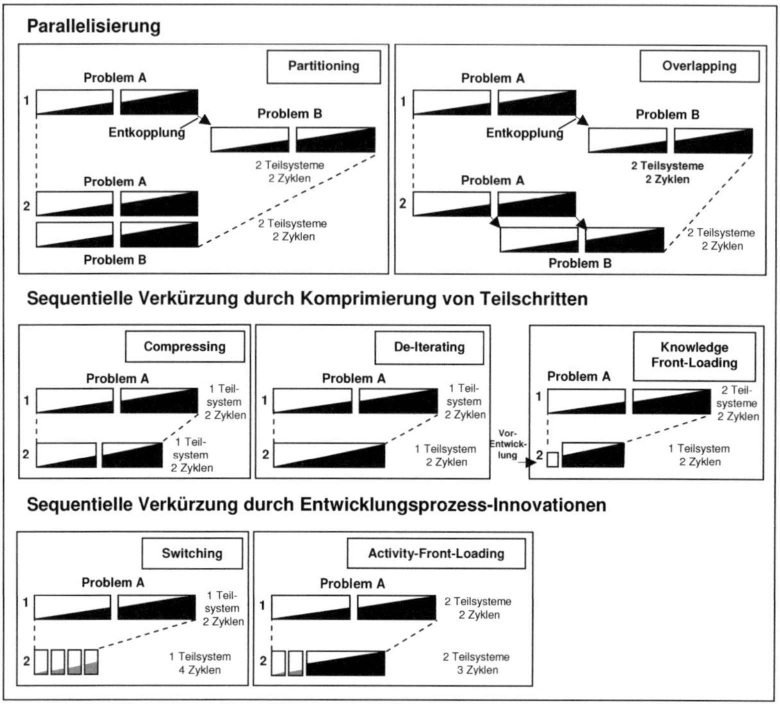

Abbildung 3.17: Verkürzungsoptionen für Entwicklungsprozesse von komplexen technischen Teilsystemen[253]

Gelingt diese Entkopplung nicht, sondern sind zum Start der Bearbeitung des nachfolgenden Problems B erste Arbeitsergebnisse des vorgelagerten Problems A notwendig, so können beide Problemlösungszyklen anstelle einer eindeutig sequentiellen Anordnung teilparallelisiert werden, indem diese zeitlich versetzt durchgeführt werden.[254] Eine weitere Vorgehensweise zur Verkürzung der Entwicklungszeit für einzelne Arbeitspakete stellt die Komprimierung sequentieller Prozesse dar. Dabei wird die chronologische Reihenfolge und die Art der Ausführung der einzelnen Teilschritte eines Prozesses beibehalten, jedoch werden einzelne Phasen von Problemlösungszyklen verkürzt. Unter dieser Basisstrategie können drei Verkür-

252 Vgl. Fujimoto (1999), S. 88.

253 Vgl. Fujimoto (1999), S. 87, figure 11.

254 Vgl. Fujimoto (1999), S. 88.

zungsoptionen von Fujimoto subsumiert werden: das „Compressing“, das „De-Iterating“ und das „Knowledge Front-Loading“. Bei der Verkürzungsoption des „Compressing“ werden die vorhandenen Problemlösungszyklen beibehalten, jeder Partialschritt für sich jedoch aufgrund täglich erzielter Entwicklungsfortschritte analog dem Kaizen-Gedanken verkürzt. Lässt sich hingegen die Anzahl an aufeinander folgenden Partialprozessen, die zur Auffindung der Problemlösung erforderlich sind, reduzieren, und kann dadurch die Anzahl an Problemlösungszyklen ebenfalls verringert werden, spricht ***Fujimoto*** von „De-Iterating“. Eine solche Verkürzungsoption lässt sich z. B. durch die Reduktion der Anzahl an Musterteilen verschiedener Reifegrade von vier auf drei vornehmen. Ermöglicht die Existenz vorhandenen Erfahrungswissens, das bereits aus früheren Entwicklungsprojekten oder Vorentwicklungsergebnissen vorhanden ist, darüber hinaus den vollständigen Verzicht auf die Durchführung eines Problemlösungszyklus, so kann die Option des „Knowledge Front-Loading“ angewendet werden. Dazu ist jedoch aktuelles Erfahrungswissen notwendig, sodass eine eindeutige Übertragbarkeit gewährleistet werden kann. Dieses ist bei Entwicklungsprojekt(-teilen) mit einem geringen innovativen Charakter oder aber bei in rascher Abfolge aufeinander folgenden innovativen Projekten der Fall. Durch die Anwendung dieser Verkürzungsoption entfällt die Zeitdauer für den übernommenen Lösungsschritt vollständig. Somit kann das „Knowledge Front-Loading“ als Spezialfall des „De-Iterating“ angesehen werden. Bei komplexen Produktentwicklungsprojekten eignet sich die Anwendung dieser Vorgehensweise für Entwicklungszyklen, die in kurzen Zeitabständen aufeinander folgen. Die generelle Voraussetzung für die Anwendung jeder erfahrungsbasierten Zeitoptimierungsoption bildet jedoch die eindeutige Dokumentation des vorausgegangenen Projekts. Mittels prozessbedingter Technologiesprünge lassen sich sequentiell angeordnete Entwicklungsteilschritte erheblich verkürzen. Dabei werden einzelne langsamere Problemlösungszyklen („Activity Front-Loading“) oder sämtliche Problemlösungszyklen eines Arbeitspaketes durch schnellere Partiallösungsprozesse („Switching“) ausgetauscht. Eine solche Beschleunigung lässt sich auf der Basis einzelner Problemlösungszyklen durch den Austausch von bisher physisch erstellten Prototypen durch virtuelle Computersimulation, z. B. CAE-Simulationen oder Rapid-Prototyping-Methoden, ermöglichen. Bei komplexen technischen Systemen ist der vollständige Einsatz von virtuellen Computersimulationen aufgrund der begrenzten Zuverlässigkeit der schnellen Simulationsmethoden jedoch begrenzt. Folglich ist der Einsatz dieser Verkürzungsoption für jeden einzelnen Partialschritt innerhalb eines Design-Aufbau-Test-Zyklus zu überprüfen.

Im Hinblick auf den Bewertungsumfang wird für die nachfolgende Bewertung folgende Konvention getroffen: Der Bewertungsumfang umfasst die Analyse eines Teilsystems, das aus einem oder mehreren Problemen i. S. v. ***Fujimoto*** besteht. Für jedes einzelne dieser (Teil-)Systeme wird die Anwendung von Prozessstrukturalternativen auf deren Anwendung überprüft und die daraus resultierende Zeitverkürzung bewertet. Folglich ist bei der Operationalisierung jedes Komplexitätsfaktors die Messung der Ausprägungsmerkmale aus der Perspektive eines einzelnen Arbeitspaketes als auch aus dem Fokus des Netzplanes des übergeordneten Teilsystems notwendig.[255] Da der hier verfolgte Ansatz eine Bottom-up-Perspektive aufgrund der umfassenden Ermittlung der einzelnen Ausprägungen vorsieht, können lediglich Teilsysteme mit einer eindeutig strukturierten Produktstruktur analysiert werden. Zu komplexe Systeme lassen sich jedoch wiederum auf der Basis des selektiven Zugriffs in einzelne Teilsysteme analog dem systembedingten Black-Box-Prinzip top-down untergliedern.[256]

3.4.2.1. Komplexitätsfaktoren der Prozessstruktur

Die im vorherigen Abschnitt erörterten Verkürzungsoptionen für Entwicklungsprozesse werden nachfolgend als die Komplexitätsfaktoren der Entwicklungsprozessstruktur operationalisiert. Dazu wird jeder Sektor der vier Komplexitätsfaktoren aus der Perspektive der Entwicklungsprozessstruktur definiert.

3.4.2.1.1. Der Komplexitätsfaktor Vielzahl zur Analyse von Entwicklungsprozessalternativen

Vielzahlige Prozesselemente erfassen die Anzahl der einzelnen Entwicklungsteilprozesse innerhalb eines Teilsystems. Vielzahlige Relationen bilden die Anzahl der Verbindungen zwischen diesen einzelnen Entwicklungsteilprozessen auf dem kritischen (Teil-)Projektpfad des Netzplans für das gesamte zu bewertende Teilsystem ab. Eine Verkürzung kann durch die Reduktion der vorhandenen Schnittstellenanzahl innerhalb der Prozessstruktur des Teilsystems erfolgen. Begründen lässt sich diese Sichtweise aus der Struktur eines Netzplanes: Die Teilprozesse, die sich entlang des kritischen Pfades des Projektes chronologisch aneinanderreihen, determinieren die geplante Zeitdauer für den Gesamtprozess. Die Optimierung einzelner Teilprozesse entlang dieser Prozesskette wirkt sich direkt auf den Gesamtnetzplan aus. Dabei ist von großer Bedeutung, ob eine Prozessabfolge einfach sequentiell oder parallelisiert in mehreren sequentiell organisierten Teilprozessen durchgeführt werden kann. Ist der Bewertungsumfang sehr gering, und entspricht lediglich einem Teilprozess, so dürften sich aus der Bewertung der Komplexitätsfaktoren Vielzahl und Vielfalt keine divergierenden Auswirkun-

---

[255] Durch diese Vorgehensweise wird bei der Prozessbewertung von umfangreicheren Teilsystemen, z. B. bei Hauptbaugruppen, die Problematik umgangen, de facto kritische Pfade bei der Netzplanauswertung bei einer überschaubaren Anzahl an Alternativen mit lediglich geringen Entwicklungzeitdifferenzen berücksichtigen zu müssen. Ziel der Prozessbewertung bildet die Identifikation von eindeutig vorteilhaften Alternativen.

[256] Vgl. Daenzer (1988), S. 23.

gen auf die Entwicklungszeit ergeben. Eine Zunahme vielzahliger Prozesselemente führt solange zu einem Entwicklungszeitanstieg, wie daraus eine Verlängerung des kritischen Projektpfades resultiert. Zur Bewertung dieses Sachverhaltes sind mittels vielzahliger Prozeßelemente sowohl die Anzahl als auch die Länge der einzelnen Teilprozesse zu ermitteln. Tendenziell führt eine Kombination aus einer geringen Anzahl an Entwicklungsteilprozessen und Schnittstellen zu einer Dimensionierung des gesamten Entwicklungsprozesses.
Die Bewertung der vielzahligen Prozesseigenschaften auf die Entwicklungszeit erfolgt in zwei Teilschritten. Im ersten Teilschritt werden die funktionsgleichen Arbeitspakete zwischen den zu bewertenden Handlungsalternativen mit dem Referenzumfang verglichen. Dabei ist die differierende Anzahl an Teilprozessen zu erfassen (Elementenkomplexität) und die unterschiedliche Anzahl an innersystemischen Schnittstellen zwischen den Teilprozessen innerhalb der zu bewertenden Produktstruktur zu identifizieren (Relationenkomplexität), die sich direkt auf den kritischen Pfad des Netzplanes auswirken. Im zweiten Teilschritt sind die Auswirkungen, die von den differierenden Anzahlkriterien auf die Entwicklungszeitdauer des gesamten Teilnetzplanes zu erwarten sind, zu bewerten. Umfasst die Optimalstruktur lediglich einen Teilprozess und damit ein Problem i. S. v. ***Fujimoto***, so ist dessen Verkürzung ausschließlich mittels der vielzahlbedingten Elementenkomplexität und damit mittels des Kriteriums „Anzahl an Teilprozessen“ zu erfassen.

3.4.2.1.2. Der Komplexitätsfaktor Vielfalt zur Analyse von Entwicklungsprozessalternativen

Der Komplexitätsfaktor Vielfalt eines Entwicklungsprozesses zielt auf ein optimales Maß an Verschiedenartigkeit.[257] Übertragen auf den Netzplan wird in dieser Arbeit die Variantenanzahl an zusätzlich hinzugekommenen unterschiedlichen Prozessoptionen als vielfältige Elemente erfasst, bei denen prozessuale Verkürzungsoptionen des Entwicklungsprozesses erstmals gegenüber dem Referenzumfang angewendet werden sollen.[258] Vielfältige Relationen bewerten die zeitlichen Auswirkungen der angewendeten Verkürzungsoptionen auf den Netzplan. Bei dieser Vorgehensweise wird deutlich, dass beide Sektoren nicht unabhängig voneinander gesehen werden können, sondern die Erkenntnisse aus der Identifikation der Elementenkomplexität in die Beurteilung der Zeitdauerfolgen bei der Relationenkomplexität mit einfließen. Besteht der Netzplan lediglich aus einem Element, z. B. einer Komponente, so existiert die Relationenkomplexität nicht. Umfasst die zu bewertende Produktstruktur mehrere Problemlösungsschritte bzw. Komponenten, wobei mehrere Verkürzungsoptionen erstmals

[257] Vgl. Reiß (1993b), S. 134.
[258] Vgl. Fujimoto (1999), S. 87, figure 11.

angewendet werden, so resultiert die Reduktion der Entwicklungszeit aus der simultanen Optimierung sämtlicher Teilprozesse und deren Schnittstellenbeziehungen innerhalb eines Netzplans.

3.4.2.1.3. Der Komplexitätsfaktor Vieldeutigkeit zur Analyse von Entwicklungsprozessalternativen

Unter dem Komplexitätsfaktor Vieldeutigkeit werden die Folgen von Wissensdefiziten subsumiert, die sich aus den Schwierigkeiten ergeben, sich ein klares Bild über einen bestimmten Sachverhalt zu verschaffen.[259] Übertragen auf den Entwicklungsprozess eines technischen Teilsystems stellt sich die Frage, wie die Umsetzung jedes singulären Elementes der Produktstruktur in einen möglichst zeitrisikoarmen Teilprozess erfolgen kann ohne die Entwicklungszeit des Projektumfangs zu verlängern. Ursachen hierfür können eine nicht eindeutige Definition des Entwicklungsprozesses oder/und unklare Verantwortlichkeiten bilden. Folglich sind die Teilprozesse mit einem hohen Gehalt an Zeitrisiken zu identifizieren (Elementenkomplexität) und deren Auswirkungen auf den Netzplan zu untersuchen (Relationenkomplexität). Es kann davon ausgegangen werden, dass möglichst zeitsichere Entwicklungsteilprozesse, wie der Aufbau von Design-Aufbau-und-Test-Zyklen, einerseits zeitrisikoärmer, andererseits jedoch wesentlich länger dauern werden. Eine Zeitoptimierung sollte dadurch erfolgen, dass der kritische Weg und die de facto kritischen Wege durch das Teilprojekt auf einer ausgeglichenen Risikostruktur basieren und keine prozessualen Extremrisiken innerhalb der Prozessstruktur vorhanden sind.

Grundlage dieser Bewertungen sollten Erfahrungswerte aus bereits abgeschlossenen Projekten sein, sodass sich alte Fehler nicht in neuen Entwicklungsprojekten wieder finden.[260] So ergaben Untersuchungen von ***Thomke***, dass die Kollisionstauglichkeit des Seitenaufpralls mittels Computer-Simulationen im Rahmen der Verkürzungsoption des Activity Front-Loading um 30% verbessert werden konnte bei gleichzeitig reduzierten Entwicklungszeiten und -kosten im Verhältnis zur Anwendung von physischen Prototypen.[261] Um risikominimierte Netzplanvarianten identifizieren zu können, empfiehlt es sich die Produktstruktur daraufhin zu überprüfen, inwieweit die Anwendung bestimmter Verkürzungsoptionen prozessuale Risiken beinhaltet. Dabei wird unterstellt, dass mit der Entwicklungsmannschaft des Vorgängerprojektes das Nachfolgerprojekt durchgeplant wird. Folglich führen dort vorhandene mangelnde Kenntnisse von neuer Entwicklungs-Software, wie z. B. von CAE-Software,

---

259 Vgl. Reiß (1993b), S. 59.

260 Vgl. Thomke/Fujimoto (2000), S. 134.

261 Vgl. Thomke (1998), S. 55-74.

zwangsläufig zu einem Entwicklungszeitrisiko.[262] Mittels vieldeutiger Elemente sind die einzelnen Teilprozesse des Netzplanes auf deren Verkürzungsrisiko hin zu untersuchen. Vieldeutige Schnittstellen, die von einem risikobehafteten Teilprozess zu anderen Teilprozessen ausgehen, bilden ein Entwicklungszeitrisiko. Sofern ein Prozessnetzplan aus de facto parallelisierten Teilprozessen besteht, determiniert derjenige Teilprozess mit dem höchsten Risikogehalt die absolute Länge des gesamten Netzplanes.

3.4.2.1.4. Der Komplexitätsfaktor Veränderlichkeit zur Analyse von Entwicklungsprozessalternativen

Mittels des Komplexitätsfaktors der veränderlichen Entwicklungsprozessstruktur werden die Auswirkungen der identifizierten Vielzahl-, Vielfalts- und Vieldeutigkeitsausprägungen während der Entwicklungsphase erfasst. Wie bei dem Teilziel der veränderlichen Produktstruktur ausgeführt, umfasst die Bewertung der Zeitdauer eines Entwicklungsteilprozesses das Zeitdauerrisiko von der endgültigen Produktspezifikation bis zur Erfüllung der spezifizierten Entwicklungsleistung.[263] Veränderliche Elemente bewerten, welche Form an Wachstums- oder Schrumpfungsmustern für die angewendeten Prozesstypen für jedes einzelne Arbeitspaket erwartet werden kann. Dabei handelt es sich um die Bewertung der Be- oder Entschleunigung, die aus der Anwendung von z. B. entwicklungsprozessbedingten Technologiesprüngen innerhalb eines bestimmten Prozesstyps resultiert. Hierzu zählt die Einführung neuer Technologien für die Durchführung des Entwicklungsprozesses, wie beispielsweise die Einführung neuer Konstruktions-Software für das Computer-Aided-Engineering – kurz CAE. Folglich sind Teilprozesse mit einem hohen Potential an Prozessspezifikationsänderungen zu erfassen, die i. d. R. aus der Einführung einer neuen Software für die virtuelle Simulation bei den Prozesstypen Switching oder Activity Front-Loading resultieren. Neue Erkenntnisse sollten aus zeitlich vorgelagerten Projekten gewonnen werden, die zum Abschluss der Planungsphase des Projektes zwar noch nicht abgeschlossen sind, von denen jedoch erwartet wird, dass der dort erzielte Wissensvorsprung noch für das laufende Projekt positiv genutzt werden kann. Dabei darf von Teilprozessen, deren Dynamisierungsgrad zunimmt, ein Anstieg der Elementenkomplexität erwartet werden. Eine Beibehaltung der Prozesstypen, die zum Ab-

[262] So wird erwartet, dass mit der Einführung der Entwicklungssoftware CATIA V5 als Nachfolger der Version CATIA V4 ein höherer Aufwand bei der Ersterstellung verbunden ist. Dieser gesteigerte Geometrieerstellungsaufwand, fällt in der Entwicklungsphase für die bisher historisch basierte Einzelteilkonstruktion, die Adaptermodelltechnik innerhalb des Entwicklungsteams und für die Teilparametrisierung des Bauteiles an. Der Ertrag der Einführung von CATIA V5 besteht in einer massiven Aufwandsreduktion für Änderungen in der Serienphase des Produktprojektes in Form von Hybridmodellierungen u. ä. (vgl. Tesch (2008), S. 93f.).

[263] Vgl. Kapitel 1.7.2, insbesondere Abbildung 1.5.

schluss der Planungsphase als optimiert gelten, wirkt verstetigend und damit tendenziell komplexitätssenkend. Veränderliche Relationen bewerten die Auswirkungen auf den Netzplan. Dabei ist zu beachten, dass nicht allein von der Länge eines Teilprozesses für eine bestimmte Produktstruktureinheit direkt auf eine Verlängerung des Gesamtprozesses geschlossen werden kann. Die Ursache liegt in dem optimierten Aufbau des Gesamtprozesses und der zu berücksichtigenden Anzahl von Prozessschnittstellen entlang des kritischen Zeitpfades des Teilprojekts. Dabei ist bei der Identifikation von Dynamiktreibern eine eindeutige Trennung in prozess- und organisationsbedingte Ursachen vorzunehmen. So kann die Einführung einer neuen Planungssoftware die Entwicklungszeit für einen Teilprozess nur dann wie erwartet beschleunigen, sofern die verfügbaren Personalkapazitäten den Einsatz dieser Software im prozessseitig erwarteten Umfang leisten können. Abweichungen von diesem Idealzustand sind unter dem Komplexitätsfaktor der veränderlichen Entwicklungsorganisation zu erfassen.

3.4.2.2. Zusammenfassung der Komplexitätsfaktoren der Entwicklungsprozessstruktur

Die Ausprägungen der einzelnen Teilprozesselemente werden wie folgt ermittelt: die Anzahl der Teilprozesse (Vielzahl), die Anzahl an Teilprozessen, bei denen unterschiedliche Prozessverkürzungsoptionen gegenüber dem Vorgängerprojekt angewendet werden sollen (Vielfalt), die Höhe des zeitlichen Überschreitungsrisikos, das aus den neuen Produktstruktur-Prozessstruktur-Umsetzungen resultiert (Vieldeutigkeit) und der Umfang der Prozessinnovationen, von denen erwartet wird, dass diese während der Projektlaufzeit eintreten (Veränderlichkeit). Die Auswirkungen der daraus resultierenden Schnittstellenänderungen auf den Netzplan und damit auf die Entwicklungszeit werden mittels der Relationenkomplexität erfasst.

3.4.2.3. Anwendungsbeispiel: Synoptische Bewertung der Prozessstruktur der drei Elektrik-/Elektronik-Systeme

Um die Vorgehensweise der Entwicklungszeitschätzung bei einer differierenden Ausgestaltung der Entwicklungsprozesse zu erörtern, werden nachfolgend die drei E/E-Systeme miteinander verglichen. Bei den Ergebnissen der Produktstrukturuntersuchungen galt bisher, dass die Einflüsse einer geänderten Produktstruktur auf die Entwicklungszeitschätzung unter gleich bleibenden Entwicklungsprozess- und Organisationsausprägungen bewertet wurden. Folglich wurden die daraus resultierenden Auswirkungen auf die Entwicklungszeit zwischen den Projekten P_{t-2} und P_{t-1} sowie zwischen P_{t-1} und P_{t0} als identisch unterstellt. Nachfolgend werden die Einflüsse divergierender Entwicklungsprozessausprägungen auf die Entwicklungszeit erfasst. Der Netzplan, der die divergierenden Einflüsse der bei Projekt P_{t-1} angewendeten prozessualen Verkürzungsoptionen gegenüber dessen produktstrukturbedingten Netzplan berücksichtigt, gelangt im Ergebnis zu einer Projektdauer von 90 Monaten (vgl. Abbildung 3.19). Dabei wurden lediglich die prozessbedingten Verkürzungstendenzen berücksichtigt. Vergleicht man die Teilprozesse von P_{t-2} mit denjenigen von P_{t-1} aus dem Fokus vielzahliger Prozesselemente, so fällt auf, dass von den zehn Modulen sechs Module neu entwickelt werden mussten (Elementenkomplexität).[264]

Folglich stieg die Komplexität des Netzplanes P_{t-1} von vier einzelnen Pfaden auf zehn Pfade an. Gleichzeitig erhöhte sich die Anzahl an Schnittstellen zwischen den Teilpfaden (Relationenkomplexität): Während die drei Module von P_{t-2} lediglich drei produktbedingte Schnittstellen aufwiesen (vgl. Abbildung 3.9), die zum Abschluss des Entwicklungsprojektes synchronisiert sein mussten, stieg diese Anzahl bei P_{t-1} auf zehn Schnittstellen an (vgl. Abbildung 3.10). Einerseits wurde die Anzahl der Schnittstellen innerhalb des Prozessnetzplanes vermindert, indem sich die Anzahl der auf E/E-Systemebene auszutestenden Reifegrade zwar von drei (B-, C- und D-Muster) bei P_{t-2} auf zwei (C- und D-Muster) bei P_{t-1} reduzieren ließ. Andererseits führte der Anstieg der Module von vier auf zwölf zu einer in Summe höheren Schnittstellenanzahl. Dadurch stieg die Entwicklungszeit prozessualbedingt von 87 auf 108 Monate an (vgl. Abbildung 3.18).

Beim Vergleich des Projektpaares P_{t-1} und P_{t0} fällt aus der Perspektive vielzahliger Prozesselemente auf, dass die Anzahl an Teilprozessen um denjenigen der Abgasnachbehandlung angestiegen ist. Da zugleich das Basismodul, das Integrierte Elektroniksystem, durch drei Module ersetzt wird, erhöht sich die Anzahl der Schnittstellen innerhalb des E/E-Systems von 10 bei P_{t-1} (vgl. Abbildung 3.10) auf 12 Schnittstellen bei P_{t0} (vgl. Abbildung 3.11). Die Anzahl der prozessualen Varianten ist von eins auf zwei angestiegen. Während bei P_{t-2} die Entwicklungsprozesse für die einzelnen Module vollständig parallelisiert werden konnten, verfügt P_{t-1} bei den drei weiterentwickelten Modulen über Erfahrungswissen. Dabei ist das E/E-System aufzuteilen: Einerseits in die Hardwarekomponenten in Form des Kabelbaumes und der einzelnen Steuergeräte, andererseits in die Softwarekomponenten. Letztere lassen sich in die Funktionssoftware für den Basisbus IES und die Software für die einzelnen Module unterscheiden. Während für die drei adaptierten Module von P_{t-1} die Verkürzungsoption des „Knowledge Front-Loading" angewendet werden kann, indem die beiden ersten Reifegrade A und B vollständig mittels Entwicklungssoftware simuliert werden können, ist für die Entwicklung der restlichen Module eine solche Verkürzungsstrategie nicht identifizierbar, die gegenüber dem Referenzprojekt erhebliche Zeitvorteile verspricht.

[264] Vgl. hierzu Abbildung 3.14.

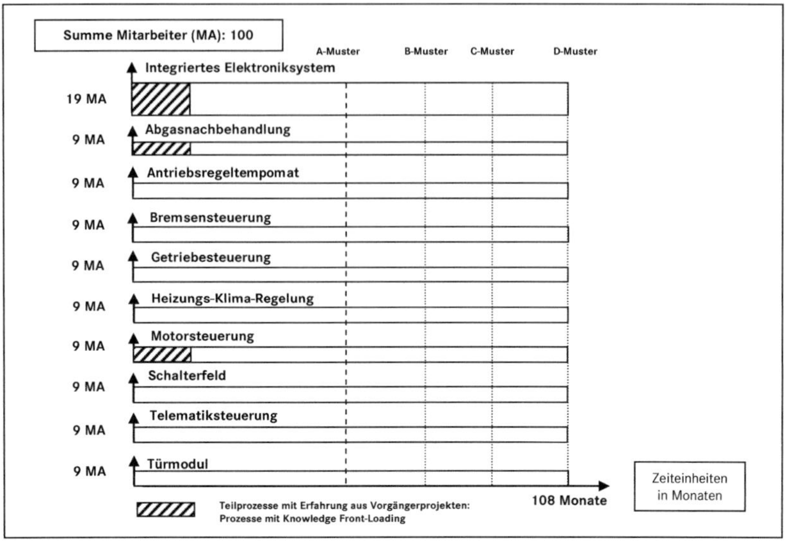

Abbildung 3.18: Vereinfachter Netzplan des E/E-Systems von Projekt P_{t-1} auf Basis der erfassten Prozessstruktur

Hier wird davon ausgegangen, dass bei der Gestaltung des Entwicklungsprozesses bereits auf die zum jeweiligen Zeitpunkt aktuell verfügbaren Entwicklungsprozesstreiber zurückgegriffen wird. So wird die Entwicklungsstrategie des „Switching" für die E/E-Struktur und letztlich für die Programmierung der Funktionssoftware selbst angewendet. Wird lediglich die Komplexität bewertet, die aus einem Anstieg der Anzahl verschiedener Verkürzungsoptionen resultiert, so führt dieses zwangsläufig zu höheren Entwicklungszeiten (vgl. Abbildung 3.20).

Aus dem Fokus vieldeutiger Prozesselemente ergibt sich folgendes Bild: Die Anzahl an neu zu entwickelnden Komponenten, die somit auch ein erhöhtes Prozessrisiko aufweisen, umfasst bei P_{t-1} gegenüber P_{t-2} fünf Komponenten: Abgasnachbehandlung, Telematiksteuerung, Schalterfeld, Türmodul, die Heizungs-Klima-Regelung sowie die Motor-, Getriebe- und Bremsensteuerung (vgl. Abbildung 3.10). Im Vergleich von Projekt P_{t0} zu P_{t-1} zählen zu den neu zu entwickelnden Modulen mit höherem Risikogehalt folgende vier Teilsysteme (vgl. Abbildung 3.11): Fahrzeugrahmen-Modul, Fahrerhaus-Modul-außen, Fahrerhaus-Modul-innen und die Abgasnachbehandlung in Form eines nicht-geregelten SCR-Katalysators. Um die Mittel-Ziel-Zusammenhänge bewertbar zu halten, wird bei der Bewertung des E/E-Systems auf die explizite Bewertung der Probleme, die sich aus prozessualen Schnittstellenproblemen ergeben, verzichtet. Aufgrund der vollständigen Parallelisierung der Entwicklungsprozesse der einzelnen Module führt die elementenseitige Verzögerung bei einem Modul bereits zur Überschreitung des Gesamtzeitplanes. Der Neuigkeitsgrad dieser Entwicklungsumfänge führt bei beiden Projektpaarvergleichen – unter der Prämisse, dass Personal mit einem vergleichbaren Qualifikationsgrad wie beim jeweiligen Vorgängerprojekt zur Verfügung stand – zu einer steigenden Entwicklungszeit.

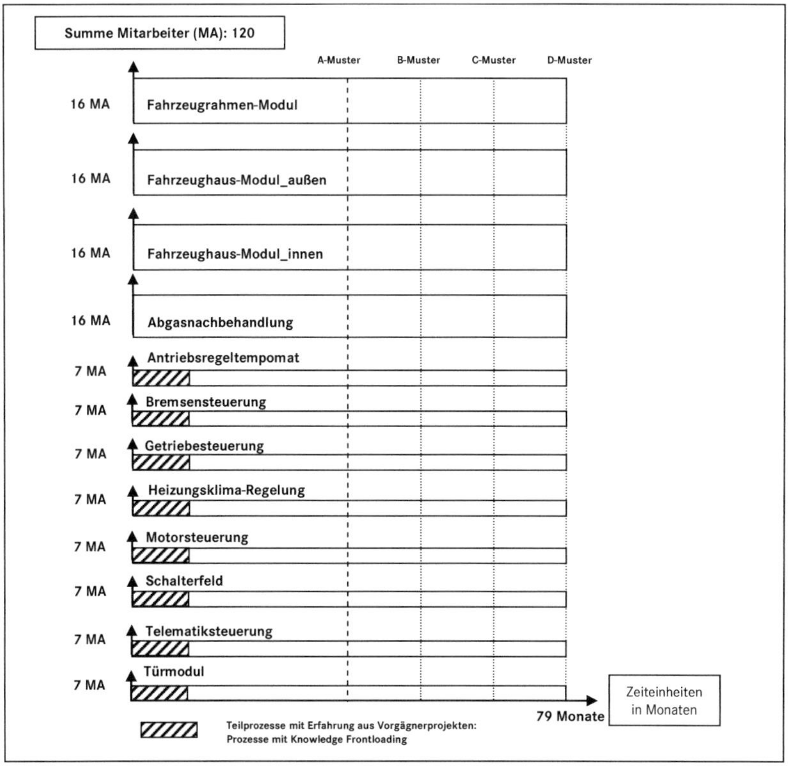

Abbildung 3.19: Vereinfachter Netzplan des E/E-Systems von Projekt P_{t0} auf Basis der erfassten Prozessstruktur

In Summe führen die Ausprägungen des Entwicklungsprozesses zu einer weiteren Erhöhung der Entwicklungszeit: Bei Projekt P_{t0} verursacht vor allem die Umstellung auf die digitale Datenverarbeitung innerhalb der gesamten Bordnetzarchitektur Prozessrisiken. Diese werden dadurch abgemildert, dass man sich durch den Einsatz aktueller Entwicklungssoftware, die in der laufenden Projektphase eingeführt wird, bereits positive Auswirkungen für das laufende Projekt erwartet. So kommt für die Entwicklung der Kabelbäume die Software Lcable zum Einsatz; der CAN-Bus wird mittels der Software Canoe bzw. dem CAN-Analyzer entwicklungsphasenabhängig virtuell entwickelt. Diese Softwareeinsätze sorgen dafür, dass der

Technologiesprung der Entwicklungsproduktstruktur sich nicht in der Zeitplanung des Entwicklungsprozesses in vollem Umfange niederschlägt. So wird für erwartbare und unverhergesehene Risiken während der Projektlaufzeit lediglich ein zusätzliches Zeitrisiko von jeweils 5% gesehen. Es wird geschätzt, dass der Modalwert m der benötigten Zeitspanne für die Realisierung der Prozessstruktur bei Projekt P_{t-1} auf 108 Monate gegenüber dem vorherigen Zwischenergebnis, das lediglich die Auswirkungen der Produktstrukturänderungen umfasst, ansteigt; bei Projekt P_{t0} erhöht sich das Zwischenergebnis aus demselben Grund, jedoch abgeschwächt auf 79 Monate (vgl. Abbildung 3.20).

	Untersuchungsumfang: E/E-System			Auswirkung auf die Entwicklungszeitdauer (i. S. v. Differenzzeiten)					
	P_{t-2}	P_{t-1}	P_{t0}	P_{t-2} zu P_{t-1}			P_{t-1} zu P_{t0}		
				a	m	b	a	m	b
Prozessumfang									
Anzahl an Teilprozessen	4	10	13						
... Auswirkung auf den Netzplan	9	20	26	9,50%	10,00%	11,00%	4,00%	5,00%	6,00%
Variantenvielfalt an Teilprozessen									
Anzahl an Prozessverkürzungsoptionen innerhalb des Teilsystems	1	3	3	4,50%	5,00%	5,50%	0,00%	0,00%	0,00%
... Auswirkung auf den Netzplan									
Prozessrisiken/-chancen									
Anzahl an Teilprozessen mit hohem Risikogehalt	4	6	4	14,50%	15,00%	16,00%	4,00%	5,00%	7,00%
... Auswirkung auf den Netzplan									
planungszeitraum-bedingte Risiken									
Anzahl an Teilprozessen mit hohem Potential an Prozessspezifikationsänderungen		1	1	4,50%	5,00%	5,50%	4,50%	5,00%	6,00%
... Auswirkung auf den Netzplan									
ZWISCHENSUMME Prozessstruktur:				33,00%	35,00%	38,00%	12,50%	15,00%	19,00%
relative Veränderung der Entwicklungszeit nach Berücksichtigung des Einflusses der Komplexitätsfaktoren der Prozessstruktur	Ausgangspunkt:		P_{t-2}	86,4	87	88,2			
	Entwicklungszeitdifferenz zwischen P_{t-2} zu P_{t-1}			19,8	21	22,8			
	Ergebnispunkt:		P_{t-1}	106,2	108	111			
	Ausgangspunkt:		P_{t-1}				71	72	74
	Entwicklungszeitdifferenz zwischen P_{t-1} zu P_{t-0}						6	7	9
	Ergebnispunkt:		P_{t0}				77	79	84

Abbildung 3.20: Synoptische Bewertung der Prozessstruktur des E/E-Systems

Die zentrale Frage ist nun, inwieweit die Entwicklungsorganisation die prozessualen Technologiesprünge effizient umzusetzen vermag bzw. welche Erwartungshaltung darüber existiert. Dieser Frage widmet sich der folgende Abschnitt.

3.4.3. Komplexitätsfaktoren in der Organisationsstruktur und deren Optimierungspotential

Die Komplexitätsfaktoren der Entwicklungsorganisation erfassen die Ausprägungen in der Personalausstattung. Für deren Operationalisierung wird nachfolgend auf die Erkenntnisse von Aufwandsschätzverfahren zurückgegriffen, die sowohl die Anzahl, die Qualifikation und das Potential einzelner Mitarbeiter als auch dieselben Eigenschaften von Entwicklungsteams zu bewerten versuchen.[265] Dazu wird jeder Sektor der vier Komplexitätsfaktoren aus der Perspektive der Entwicklungsorganisation definiert. Das Ziel ist es, eine hinsichtlich Eignung und Anzahl optimierte Entwicklungsmannschaft zu identifizieren, die in der Lage ist, bestimmte Produktstruktur- und Prozessstrukturalternativen in einer möglichst geringen Zeitdauer durchzuführen.

3.4.3.1.1. Der Komplexitätsfaktor Vielzahl in der Entwicklungsorganisation

Die vielzahligen Elemente der Entwicklungsorganisation werden durch die Anzahl der Entwicklungsexperten für einen bestimmten Teilprojektumfang repräsentiert. Vielzahlige Relationen geben die Interaktionen zwischen den Mitarbeitern innerhalb des Entwicklungsprozesses wieder. Betrachtet man das Entwicklungsteam selbst als System, so bildet die Anzahl an Entwicklungsmitarbeitern dessen vielzahlige Elemente. Eine reduzierte Größe des Entwicklungsteams wirkt dabei komplexitätsreduzierend. Der Komplexitätsgrad vielzahliger Relationen kann durch die Entkopplung der einzelnen Mitarbeiter voneinander vermindert werden. Dieses lässt sich durch eine weitreichende Reduktion der Abhängigkeit der Produkt- und Prozessspezifikation der einzelnen Arbeitspakete des Entwicklungsumfanges erreichen. Zur Quantifizierung der projektbedingten optimalen Mitarbeiteranzahl $x_{MA_{opt}}$ in Abhängigkeit von dem errechneten Entwicklungsaufwand in Personenmonaten e ist die in der Literatur empirisch gewonnene Faustformel zur Bestimmung der optimalen Mitarbeiterzahl verbreitet:[266]

$$x_{MA_{opt}} = \sqrt{e}\,. \tag{3.17}$$

Bei der Bewertung einer Teamkonstellation ist die Größe der zu bewertenden Teamalternative in das Verhältnis zur Teamgröße des Entwicklungsteams des Referenzprojektumfangs zu setzen. Aus den sich daraus ergebenden Größenverhältnissen sollten Rückschlüsse möglich werden, in welchem Umfang sich eine konkrete Teamalternative für eine bestimmte Produkt-Prozess-Struktur auf die Entwicklungszeit auswirkt (vgl. Abbildung 3.21). Die Optimierung eines vielzahligen Entwicklungsteams kann durch die Strategie der Dimensionierung erfolgen. Dazu ist eine Analyse der Qualifikationen und der Potentiale der einzelnen Mitarbeiter unverzichtbar. Diese Eigenschaften von einzelnen Mitarbeitern und Teams werden nachfolgend mit Hilfe der Komplexitätsfaktoren Vielfalt, Vieldeutigkeit und Veränderlichkeit erfasst.

---

[265] Eine fundierte Ausarbeitung über die bestehenden Aufwandsschätzverfahren für die Software-Entwicklung findet sich bei Herrmann (vgl. Herrmann (1983), S. 87-89) und Noth/Kretzschmar (vgl. Noth/Kretzschmar (1984), S. 32-115).

[266] Vgl. Sattler (1982b), S. 91.

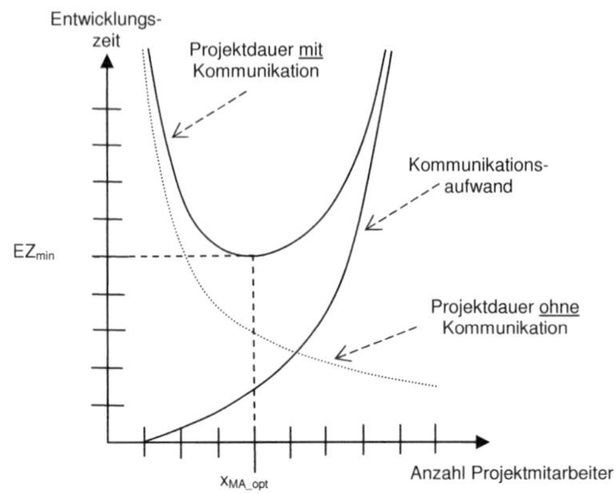

Abbildung 3.21: Zusammenhang zwischen Teamgröße und Entwicklungszeit[267]

Innerhalb von Entwicklungsteams kann diese Zielsetzung durch eine exakte Spezifizierung der Aufgabenstellung eines jeden Teammitgliedes erfolgen, da hierdurch der Kommunikationsaufwand zwischen den Teammitgliedern und damit die Anzahl an notwendigen Interaktionsbeziehungen abnimmt. Folglich reduziert sich die Komplexität innerhalb eines Entwicklungsteams mit der Zunahme der eindeutig arbeitsteilig organisierbaren Teilaufgaben mit geringem Abstimmungsaufwand, die sich aufgrund einer optimierten Zuordnung zwischen einer bestimmten Aufgabenstellung und der zur Lösung geeigneten Anzahl an Personen ergeben. Generell wird in der Literatur davon ausgegangen, dass mit der Aufspaltung der Gesamtaufgabe in einer Organisationseinheit auf mehrere Personen das Problem der Koordination entsteht, da „die Aktivitäten der einzelnen Organisationsmitglieder mit dem Gesamtziel der Organisation aufeinander abzustimmen sind."[268] Insbesondere innerhalb von anspruchsvollen Entwicklungsteilprojekten erfolgt diese Abstimmungsarbeit i. d. R. direkt zwischen den einzelnen Entwicklungsmitarbeitern durch Selbstabstimmung.[269] Unterstellt man dabei ein Netzwerk, innerhalb dessen jedes Teammitglied mit jedem anderen Teammitglied kommuniziert, lässt sich die Anzahl an Kommunikationspfaden innerhalb des Entwicklungsteams wie folgt ermitteln:[270]

$$c(vs) = x_{MA} \cdot (x_{MA} - 1)/2 = \begin{bmatrix} x_{MA} \\ 2 \end{bmatrix} \quad (3.18)$$

---

[267] Vgl. Surböck (1978), S. 201; vgl. Balzert (1998), S. 78.

[268] Kieser/Kubicek (1992), S. 74.

[269] Vgl. ebenda, S. 103ff.

[270] Vgl. Balzert (1998), S. 78.

Die Anzahl der Kommunikationspfade innerhalb eines Teams $c(vs)$ ist dabei direkt von der Größe des projektinternen Mitarbeiterteams x_{MA} abhängig. Aus der Menge dieser exponentiell wachsenden Kommunikationsbeziehungen $c(vs)$ resultiert ein Aufwand mit demselben Wachstumsverhalten. Als Folge davon wächst mit jedem zusätzlichen Teammitglied der Kommunikationsaufwand für jedes bisherige Teammitglied, sodass theoretisch ein Punkt möglich wird, oberhalb dessen ein zusätzlicher Projektmitarbeiter keinen positiven Zusatznutzen mehr stiften kann.[271] In Summe entsteht bei Entwicklungsteams, deren Größe die optimale Mitarbeiteranzahl überschreitet, der Effekt des weiteren Anstiegs der Entwicklungskosten bei gleichzeitiger Verlängerung der Entwicklungszeit.[272]

3.4.3.1.2. Der Komplexitätsfaktor Vielfalt in der Entwicklungsorganisation

Die Vielfalt der einzelnen Elemente eines Entwicklungsteams wird durch die fachliche Verschiedenartigkeit der einzelnen Teammitarbeiter hervorgerufen. In Bezug auf die Leistungsfähigkeit eines Mitarbeiters kann Vielfalt als das Verhältnis zwischen Fachwissen eines Mitarbeiters und der zu bewältigenden Aufgabe angesehen werden. Um eine Transparenz zwischen dem verfügbaren Fachwissen eines jeden Mitarbeiters und den Anforderungen, die sich aus der Entwicklungsaufgabe ergeben, herstellen zu können, wird bei Aufwandsschätzverfahren i. d. R. der Ansatz angewendet, die aktuell verfügbaren Fähigkeiten der einzelnen Mitarbeiter im Verhältnis zu der Produkt- und Prozessspezifikation einzuschätzen.[273] Vielfältige Relationen eines Entwicklungsteams sind die direkten Folgen komplexer Produktprojekte. Deren Zeiteffizienz resultiert maßgeblich aus dem Zusammenhang zwischen dem Portfolio an verfügbaren Mitarbeitern und der zu leistenden Entwicklungsaufgabe. Im praktischen Anwendungsfall müsste jeder einzelne Mitarbeiter im Hinblick auf die Entwicklungsaufgabe bewertet werden. Dieser Anspruch lässt sich de facto lediglich im Einpersonenteam realisieren und mittels der Elementenkomplexität erfassen. Folglich ist der höhere Aussagewert

---

271 Vgl. Noth/Kretzschmar (1984), S. 15f.

272 Vgl. Kapitel 5, insbesondere Abbildung 5.1: In der Praxis werden für einzelne Arbeitspakete daher Teams mit einer Stärke von maximal sieben Mitarbeitern angestrebt. Eine solche Forderung lässt sich einerseits durch den auf der Basis von Praxiserfahrung gebildeten Kommunikationsfaktor erheben (vgl. Sattler (1982a), S. 36) Andererseits lässt sich diese Auffassung nach einer tendenziell idealen Gruppengröße bereits auf Basis der Anzahl der Kommunikationspfade eines Voll-Strukturnetzwerkes vertreten (s. Gleichung 3.18): für eine Teamgröße von fünf Mitgliedern ergeben sich bereits 10 Kommunikationspfade [c(vs) = 5 * (5-1)/2] und damit die doppelte Anzahl von Pfaden im Verhältnis zur Anzahl der Mitglieder. Bei sieben Gruppenmitgliedern sind bereits 21 Pfade erfolgreich zu managen und bei neun Gruppenmitgliedern bereits 36. Eine Teamvergrößerung von fünf auf sieben Mitglieder führt somit bereits zu einer Erhöhung der Kommunikationsverflechtung um 110% für das Gesamtteam und je zusätzlichem Teammitglied daher im Durchschnitt um 55%. Aus einem Anstieg der Teammitglieder von fünf auf neun Personen resultiert ein Anstieg der Kommunikationsdichte um 260% und damit um 65% für jedes weitere der vier zusätzlichen Teammitglieder im Verhältnis zur ursprünglichen Teamgröße.

273 Vgl. u. a. Herrmann (1983), S. 87ff.

dieses Teilziels im Hinblick auf die aus mehreren Personen bestehende Entwicklungsorganisation lediglich durch die Bewertung von deren Wissensportfolio im Rahmen der Relationenkomplexität erzielbar. Die Bewertung der vielfältigen Entwicklungsorganisation basiert auf dem Status quo der fachlichen Kenntnisse des Entwicklungsteams, das für das Referenzprojekt eingesetzt wurde. Für den Vergleich mit dem Nachfolgeprojekt ist ein Abgleich zwischen dem projektspezifischen Zielzustand des Mitarbeiterportfolios hinsichtlich der Qualifikation in den einzelnen Fachrichtungen, wie Maschinenbau, Elektronik und Softwaretechnik, und dem vorhandenen Ist-Zustand notwendig. Die in Abbildung 3.22 erhobenen Daten über die persönliche Eignung ermöglichen die Generierung von Divergenzkennziffern, wie z. B. der Abweichung der spezifizierten Fachkenntnisse über das zu entwickelnde (Teil-)System auf den Gebieten der Mechanik, Elektrik/Elektronik und der benötigten Software für den Entwicklungsprozess.

Produktspezifikation	P_{t-2}	P_{t-1}		P_{t0}	
	IST	**IST**	**SOLL**	**IST**	**SOLL**
Mechanik	75%	60%	50%	40%	40%
Elektrik/Elektronik	20%	25%	30%	30%	30%
Software-Entwicklung	5%	15%	20%	30%	30%
Bewertung Soll-Ist vs. Vorgängerprojekt	-	+++		++	

Prozessspezifikation	P_{t-2}	P_{t-1}		P_{t0}	
	IST	**IST**	**SOLL**	**IST**	**SOLL**
Mechanik	75%	70%	60%	40%	40%
Elektrik/Elektronik	20%	20%	25%	25%	30%
Software-Entwicklung	5%	10%	15%	25%	30%
Bewertung Soll-Ist vs. Vorgängerprojekt	-	+++		++	

Legende:
+++ sehr große Verbesserung gegenüber dem Referenzprojekt
++ große Verbesserung gegenüber dem Referenzprojekt
+ geringfügige Verbesserung gegenüber dem Referenzprojekt
0 keine Verbesserung gegenüber dem Referenzprojekt
- geringfügige Verschlechterung gegenüber dem Referenzprojekt
-- große Verschlechterung gegenüber dem Referenzprojekt
--- sehr große Verschlechterung gegenüber dem Referenzprojekt

Abbildung 3.22: Ermittlung der Ausprägungen des Komplexitätsfaktors Vielfalt der Entwicklungsorganisation

Bei Projekt P_{t-2} war die fachliche Zusammensetzung der Entwicklungsorganisation von einem hohen Anteil an Maschinenbauingenieuren geprägt. Da innerhalb dieses Projektes die Busstruktur für das E/E-System erstmals eingeführt wurde, erwies sich dieses fachliche Mitarbeiterportfolio als zu maschinenbaulastig. Folglich wurde die Vielfaltsausprägung dieses Referenzprojektes als relativ gering bewertet. Bei Projekt P_{t-1} wurde der prozentuale Anteil an Maschinenbauingenieuren zwar reduziert, verblieb mit ca. 60% jedoch über dem Sollwert. Gleichzeitig wurde der relative Anteil an Elektroingenieuren und der Softwareingenieure angehoben. Beide Istwerte blieben während des Projektverlaufes zwar von den ursprünglich gesetzten Sollwerten entfernt, dennoch wurde diese Konstellation als großer Fortschritt im Hinblick auf die wesentlich komplexeren Produkt- und Prozessspezifikationsanforderungen bewertet. Verglichen mit diesem hohen Ausgangsniveau fiel der weitere Anstieg an Fachexperten in den Disziplinen Elektrotechnik und Informatik bei Projekt P_{t0} im Verhältnis zum weiteren Komplexitätsanstieg der Produkt- und Prozessspezifikation geringer aus. Die sich daraus ergebende personale Verbesserung wird jedoch als große Verbesserung gegenüber dem Referenzprojekt P_{t-1} angesehen (vgl. Abbildung 3.22).

3.4.3.1.3. Der Komplexitätsfaktor Vieldeutigkeit in der Entwicklungsorganisation

Als vieldeutige Elemente einer Entwicklungsorganisation kann der Zusammenhang zwischen den bereits identifizierten oder vermuteten Risiken der Produkt- und der Prozessstruktur des Entwicklungsumfanges und dem Qualifikationsgrad des einzelnen Entwicklungsmitarbeiters (Elementenkompexität) und dem ausführenden Entwicklungsteam (Relationenkomplexität) gelten. Als Kennzahlen bieten sich die Bewertung eines einzelnen Mitarbeiters bzw. eines Teams nach deren Eignung an zum Zeitpunkt der endgültigen Spezifikation den Entwicklungsprozess ohne weitere Verzögerungen bzw. mit Berücksichtigung bestimmter Risikopotentiale zu beherrschen. Dazu wird als Referenzgröße der Erfahrungsgrad des Entwicklungsteams des Vorgängerproduktes herangezogen und Abweichungen dazu in einem ersten Schritt ordinal mit einer siebenstufigen Lickertskala eingeschätzt. Mit Hilfe der Kennzahl der durchschnittliche Berufserfahrung in Jahren und deren Standardabweichung kann der berufliche Erfahrungsschatz, der für die Bewältigung der vorliegenden Aufgabe vorhanden ist, in die Bewertung einfließen (vgl. Abbildung 3.23). Vergleicht man die drei E/E-Projekte dieser Arbeit miteinander, so fällt auf, dass bei Projekt P_{t-2} hinsichtlich der Produkt- und der Prozessspezifikation eine hohe Anzahl an Berufsjahren bei den Teammitgliedern vorhanden ist, die über Kenntnisse des Maschinenbaus und der Elektrotechnik verfügen. Leider haben sich die Anforderungen an die Prozessspezifikation gewandelt, sodass lediglich geringe Kenntnisse über die zum damaligen Zeitpunkt eingeführte Entwicklungssoftware vorhanden waren. Diese Kenntnisse für die Produkt- und Prozessspezifikation verbessern sich bei Projekt P_{t-1} erheblich; zudem steigt die durchschnittliche Berufserfahrung, was zu einer Verbesserung des Entwicklungsprozesses führt. Die Standardabweichung davon, die ein Indikator für den Anteil an Berufsanfängern ist, bleibt auf vergleichbar geringem Niveau – mit Ausnahme der beteiligten Software-Ingenieure. Bei Projekt P_{t0} sind keine weiteren Verbesserungen der Kenntnisse zur Identifikation von Risiken erkennbar. Abgeleitet wird dieses von der Zusammensetzung der jeweiligen Teilportfolios der beteiligten Fachdisziplinen: Einerseits sinkt bei den Software-Ingenieuren die durchschnittliche Anzahl an Jahren mit Berufserfahrung aufgrund des hohen Anstiegs von Berufsanfängern (vgl. Abbildung 3.23).

Produkt-spezifikation	P_{t-2}			P_{t-1}			P_{t0}		
	IST	Berufsjahre		IST	Berufsjahre		IST	Berufsjahre	
		Durch-schnittswert	Standard-abweichung		Durch-schnittswert	Standard-abweichung		Durch-schnittswert	Standard-abweichung
Mechanik	0	30	4	++	25	2	++	27	2
Elektrik/ Elektronik	0	10	5	+	15	2	+	20	2
Software-Entwicklung	0	4	3	+	6	3	+	5	4
Bewertung Soll-Ist vs. Vorgängerprojekt	0			++			0		

Prozess-spezifikation	P_{t-2}			P_{t-1}			P_{t0}		
	IST	Berufsjahre		IST	Berufsjahre		IST	Berufsjahre	
		Durch-schnittswert	Standard-abweichung		Durch-schnittswert	Standard-abweichung		Durch-schnittswert	Standard-abweichung
Mechanik	0	20	2	++	24	3	++	25	2
Elektrik/ Elektronik	0	10	5	+	15	2	+	12	2
Software-Entwicklung	0	4	3	+	6	3	+	5	4
Bewertung Soll-Ist vs. Vorgängerprojekt	0			++			0		

Legende:
- +++ sehr große Verbesserung gegenüber dem Referenzprojekt
- ++ große Verbesserung gegenüber dem Referenzprojekt
- \+ geringfügige Verbesserung gegenüber dem Referenzprojekt
- 0 keine Verbesserung gegenüber dem Referenzprojekt
- \- geringfügige Verschlechterung gegenüber dem Referenzprojekt
- -- große Verschlechterung gegenüber dem Referenzprojekt
- --- sehr große Verschlechterung gegenüber dem Referenzprojekt

Abbildung 3.23: Ermittlung der Ausprägungen des Komplexitätsfaktors Vieldeutigkeit einer Entwicklungsorganisation

In dieser Disziplin wird dieses jedoch als recht positiv gesehen, da dadurch die für die innovative Prozessstruktur benötigte Fachkenntnis auf dem neuesten Niveau vorhanden ist. Andererseits steigt die Anzahl der Jahre an Berufserfahrung in den Disziplinen Mechatronik und Elektrik/Elektronik sowohl für die Produkt- als auch für die Prozessspezifikation signifikant an.

3.4.3.1.4. Der Komplexitätsfaktor Veränderlichkeit in der Entwicklungsorganisation

Der Komplexitätsfaktor ***Veränderlichkeit*** beschreibt das dynamische Verhalten eines Systems und gibt an, wie sich das Änderungspotential eines Systems konkret im Zeitablauf aktualisiert. Übertragen auf ein Entwicklungsteam sind folgende Fragen zu klären: In welchem Umfang ist eine bestimmte Konstellation eines Entwicklungsteams in kapazitativer und fachlicher Sicht in der Lage, die produkt- und prozessseitig spezifizierte Entwicklungsaufgabe innerhalb der bereits vorgesehenen Entwicklungszeit mit einer hohen Wahrscheinlichkeit zu einem erfolgreichen Abschluss zu bringen? Welche Auswirkungen besitzen divergierende Teamkonstellationen zwischen dem Entwicklungsteam des Referenzumfangs und der konkret zu bewertenden Organisation im Hinblick auf das Veränderungspotential der Produkt- und Prozessspezifikation einer bestimmten Handlungsalternative?

Für die Beantwortung beider Fragen ist es unabdingbar die Lerngeschwindigkeit einer Organisationseinheit bewerten zu können. Begründen lässt sich diese Bedeutung der Lerneffekte mit der damit verbundenen Mitarbeiterproduktivität bei unterproportional steigenden Kosten, da der Produktivitätsspielraum der besten Mitarbeiter wesentlich größer als deren Gehaltsspielraum ist.[274] So kommen ***DeMarco*** und ***Lister*** in ihren Untersuchungen über die Mitarbeiterproduktivität von Software-Entwicklern zu folgenden Grundregeln:[275] Die besten Mitarbeiter sind um den Faktor 10 besser als die schlechtesten Mitarbeiter. Die besten Mitarbeiter sind 2,5 mal besser als der Durchschnitt. Die überdurchschnittlichen Mitarbeiter übertreffen die unterdurchschnittlichen Mitarbeiter um den Faktor 2.

Überträgt man diese Erkenntnisse der Mitarbeiterproduktivität auf die Entscheidungsprobleme komplexer Produkte, die aus den Produkt-Prozess-Interaktionen und den damit verbundenen Quellen für Intransparenz resultieren, so wird Folgendes deutlich: Neben einer optimierten Produkt- und Prozessstruktur bildet die Ausstattung eines Projektteams mit lernfähigen Mitarbeitern das höchste Potential für eine kurze Entwicklungszeit (vgl. Abbildung 3.24).

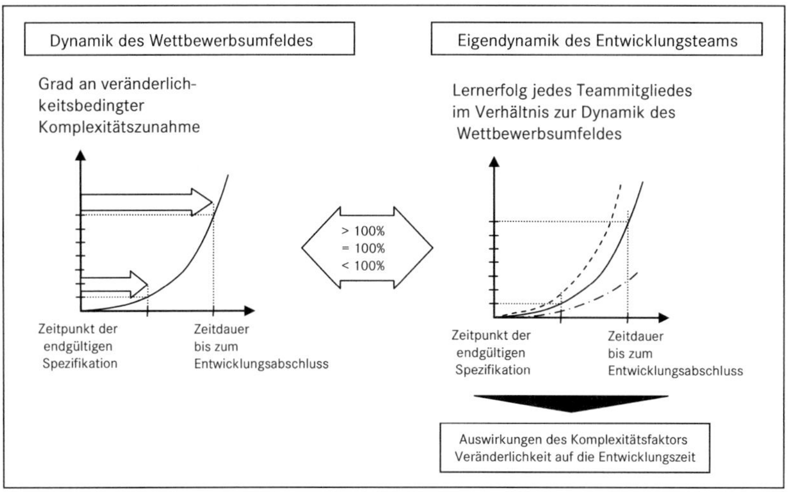

Abbildung 3.24: Auswirkungen der Zeitdauer auf die Entwicklungsorganisation

274 Vgl. Boehm (1987), S. 43-57.

275 Vgl. DeMarco/Lister (1989), S. 51f.

Diese Lernkurveneffekte lassen folgende Zusammenhänge zwischen den Qualifikationsanforderungen und der erwarteten Projektlaufzeit zu:[276]

1. Für Projekte mit relativ kurzer Entwicklungsdauer sind Mitarbeiter mit Erfahrungen auf dem entsprechenden Fachgebiet am effizientesten, da nicht genügend Zeit zur Verfügung steht, um die notwendige Fachkenntnis aufzubauen.
2. Für Projekte mit längeren Entwicklungsdauern eignen sich Mitarbeiter besonders, die am schnellsten lernen, da ihre während der Laufzeit des Projektes erzielte Lernerfahrung noch innerhalb des Projektes genutzt werden kann und auch dort zu einer Verkürzung der projektspezifischen Entwicklungszeit beiträgt.
3. Weiterhin ist zu beachten, dass Mitarbeiter erst am Ende eines Projektes am produktivsten sind und ein Projekt daher nicht vor dessen Ende verlassen sollten. Aus diesen Erkenntnissen und den beim Vielzahlkriterium erörterten Auswirkungen des Kommunikationsaufwandes zusätzlicher Teammitglieder auf die Entwicklungszeit verbietet sich der Versuch einer Entwicklungszeitverkürzung nach bereits erfolgtem Projektstart mit Hilfe zusätzlicher Mitarbeiter, sofern diese nicht über die Idealkombination von hohem Fachwissen und einer schnellen Lernkurve verfügen.[277]

Um die mit einer bestimmten Teamkonstellation erzielbare Entwicklungszeitdauer elementenseitig durch den Einsatz geeigneter Mitarbeiter zu verkürzen, empfiehlt sich die Anwendung der Strategien der Dynamisierung und der Verstetigung. Mit Hilfe des Dynamisierungspotentials einzelner Mitarbeiter kann somit eine Beschleunigung der Entwicklungsleistung erzielt bzw. bei hoher Umfelddynamik ein Abdriften von dieser verhindert werden. Weiterhin kann eine Verstetigung der von Projektbeginn an partizipierenden Teammitglieder zu einer Verkürzung der Entwicklungsdauer beitragen, da deren während der Projektlaufzeit gewonnener Erfahrungsschatz dem Projekt auch in der gewöhnlich kritischen Endphase zur Verfügung steht. Der Stabilisierungserfolg stellt sich somit lediglich dann ein, sofern durch geeignete Personalmaßnahmen die Gewinnung geeigneter Fachleute von Beginn der Entwicklungsphase an gelingt und eine weitestgehende Konstanz des Entwicklungsteams während dieser Zeitspanne aufrecht erhalten werden kann. Hierzu können auch Kennziffern über den erwartbaren Verbleib des Mitarbeiters im Unternehmen in Abhängigkeit von damit korrelierenden Faktoren und die Erhebung der Sterblichkeitsrate in bestimmten Altersclustern dienen. Wie bei der Bewertung des Komplexitätsfaktors Vieldeutigkeit erörtert, resultiert die Zeitauswirkung

---

276 Siehe hierzu auch die Ausführungen von Balzert über die Mitarbeitereinflüsse auf die Produktivität von Softwareprojekten (vgl. Balzert (1998), S. 17f.).

277 Damit unterscheiden sich diese differenzierenden Vorschläge wesentlich von den Erkenntnissen des so genannten Brook´schen Gesetzes: „Adding manpower to a late software project makes it later“ (Brooks (1995), S. 25).

bei der Bewertung komplexer Entwicklungsaufgaben primär aus der Ausgestaltung des Entwicklungsteams, da ein einzelner Fachmann den Umfang dieser Aufgabe zumindest nicht in vertretbarer Zeit lösen könnte. Nachfolgend wird die Entwicklungsorganisation als System betrachtet, das lediglich ganzheitlich zu bewerten ist, um die geforderte Entwicklungsleistung zu erbringen. Aspekte der politischen Einflussnahme von Seiten höherer Stellen innerhalb des Unternehmens, die häufig diese Spezifikationsänderungen anordnen, werden im vorliegenden Fall nicht getrennt untersucht. Es wird dabei die vereinfachte Annahme getroffen, dass das aus politisch motivierten Spezifikationsänderungen resultierende Verzögerungspotential beim Interprojektvergleich dieselbe Höhe annimmt.

Produktspezifikation	P_{t-2}	P_{t-1}	P_{t0}
Mechanik	0	0	0
Elektrik/ Elektronik	0	+	0
Software-Entwicklung	0	+	0
Bewertung Soll-Ist vs. Vorgängerprojekt	0	++	0
Prozessspezifikation	P_{t-2}	P_{t-1}	P_{t0}
Mechanik	0	0	0
Elektrik/ Elektronik	0	+	0
Software-Entwicklung	0	+	0
Bewertung Soll-Ist vs. Vorgängerprojekt	0	++	0

Legende:

+++ sehr große Verbesserung gegenüber dem Referenzprojekt
++ große Verbesserung gegenüber dem Referenzprojekt
+ geringfügige Verbesserung gegenüber dem Referenzprojekt
0 keine Verbesserung gegenüber dem Referenzprojekt
- geringfügige Verschlechterung gegenüber dem Referenzprojekt
-- große Verschlechterung gegenüber dem Referenzprojekt
--- sehr große Verschlechterung gegenüber dem Referenzprojekt

Abbildung 3.25: Ermittlung der Ausprägungen des Komplexitätsfaktors Veränderlichkeit einer Entwicklungsorganisation

In Abbildung 3.25 wird der Komplexitätsfaktor Veränderlichkeit daher ausschließlich aus der Perspektive der Relationenkomplexität bewertet. Für die untersuchten Teamkonstellationen und deren Lernfähigkeit für die drei E/E-Projekte dieser Arbeit konnten folgende Bewertungen vorgenommen werden: Für Projekt P_{t-2} wurde keine Veränderung des Lernfortschritts gegenüber einem Referenzprojekt festgestellt, da dieses Projekt selbst als Referenzprojekt für den Vergleich mit Projekt P_{t-1} herangezogen wird. Bei Projekt P_{t-1} wurde ein Fortschritt bei der Lernfähigkeit insbesondere für das Personal der Disziplinen der Elektroingenieurwissenschaften und der Software-Technik identifiziert. Ursache dafür bildet die Erhöhung des Entwicklungsteams mit sehr leistungsfähigen Fachexperten auf diesen Gebieten. Währenddessen blieb der Anteil der Entwicklungsmannschaft, der die mechanischen Komponenten entwickelte, identisch mit dem Vorgängerprojekt. Der Anstieg von deren Fachkompetenz wurde als identisch mit derjenigen Wachstumskurve des Vorgängerprojektes P_{t-2} bewertet. Im Vergleich mit dem Projekt P_{t-1} konnte für das Projekt P_{t0} keine weitere Veränderung der Lernkurve festgestellt werden, da die hinzugewonnenen Experten dem gleich hohen Leistungsanspruch genügten wie bei dem Vergleich des zeitlich vorgelagerten Projektpaares $P_{t-1}P_{t-2}$. Bei beiden Projektpaaren $P_{t-1}P_{t-2}$ und $P_{t0}P_{t-1}$ wurde der Faktor Veränderlichkeit mit unterschiedlichen ordinalen Werten beurteilt; bei Projektpaar $P_{t-1}P_{t-2}$ ergibt sich eine messbare Verbesserung, die maßgeblich auf den Anstieg der Fachkompetenz in den Disziplinen Elektrik/ Elektronik und SW-Entwicklung zurückzuführen ist. Währenddessen konnte dieses Beschleunigungspotential bei dem Projektpaar $P_{t0}P_{t-1}$ nicht weiter gesteigert werden, da die Lerngeschwindigkeit der Organisation in demselben Umfang zunahm wie der Komplexitätsanstieg der Produktstruktur.

3.4.3.2. Zusammenfassung der Komplexitätsfaktoren der Entwicklungsorganisation

Konzeptionell erfassen die Komplexitätsfaktoren der Entwicklungsorganisation die Anzahl (Vielzahl), die Ausbildungsqualifikation und deren Eignung für die in der Produkt- und Prozessspezifikation geforderten Fachgebiete (Vielfalt), die Berufserfahrung im Hinblick auf die identifizierten Risiken (Vieldeutigkeit) sowie die Lerngeschwindigkeit der Entwicklungsorganisation, um veränderte Produkt- und Prozessspezifikationen zeitnah umsetzen zu können (Veränderlichkeit). Letztere ist dringend erforderlich, um risikobehaftete Produkt- und Prozessausprägungen, die zum Zeitpunkt der endgültigen Spezifikation nicht vorhersehbar waren, während der Entwicklungsphase erfolgreich mit der spezifizierten Zielqualität innerhalb der geschätzten Entwicklungsdauer umzusetzen.

3.4.3.3. Anwendungsbeispiel: Synoptische Bewertung der Entwicklungsorganisationsstruktur der drei Elektrik-/Elektronik-Systeme

In den vorhergehenden Abschnitten wurde erörtert, wie sich divergierende Produkt- und Entwicklungsprozessstrukturen auf die beiden Projektpaare P_{t-1} und P_{t-2} sowie P_{t0} und P_{t-1} auswirken. In diesem Kapitel werden nun die Folgen divergierender Ausstattungen der einzelnen Projekte mit dem notwendigen Entwicklungspersonal auf die Entwicklungszeit des Gesamtprojektes erörtert. Das Ergebnis der Organisationsausprägung bildet zugleich die gesuchte Schätzgröße der Entwicklungszeit für das Neuprojekt P_{t0}. Während der Komplexitätsanstieg in der Produkt- und Prozessstruktur unter der Prämisse vergleichbarer Personalausstattungen zwischen Referenzprojekt und Projektnachfolger zu erheblichen Entwicklungszeitverlängerungen geführt hat, gilt es nun zu untersuchen, welche Mitarbeiterportfolios zu möglichst geringen Entwicklungszeiten führen. Bei der Bewertung der elementenseitigen **Vielzahl** fällt bei beiden Projektpaaren auf, dass jeweils ein erheblicher Anstieg der Mitarbeiterzahl zu verzeichnen war. So stieg die Anzahl der Mitarbeiter bei P_{t-1} gegenüber P_{t-2} um 20% auf 120 Mitarbeiter an (vgl. Abbildung 3.26); bei dem Projektpaar P_{t0} vs. P_{t-1} war ein weiterer Anstieg um 25% auf eine Personalstärke von 150 Personen zu verzeichnen (vgl. Abbildung 3.27). Der damit verbundenen Zeitverkürzung steht jedoch eine steigende Interaktionskomplexität (relationenseitiges Vielzahlkriterium) gegenüber, die wiederum zu einer Zeitverlängerung führt. So stieg die personalbedingte Schnittstellenanzahl von Projekt P_{t0} gegenüber Projekt P_{t-1} von 4.950 auf 7.140 und damit um 44% (vgl. Abbildung 3.28). Beim Projektvergleich von P_{t-1} zu P_{t0} war ein Wachstum von 57% zu verzeichnen. Diese Zeitverlängerung gilt zwar als Faktum, deren Folgen auf die Entwicklungszeit jedoch eindeutig als unterproportional bewertet werden: Die Ursache ist darin zu suchen, dass trotz eines erheblichen Anstiegs an theoretisch möglichen personellen Schnittstellen letztlich nur ein geringer Teil dieser Schnittstellen gelebt wird, da jeder Mitarbeiter eines Teams, das ein bestimmtes Modul entwickelt, nicht zwangsläufig eine Regelkommunikation zu den restlichen Mitarbeitern des gesamten Projektes aufrechterhalten muss.

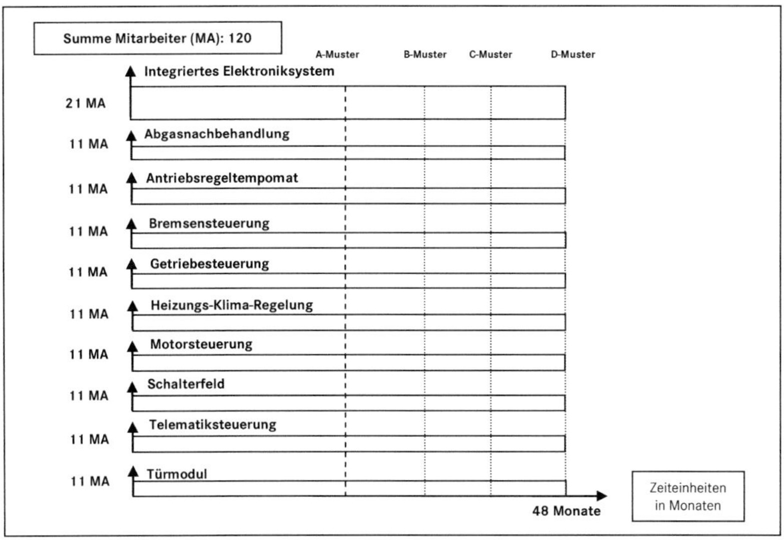

Abbildung 3.26: Vereinfachter Netzplan der Organisationsstruktur des E/E-Systems von Projekt P_{t-1}

Bei Modulen mit vielen technisch bedingten Schnittstellen, wie den Basismodulen oder dem Abgasnachbehandlungsmodul, führt ein massiver Personalaufbau zu einem schnelleren Erreichen der Produktivitätsgrenze von zusätzlichen Mitarbeitern.

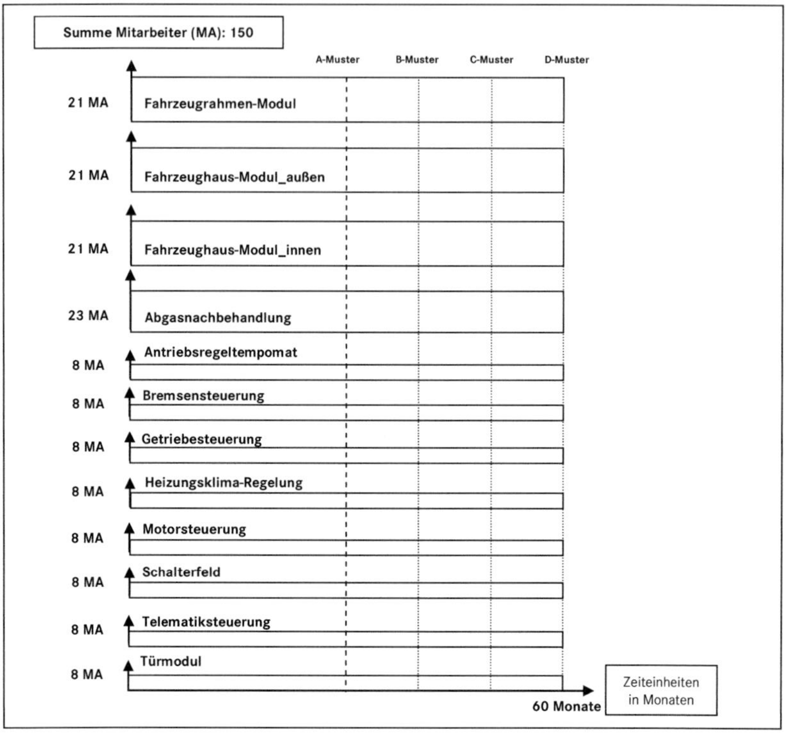

Abbildung 3.27: Vereinfachter Netzplan der Organisationsstruktur des E/E-Systems von Projekt P_{t0}

Aus diesem Personalanstieg wird beim Paarvergleich $P_{t-2}P_{t-1}$ eine Entwicklungszeitreduktion um 20% (Modalwert m des elementenseitigen Vielzahlkriteriums) erwartet. Aus dem daraus resultierenden Anstieg des Kommunikationsaufwandes wird eine Entwicklungszeitverlängerung in Höhe von 5% (Modalwert m des relationenseitigen Vielzahlkriteriums) eingeschätzt (vgl. Abbildung 3.28).

Aus der Perspektive des **Vielfaltskriteriums** ist die Divergenz des Gesamtteams zu bewerten. Diese resultiert aus den Anforderungen, die im Rahmen der Produkt- und Prozessspezifikation gestellt wurden, und den Fähigkeiten und Fertigkeiten sämtlicher Teammitglieder. Da die Bewertung einzelner Personen bei einer solchen Teamgröße keinen hinreichenden Mehrwert stiftet, begrenzt sich der nachfolgende Fokus auf die Zusammensetzung des Mitarbeiterportfolios und dessen Auswirkung auf die Entwicklungszeit (vielfältige Relationenkomplexität). Wie in den vorhergehenden Abschnitten dargelegt, bestand das Team von Projekt P_{t-2} zu einem hohen Anteil aus Maschinenbauingenieuren (75%) und zu einem relativ geringen an

Software-Spezialisten (5%) (vgl. Abbildung 3.22). Zudem wies das Gesamtteam einen hohen Grad an Berufserfahrung bei der klassischen Entwicklungssparte aus und einen geringen bei den innovativen Disziplinen (vgl. Abbildung 3.23). Bei Projekt P_{t-1} war das Verhältnis der am Entwicklungsprojekt beteiligten Fakultäten wesentlich ausgewogener. Hinzu kommen die gestiegene Zahl an Berufsjahren und deren geringe Streubreite an produkt- und prozessspezifikationsgefordertem Wissen. Der hinzugewonnene Kenntnisstand des Entwicklungsteams hinsichtlich der Produkt- und Prozessspezifikation fiel sehr positiv aus: Die Entwicklungszeit reduzierte sich um durchschnittlich 40% (Modalwert m) aufgrund der zusätzlichen Mitarbeiter. Bei Projekt P_{t0} konnte die geforderte Sollstruktur der prozentualen Aufteilung der beteiligten Fakultäten erreicht werden. Es ist zwar ein gestiegener relativer wie absoluter Anteil an Software-Ingenieuren zu verzeichnen, jedoch wird erwartet, dass die Anforderungen im Verhältnis dazu überproportional ansteigen werden. Insbesondere die Dreiteilung des Basisbus – des „Integrierten Elektronik-System“ bei P_{t-1} – in das Fahrzeugrahmenmodul, das Fahrerhausmodul_innen und Fahrerhausmodul_außen wird bei der Bewertung der Produktstruktur als kritisch bewertet. Hinzu kommt die Integration des neuen Abgasnachbehandlungssystems in die Bordnetzarchitektur. Als Folge der erheblich gestiegenen Produkt- und Prozessanforderungen von Projekt P_{t0} wirkt sich der weitere Anstieg an Elektroingenieuren und IT-Fachleuten in Form einer reduzierten Beschleunigung noch in Höhe von -15% verkürzend auf die Entwicklungszeit aus (vgl. Abbildung 3.28).

Bei der Bewertung des Kriteriums der **Vieldeutigkeit** wird vorrangig untersucht, inwieweit aus der Kenntnis der vorhandenen Berufserfahrung die Projektmitarbeiter bereits vom Zeitpunkt der Spezifikation in der Lage sind die heute bekannten Organisationsrisiken zu identifizieren, die aus der bekannten Produkt- und Prozessspezifikation während der Projektlaufzeit erwartet werden können. Diese Risiken waren bei Projekt P_{t-2} primär in Form der Prozessspezifikationsänderungen vorhanden, da über die Umsetzung der Produktkonzeption als modulares Fahrzeug keine Erfahrungsdaten vorlagen. Bei den Projekten P_{t-1} und P_{t0} konnte zwar auf die Prozesserfahrungen des jeweiligen Vorgängerprojektes zurückgegriffen werden, jedoch führten diese lediglich bei Projekt P_{t-1} zu einer Entwicklungszeitverbesserung von 35%. Bei Projekt P_{t0} führt die erstmalige Entwicklung der digitalen Datenübertragung innerhalb der komplexeren Produktstruktur letztlich zu einer Eliminierung der Auswirkungen des zusätzlichen Fach-Know-Hows auf die Entwicklungszeit (vgl. Abbildung 3.28).

Für die Bewertung der Organisationsrisiken analog dem Kriterium der **Veränderlichkeit**, die während der Projektlaufzeit aufgetreten sind bzw. von denen erwartet wird, dass sie innerhalb der geplanten Entwicklungszeit auftreten werden, ergibt sich folgendes Bild: Da bei jedem

Projektwechsel eine durchschnittliche Fluktuationsrate in Höhe von 10% der Altbelegschaft auftrat und gleichzeitig die absolute Anzahl der Projektbelegschaft erheblich zunahm, konnte durch die Auswahl neuer, sehr geeigneter Mitarbeiter die Höhe der künftigen Organisationsrisiken durch die überproportionale Lerngeschwindigkeit sowohl bei Projekt P_{t-1} als auch bei Projekt P_{t0} überkompensiert werden. Als Folge ergibt sich eine durchschnittliche Entwicklungszeitreduktion von 10% bei jedem Projektpaar (vgl. Abbildung 3.28).

	Untersuchungsumfang: E/E-System			Auswirkung auf die Entwicklungszeitdauer (i. S. v. Differenzzeiten)					
				P_{t-2} zu P_{t-1}			P_{t-1} zu P_{t0}		
	P_{t-2}	P_{t-1}	P_{t0}	a	m	b	a	m	b
Organisationsgröße									
Anzahl an Entwicklungsmitarbeitern	100	120	150	-20,50%	-20,00%	-19,00%	-21,00%	-20,00%	-19,00%
Anzahl an Schnittstellen zwischen den Mitarbeitern	4.950	7.140	11.175	4,50%	5,00%	6,00%	4,50%	5,00%	6,00%
Vielfalt der Teammitarbeiter									
Kenntnisstand der einzelnen Mitarbieter hinsichtlich Produkt- und Prozessspezifikation									
Die Bewertung erfolgt analog der Lickert-Skala von Abbildung 3.23.	-	+++/++	++/+	-40,50%	-40,00%	-39,00%	-15,50%	-15,00%	-14,00%
Organisationsrisiken (heute)									
Anzahl an Mitarbeitern zur Beherrschung risikobehafteter Produkt- und Prozessänderungen									
Die Bewertung erfolgt analog der Lickert-Skala von Abbildung 3.24.	0	++	0	-35,50%	-35,00%	-34,00%	0,00%	0,00%	0,00%
Organisationsrisiken (während des Planungszeitraumes)									
Lerngeschwindigkeit der Mitarbeitern zur Beherrschung risikobehafteter Produkt- und Prozessänderungen									
Die Bewertung erfolgt analog der Lickert-Skala von Abbildung 3.26.	0	++	0	-10,50%	-10,00%	-9,00%	-11,00%	-10,00%	-9,00%
ZWISCHENSUMME Organisationsstruktur:				**-103%**	**-100%**	**-95%**	**-43%**	**-40%**	**-36%**
prozentuale Veränderung der Entwicklungszeit nach Einfluss sämtlicher Komplexitätsfaktoren				**-26%**	**-20%**	**-10%**	**17%**	**25%**	**38%**

relative Veränderung der Entwicklungszeit nach Einfluss sämtlicher Komplexitätsfaktoren							
Ausgangspunkt:	P_{t-2}	**106**	**108**	**111**			
Entwicklungszeitdifferenz zwischen P_{t-2} zu P_{t-1}		-62	-60	-57			
Ergebnispunkt:	P_{t-1}	**45**	**48**	**54**			
Ausgangspunkt:	P_{t-1}				**71**	**72**	**74**
Entwicklungszeitdifferenz zwischen P_{t-1} zu P_{t0}					-21	-19	-17
Ergebnispunkt:	P_{t0}				**56**	**60**	**66**

Abbildung 3.28: Synoptische Bewertung der Organisationsstruktur des E/E-Systems

3.5. Zwischenfazit

Gegenstand von Kapitel 3 bildet die Erarbeitung des verbalen Modells dieser Arbeit. Dazu wird in einem ersten Schritt ein möglichst kurzes und umfassendes Zielsystems erarbeitet und in einem zweiten Schritt ein Entwicklungszeitschätzverfahren konzipiert, das als Relationsverfahren auf diesem Zielsystem aufbaut. Als Ausgangspunkt der Untersuchung nach einem geeigneten Zielsystem werden Verfahren der allgemeinen Komplexitätstheorie gewählt; anhand derer können die Einflussgrößen für die Produktstruktur, für die Entwicklungsprozessstruktur und für die -organisation aus der Perspektive einer Metaebene für komplexe technische (Teil-)Systeme definiert werden. Als Ausgangspunkt werden Verfahren der allgemeinen Komplexitätstheorie gewählt. Das Ergebnis der Untersuchungen in Kapitel 3 lässt sich wie folgt zusammenfassen:

Die Komplexitätsbeherrschung von technischen Produkten bildet die Voraussetzung, um Einflussgrößen für die Entwicklungszeit identifizieren zu können. Diese ist lediglich auf der Basis des konstruktivistisch-technomorphen Komplexitätsverständnisses möglich. Begründen lässt sich diese Forderung damit, dass dieses Verständnis ein System aus dem Fokus der klassischen Mechanik erfasst. Diese Beurteilungsperspektive ist bei komplexen technischen Systemen, insbesondere mechatronischen Systemen, gegeben, da sämtliche Einflussgrößen der Entwicklungszeit von der Produktstruktur ausgehend zu beurteilen sind. Darauf aufbauend wird auf dem mehrdimensionalen relationalen Komplexitätsmodell ein Zielsystem erarbeitet, das die Einflussgrößen der Produktstruktur, der Entwicklungsprozessstruktur und der -organisation auf einer möglichst hohen Aggregationsstufe erfasst und damit für eine Vielzahl technischer Systeme angewendet werden kann.

Ausgehend von den Ausprägungsdifferenzen der Einflussgrößen zwischen der zu bewertenden Alternative A_i und einem möglichst ähnlichen Projekt (dem Referenzumfang RU), dessen Entwicklungsphase bereits abgeschlossen ist, werden die Entwicklungszeitdifferenzen von A_i eingeschätzt. Die unterschiedlichen Ausprägungen werden für jeden Sektor eines Einflussfaktors ermittelt. In Abbildung 3.30 werden dazu die grundlegenden Definitionen für die einzelnen Bewertungsperspektiven (Sektoren) einer Zeiteinflussgröße (eines Komplexitätsfaktors) angegeben. Zur umfangreichen Erfassung der Produktstruktur sind drei Sektoren, für die Beurteilung der Prozessstruktur und der Entwicklungsorganisation sind je zwei Sektoren erforderlich. Eine Kurzübersicht über die umfangreichen Definitionen der einzelnen Komplexitätsfaktoren wird in Abbildung 3.29 gegeben.

Entwicklungsprojekt Alternative A_i gegenüber dem Referenzumfang RU

	Die einzelnen Kom-plexitäts-faktoren	Die einzelnen Sektoren der Komplexitätsfaktoren		
		Elementenkomplexität	**Relationenkomplexität I**	**Relationenkomplexität II**
		Fokus: einzelne Systemelemente	**Fokus: Schnittstellen zwischen den einzelnen Systemelementen**	**Fokus: Schnittstellen von den Systemelementen hin zum Umsystem**
Produkt	**Vielzahl**	Anzahl an (Teil-)Systemelementen	Anzahl an Schnittstellen zwischen den (Teil-)Systemelementen	Anzahl an Schnittstellen von den (Teil-)Systemelementen zum Umsystem hin
Produkt	**Vielfalt**	Anzahl an verschiedenartigen (Teil-) Systemelementen (z. B. neue Variantenbildung auf Basis der alten Plattform)	Anzahl an verschiedenartigen Schnittstellen zwischen den (Teil-) Systemelementen	Anzahl an verschiedenartigen Schnittstellen zwischen den (Teil-)Systemelementen und dem Umsystem
Produkt	**Vieldeutigkeit**	Anzahl an (Teil-)Systemelementen mit technischen Risiken	Anzahl an Schnittstellen zwischen den (Teil-)Systemelementen, die als technische Risiken eingeschätzt werden	Anzahl an risikobehafteten Schnittstellen zwischen den (Teil-) Systemelementen und dem Umsystem
Produkt	**Veränderlichkeit**	Anzahl an Systemelementen, von denen während der geplanten Entwicklungsdauer Änderungen in der Produktspezifikation erwartet werden.	Anzahl an Schnittstellen zwischen den Systemelementen, von denen während der geplanten Entwicklungsdauer Änderungen in der Produktspezifikation erwartet werden.	Anzahl an Systemschnittstellen hin zum Umsystem, von denen während der geplanten Entwicklungsdauer Änderungen in der Produktspezifikation erwartet werden.
Prozess	**Vielzahl**	Anzahl an verschiedenen Teilprozessen innerhalb des Netzplanes des Untersuchungsumfanges (i. d. R. ein Teilsystem)	Auswirkungen auf den Netzplan des Teilsystems	
Prozess	**Vielfalt**	Anzahl an unterschiedlichen Verkürzungsoptionen, die gegenüber dem Entwicklungsprozess des Referenzumfanges unterschiedlich sind.	Auswirkungen auf den Netzplan des Teilsystems	
Prozess	**Vieldeutigkeit**	Anzahl an Teilsystemen, deren Verkürzungsoption als risikobehaftet gegenüber dem Referenzumfang bewertet wird.	Auswirkungen auf den Netzplan des Teilsystems	
Prozess	**Veränderlichkeit**	Anzahl an Teilsystemen, für die zum Zeitpunkt der endgültigen Spezifikation ein Entwicklungsprozessrisiko gegenüber dem Referenzumfang identifiziert wird.	Auswirkungen auf den Netzplan des Teilsystems	
Organisation	**Vielzahl**	Anzahl der Mitarbeiter der Entwickluungsorganisation	Bewertung der Portfoliowirkung des Teams: Anzahl an Mitarbeitern der Entwicklungsorganisation	
Organisation	**Vielfalt**	Leistungsfähigkeit eines Mitarbeiters die vielfältigen Anforderungen der Produkt- und Prozessstruktur zu lösen.	Bewertung der Portfoliowirkung des Teams: Anzahl an Mitarbeitern mit unterschiedlichen Kenntnissen der Produkt- und Prozessstruktur gegenüber dem Referenzumfang	
Organisation	**Vieldeutigkeit**	Leistungsfähigkeit eines Mitarbeiters die zum Zeitpunkt der endgültigen Spezifikation identifizierten Risiken der Produkt- und Prozessstruktur innerhalb der geschätzten Zeitdauer lösen zu können.	Bewertung der Portfoliowirkung des Teams:Verhältnis der Mitarbeiter mit Fachkenntnissen, um die aufgedeckten Risiken in der Produkt- und Prozessstruktur erfolgreich zu lösen, verglichen mit dem Team, das den Referenzumfang entwickelt hat.	
Organisation	**Veränderlichkeit**	Leistungsfähigkeit eines Mitarbeiters eine hinreichend hohe Lerngeschwindigkeit vorweisen zu können, um die vermuteten Risiken der vielfältigen und vieldeutigen Produkt- und Prozessstruktur, die während der Entwicklungsphase nach Abschluss der endgültigen Spezifikation auftreten können, innerhalb der geschätzten Entwicklungsdauer lösen zu können.	Bewertung der Portfoliowirkung des Teams: Anzahl an Mitarbeitern mit ausreichendem Lernpotential, die veränderlichen Produkt- und Prozessstrukturen während der Entwicklungsphase termingerecht zu lösen.	

Abbildung 3.29: Zielsystem zur Bewertung der Ausprägungsdifferenzen als Basis der Entwicklungszeitschätzung

Auf Basis der ermittelten differierenden Ausprägungen dieses Zielsystems wird der erwartete Unterschied der Entwicklungszeit für A_i in Form einer aggregierten relativen Abweichung eingeschätzt:

$$EZ_{Ai} = EZ_{RU} \cdot \left(1 + \sum_{i=1}^{4} \Delta EZ_{\text{Produkt}\_Ai} + \sum_{i=1}^{4} \Delta EZ_{\text{Prozess}\_Ai} + \sum_{i=1}^{4} \Delta EZ_{Organisation\_Ai}\right). \tag{3.1}$$

Zur Schätzung der Auswirkungen auf die Entwicklungszeit empfiehlt sich dabei die Beschränkung auf die maßgeblichen Einflussgrößen. Die Zeitdauer für eine Alternative A_i wird als die relative Abweichung in den drei Zeitgrößen a, für die kürzeste erwartete Entwicklungsdauer, m, für deren Modalwert, und b, für deren längste Ausprägung von Experten eingeschätzt. Um diese Vorgehensweise zu verdeutlichen, schließt jedes Teilkapitel mit der Anwendung dieses Verfahrens anhand von drei Entwicklungsprojekten in Form von Nutzfahrzeugbordnetzen ab.

Zur Erreichung einer möglichst hohen Schätzqualität ist bei der Operationalisierung des Zielsystems zu beachten, dass die wechselseitige Beeinflussung zwischen den Ausprägungen der Elementenkomplexität und der Relationenkomplexität(en) eines jeden Komplexitätsfaktors vermieden wird. Dazu ist bereits in der Definitionsphase sicherzustellen, dass ein Sachverhalt lediglich einmal unter einem Teilziel des Gesamtzielsystems subsumiert wird, um die Doppelzählung von entwicklungszeitbeeinflussenden Phänomenen zu vermeiden. Dieses Ziel lässt sich nur dadurch erreichen, indem der zu messende Sachverhalt eines jeden Komplexitätsfaktors möglichst eng definiert wird. Erforderlich hierfür ist, dass für die Komplexitätsfaktoren der im Bewertungsprozess nachgelagerten Einflussdimensionen lediglich die Differenzgrößen der reinen Zusatzeffekte der jeweils zu bewertenden Einflussdimensionen gemessen werden und die daraus resultierende Einschätzung auf die Zielgröße Entwicklungszeit ausgewiesen wird. Zudem dürfte die durchgängige Begleitung der Verfahrensanwendung durch einen Methodenfachmann dazu führen, dass projektspezifische Operationalisierungsfehler und/oder zu hohe Kosten der Verfahrensanwendung vermieden werden.

4. Berechnung der Risikozeit im mathematischen Modell

Wie in Kapitel 1.4 gefordert, hat das mathematische Modell dieser Arbeit in einem ersten Schritt die Frage zu beantworten, welche Eigenschaften ein geeignetes statistisches Verfahren besitzen muss, um mit einer geringen Anzahl an Schätzaussagen ein möglichst valides Ergebnis zu erzielen. Dieses sollte neben dem Mittelwert auch hinreichend exakte Aussagen über das Chancen- und Risikopotential einer Zeitschätzung zulassen. Dazu werden in Kapitel 4.1 die Probleme der Entwicklungszeitschätzung erörtert und Lösungsansätze aus der Finanzwirtschaft zur quantitativen Risikobewertung aufgezeigt. Dabei wird das Basiskonzept von Value-at-Risk-Modellen daraufhin untersucht, inwieweit dieses einen Beitrag zur Lösung der Problemstellung dieser Arbeit zu leisten vermag. Auf diesen Ergebnissen aufbauend wird die Zeitrisikokennzahl „Time-at-Risk" entwickelt. Weiterhin werden das μ-σ-Prinzip, das auf der Betaverteilung aufbauende Zeitplanungsmodell PERT und die Dreiecksverteilung auf die Anforderungen aus Kapitel 2 und 3 hin überprüft. Ziel ist es, für das erarbeitete Zeitdauerschätzverfahren mit geringem Aufwand möglichst exakte Risikowerte zu liefern. Abschließend wird die Zeitrisikokennzahl „Time-at-Risk" zur Zeitbewertungskennzahl von Entscheidungsalternativen in Form des „Return-on-Risk-adjusted-Time" weiterentwickelt. Beide Kennzahlen dienen als Datenbasis für das in Kapitel 5 erörterte Entscheidungsmodell.

4.1. Anforderungen an ein Zeitrisikomodell

Die Entwicklungszeit und das aktive Management ihres Risikos bildet bei mehrjährigen Entwicklungsprojekten eine zentrale Erfolgsgröße. Die Ursache dafür ist in deren zweifacher Auswirkung zu sehen. Einerseits führt eine Zeitverlängerung mindestens zu einem Überschreiten des geplanten Abschlusstermins und damit zu einem Anstieg der variablen Entwicklungskosten des Projektes. Aus der Perspektive der Gegenwartskosten des Entscheidungsmodells dieser Arbeit verursachen lange Entwicklungszeiten einen Anstieg dieser Entwicklungskosten. Andererseits führt ein geringeres Vermarktungsfenster als Folge einer verlängerten Entwicklungszeit zu einer Verminderung der Gegenwartserträge. Wird das Zeitrisiko hingegen nicht beachtet und am ursprünglich geplanten Markteinführungstermin festgehalten, so können die Folgen aus einer Negativabweichung der spezifizierten Zielproduktqualität zu höheren Ausfallkosten zumindest in der Produktanlaufphase führen. Nachfolgend sollen die Grundprobleme der Risikoquantifizierung dargelegt und Risikomodelle der Finanzwirtschaft vorgestellt werden.

4.1.1. Ungesicherte Zeitdaten als Ausgangsbasis der Entwicklungszeitschätzung

Grundlage jeder Datenauswertung bildet die Erhebung geeigneter Schätzdaten. Konzeptionell existieren hierfür zwei Wege:[278]

1. Schätzungen bzw. Prognosen über zukünftige Zielgrößenausprägungen, die sowohl von einem einzelnen Experten als auch von Gruppen vorgenommen werden können. Bei Gruppenschätzungen lassen sich offene Gruppenschätzprozesse von verdeckten unterscheiden.
2. Die Extrapolation von Vergangenheitsdaten.

Beide Verfahren verfügen über spezifische Vor- und Nachteile, die nachfolgend nur in Kürze skizziert werden können. Der Vorteil der Schätzung eines einzelnen Experten bzw. einer Kleingruppe besteht darin, dass die erforderlichen Schätzdaten durch wenige erfahrene Experten gewonnen werden können, die über die Kompetenz verfügen komplexe technische Zusammenhänge unterschiedlicher Produkt-, Prozess- und Organisationsstrukturen und deren Auswirkungen auf den Faktor Zeit bewerten zu können. Aufgrund der geringen Ressourcenbindung an Fachexperten für den Schätzprozess entsteht dabei ein geringer Schätzaufwand.
Der Nachteil der Expertenschätzung besteht jedoch in der Gefahr einer gravierenden Fehleinschätzung, sofern die Ergebnisse weder formal noch inhaltlich durch weitere Schätzungen von Seiten anderer Experten qualitätsgesichert werden.[279] Allerdings besteht das Entscheidungsdilemma darin, dass diese wichtige Entscheidung zum Zeitpunkt der endgültigen Spezifikation und damit relativ früh im Produktlebenszyklus getroffen werden muss, wenn die Informationen am geringsten sind.[280] Ein weiterer Nachteil ergibt sich aus den unterschiedlichen Risikopräferenzen der individuellen Schätzer: Die Höhe des Zeitrisikos erfolgt auf der Grundlage von deren individueller Risikopräferenz. Folglich kann die Höhe des Überschreitungsrisikos von verschiedenen Schätzern unterschiedlich bewertet werden. Eine Reduktion von Fehlschätzungen kann durch die Anwendung von Konsistenzprüfungen, wie diese bei Verfahren der multiattributiven Nutzentheorie vorgeschrieben sind, erfolgen.[281]
Bei Gruppenschätzungen wird in Abhängigkeit des Qualifikationsgrades der Gruppe ein tendenziell hochwertiges Schätzergebnis erwartet. Voraussetzung dafür ist jedoch, dass nachteilige Gruppeneffekte unterbleiben bzw. durch die Anwendung von geeigneten Methoden innerhalb des Datenerhebungsprozesses, wie z. B. die Begleitung der Gruppe durch einen als

[278] Vgl. Günther/Schuh (1998), S. 382, insbesondere Abbildung 1.
[279] Vgl. Bundschuh/Fabry (2000), S. 36.
[280] Vgl. Pfohl/Wübbenhorst (1982), S. 32.
[281] Vgl. Weber/Eisenführ (2003), S. 103-111.

Moderator fungierenden Methodenfachmann, unterbunden werden.[282] Ein generelles, gruppendynamisches Verhalten verbleibt jedoch: der „shift to extreme". Aufgrund der Gruppendynamik werden die individuellen Ausgangspositionen polarisiert. So fällt das Gruppenergebnis extremer aus als der Mittelwert der individuellen Schätzergebnisse. Dieses Verhalten ist sowohl bei einer Gruppe mit risikoaverser Ausgangsposition zu beobachten, deren Schätzwerte dann sehr konservativ ausfallen, als auch bei Gruppen mit risikofreudiger Ausgangsposition, deren Gruppenwert dann ein höheres Risiko ausweist.[283] Da jedoch i. d. R. lediglich einzelne Fachexperten oder Kleingruppen zur Entwicklungszeitschätzung zur Verfügung stehen, ergibt sich folgendes Bild:

1. Für großzahlige Phänomene lassen sich empirische Datengrundlagen erheben. Deren Verteilungen sind häufig normalverteilt.[284]
2. Bei geringzahligen Phänomenen sind aufgrund der i. d. R. geringen Datengrundlage jedoch bestimmte Verteilungsannahmen zu treffen.

Als Lösung für solche Fälle werden in der Wahrscheinlichkeitsrechnung einfache unsymmetrische Verteilungen angewendet. In dieser Arbeit wird dazu die Beta-[285] und die Dreiecksverteilung[286] auf deren Anwendungsfähigkeit hin untersucht, die Entwicklungszeit und deren Überschreitungsrisiko ohne Verlust an Informationen einzuschätzen.

4.1.2. Der Value-at-Risk als Streuungsmaß der Finanzwirtschaft

Ein anderer Weg zur Bestimmung des Wertschwankungsrisikos wurde bei den Risikomodellen der Finanzwirtschaft gewählt: Ausgehend von den Wertschwankungen eines Portfolios, die zum Ende einer bestimmten historischen Haltedauer H dieses Portfolios eingetreten sind, wird ein Konfidenzintervall α definiert, das diese Wertschwankungsrisiken bis zu einer bestimmten Eintrittswahrscheinlichkeit abdeckt. Der Value-at-Risk – kurz VaR – bemisst einen erwarteten Verlust. Er berechnet nicht den maximalen Verlust, der mit einer geringen Wahrscheinlichkeit eintreten kann, sondern gibt eine Verlustschranke für die zum Ende der Halteperiode erwartbaren Verluste wieder.[287] Inhalt des Portfolios bilden die „zu Marktpreisen bewerteten Aktiva, die einem Marktrisiko ausgesetzt sind."[288] Dieses können

---

[282] Vgl. ebenda, S. 312-316.

[283] Vgl. Brown (2000), S. 198f. und die dort genannten Quellen, insbesondere die Forschungsarbeiten von Stoner (1961).

[284] Vgl. Hahn/Shapiro (1994), S. 72ff.

[285] Vgl. ebenda (1994), S. 71.

[286] Vgl. Beyer et al. (1999), S. 127; Bosch (1998), S. 194f.

[287] Vgl. Huschens (2000), S. 184; Johanning (1998), S. 122.

[288] Vgl. Weber (2001), S. 136.

sowohl Anlageprodukte, wie Aktien oder festverzinsliche Wertpapiere oder Derivate davon sein als auch Kredite. Allgemein stellt der Value-at-Risk „die in Geldeinheiten gemessene negative Veränderung eines Wertes dar, die mit einer bestimmten Wahrscheinlichkeit innerhalb eines festgelegten Zeitraumes nicht überschritten wird."[289] Quantifizieren lassen sich die Kosten des Ausfallrisikos wie folgt:[290]

$$VaR = V \cdot \alpha \cdot \sigma_z . \tag{4.1}$$

Der Value-at-Risk ist somit das Resultat aus dem Wert des Portfolios V, dem Konfidenzintervall α und der Höhe des Risikos σ_z. Das Abweichungsrisiko ist dabei von der Zeitdauer der Halteperiode z abhängig. Das Konfidenzintervall α spiegelt dabei die Eintrittswahrscheinlichkeit wider, dass an einer bestimmten Anzahl an Handelstagen während der Haltezeit des Portfolios dessen Wert unter einen Mindestwert, $-V \cdot \alpha \cdot \sigma_z$, sinkt und daher Eigenkapital der Bank für diesen Fall vorgehalten werden muss.[291] Für die Berechnung des Konfidenzintervalls werden aus Vereinfachungsgründen normalverteilte Portfoliowerte unterstellt. In der Praxis der Kapitalmärkte hält diese Annahme einer Überprüfung nicht stand.[292] Für die Verdeutlichung des Ansatzes – und insbesondere die Risikoermittlung auf der Basis von Konfidenzintervallen – ist diese Sicht jedoch ausreichend. Beispielhaft lässt sich die Berechnung eines VaR wie folgt durchführen: Beträgt ein Portfolio heute den Wert von 1.000.000 Euro, das Konfidenzintervall wird auf 99% festgesetzt, d. h. 1% sämtlicher Wertschwankungen seien nicht abgedeckt und die Standardabweichung während der Halteperiode von z. B. einem Jahr beträgt $\sigma = 1{,}5\%$, so nimmt das standardnormalverteilte Konfidenzintervall einen Z-Wert von 2,32 für das Abdecken der 99%igen Einrittswahrscheinlichkeit ein. Folglich berechnet sich der VaR wie folgt:

$$VaR = 1.000.000 \cdot 2{,}32 \cdot 0{,}015\,€, \tag{4.2}$$

$$VaR = 34.800\,€. \tag{4.3}$$

---

289 Diggelmann (1999), S. 66.

290 Vgl. Diggelmann (1999), S. 66ff. Andere Autoren berücksichtigen explizit die Zeitdauer, während derer das Portfolio den Marktrisiken ausgesetzt ist. Demnach ist Gleichung 4.1 um den Term $\sqrt{dt}$ zu ergänzen, sodass gilt: $VaR = V \cdot \alpha \cdot \sigma \cdot \sqrt{dt}$ (vgl. Hager (2004), S. 55).

291 Diese Folgerungen ergeben sich aus Staas (vgl. Staas (2001), S. 111-116).

292 Vgl. Diggelmann (1999), S. 167 und die dort genannten Quellen.

Die Höhe des Konfidenzintervalls wird dabei von einem Entscheider[293] in Abhängigkeit von der eigenen Risikopräferenz festgelegt. Ein geringeres Konfidenzintervall, z. B. von 95% anstelle von 99%, spiegelt eine höhere Risikobereitschaft wider.[294] Hintergrund dieser Überlegungen bildet die betriebliche Notwendigkeit des Finanzsektors am Ende jeden Handelstages in Summe nicht mehr Risiko – in Form von Risikopotential – eingegangen zu sein als unter einem vorab definierten Worst-Case-Szenario auch verfügbares Eigenkapital als Risikodeckungsmasse zur Verfügung steht. Diese Gleichgewichtsbedingung im Risikotragfähigkeitskalkül muss somit stets erfüllt sein, um das langfristige Überleben des Kreditinstitutes zu sichern.[295] Das Risikopotential entspricht der Summe der unterschiedlichen Risikopositionen, deren einzelne Volumina mit Risikofaktoren gewichtet werden. Das Ergebnis umfasst den Betrag, der vertragsbindungsabhängig für das Kreditinstitut im Risiko steht: der Value-at-Risk.[296] Der Value-at-Risk der Gesamtbank gibt somit „den maximal erwartbaren Eigenkapitalverlust einer Bank an, den diese mit einer bestimmten Wahrscheinlichkeit erleiden wird."[297] Um aussagekräftige Steuerungskennziffern für die Messung des Risikogehalts von risikobehafteten Geschäften zu erhalten, sind Kennzahlen notwendig, die sowohl die Ertrags- als auch die Risikogesichtspunkte beinhalten. Nachfolgend ist zu prüfen, wie diese Sichtweise auf die Zielgröße der Entwicklungszeit übertragen werden kann.

---

293 Die Vorgaben für die Risikomodelle der Finanzwirtschaft resultieren i. d. R. aus direkten oder indirekten Anforderungen an die Eigenkapitalausstattung eines Kreditinstitutes, die von Seiten der Aufsichtsbehörden an die einzelnen Kreditinstitute gestellt wird; nach den Vorgaben des Basler Ausschusses für Bankenaufsicht ist der Value-at-Risk auf Basis eines 99%-Konfidenzintervalls für die Haltedauer von 10 Tagen und eine historische Betrachtungsperiode von mindestens einem Jahr zu berechnen (vgl. Basle Committee on Banking Supervision (1996), Abschnitt B.4).

294 Vgl. Diggelmann (1999), S. 76ff.

295 Vgl. Schierenbeck (1999), S. 48ff., vgl. Staas (2001), S. 114f. Als Fat Tails werden die so genannten „dicken" Enden der Normalverteilung bezeichnet. Da der Value-at-Risk in seiner Grundkonzeption lediglich eine Verteilung der Wertdifferenzen darstellt, wird das Risiko der überproportionalen Wertreduktion in dem von der Dichtefunktion nicht abgedeckten Bestandteil des Konfidenzintervalles abgebildet. Damit lassen sich jedoch keine Aussagen über die Höhe des absoluten Kursverlustes und dessen Eintrittswahrscheinlichkeit während eines bestimmten Zeitraumes generieren. Sämtliche Aussagen über die Höhe von Assets, die benötigt werden, um ein erwartbares Risiko in diesem Bereich abzubilden, beruhen daher lediglich auf Schätzungen (vgl. Diggelmann (1999), S. 166; vgl. Jorion (2000), S. 220f.). Die Konzeption des Time-at-Risk definiert - das Zeitrisiko im Gegensatz zu den VaR-Ansätzen - die Wertdifferenzen auswerten, mit Hilfe der Dreiecksfunktion ermitteltem Erwartungswert und dessen Standardabweichung. Analog dem VaR-Modell kann eine 100%ige Abdeckung des Zeitrisikopotentials jedoch auch der Time-at-Risk nicht erzielen. Ein nicht abdeckbares Restrisiko verbleibt, selbst für den Fall, dass die Bandbreite der Varianzausprägung über den Wert von b ausgedehnt wird. Die Folgen einer zusätzlichen Risikoreduktion bilden extrem steigende Vorhaltekosten an Entwicklungskapazitäten, die durch den Nutzen, der dadurch erzielten zusätzlichen Sicherheit häufig nicht kompensiert werden können. Es sei darauf hingewiesen, dass die Dreiecksfunktion sich für eine Fat-Tail-Betrachtung nur bedingt eignet, da sie über einen eindeutigen Maximalwert b verfügt.

296 Vgl. Schierenbeck (1999) S. 16-27.

297 Ebenda, S. 17.

4.1.3. Notwendigkeit zur Beurteilung von Entwicklungsprojektalternativen auf Basis einer zeitrisikoadjustierten Bewertung

Für die Ermittlung risikoadjustierter Kennzahlen für die Entwicklungszeitschätzung werden in den nachfolgenden Abschnitten die Vor- und Nachteile geeigneter Risikobewertungsmethoden mit Hilfe des μ-σ-Prinzips, der Betaverteilung sowie der Dreiecksverteilung aufgezeigt. Die Dreiecksverteilung verfügt dabei über die höchste Anzahl an Vorteilen, die sich für die Konzeption von risikoadjustierten Zeitkennzahlen nutzen lassen. Dazu zählen eine relativ einfache Ermittlung des Erwartungswertes μ und der Standardabweichung σ für Zeitdauern auf Basis der drei Zeitschätzwerte a, m und b. Allerdings ist damit die Vergleichbarkeit zweier Alternativen mit unterschiedlichen Ausprägungen hinsichtlich Erwartungswert, Standardabweichung und dem Konfidenzintervall β nicht zwangsläufig sichergestellt, wie die nachfolgenden grundlegenden Fälle zeigen. Mit Hilfe von β wird die Risikopräferenz des Projektleiters aufgezeigt, in welcher er das vorhandene einfache Entwicklungszeitrisiko $1 \cdot \sigma_i$ oder ein Mehrfaches davon mittels zusätzlicher Zeitreserven abgedeckt haben möchte. Das Konfidenzintervall β entspricht dabei dem Konfidenzinterval α in der Konzeption des Value-at-Risk; bis zu dessen Höhe ist die Eintrittswahrscheinlichkeit des Zeitrisikos durch die zusätzliche Zeitdauer abgedeckt.

In einem ersten Schritt werden nachfolgend Handlungsalternativen lediglich auf Basis von Risikozeiten bewertet. Es wird dabei unterstellt, dass die zeitvariablen Kosten sämtlicher Alternativenpaare dieselbe Höhe aufweisen und daher nicht die Entscheidungssituation zusätzlich beeinflussen. Folglich ist für die Bewertung der Alternative A_i der Erwartungswert μ_i, die Standardabweichung σ_i und dem Konfidenzintervall β entscheidungsrelevant:

1. Fall: $\mu_1 = \mu_2$ und $\beta\sigma_1 > \beta\sigma_2$: (4.4)

   Hier sind die Erwartungswerte beider Handlungsalternativen A_1 und A_2 identisch, die Entscheidung ist von der Höhe der Risikoausprägungen σ_1 und σ_2 abhängig. In diesem Fall ist Alternative A_2 wegen des geringeren Zeitrisikos zu bevorzugen.

2. Fall: $\mu_1 = \mu_2$ und $\beta\sigma_1 < \beta\sigma_2$: (4.5)

   Hier sind die Erwartungswerte beider Handlungsalternativen A_1 und A_2 ebenfalls identisch, jedoch beinhaltet Alternative A_1 den geringeren Zeitrisikoanteil.

In den restlichen Fällen 3 bis 8 besitzen beide Handlungsalternativen unterschiedliche Ausprägungen für die Erwartungswerte, sodass die Entscheidung zugunsten einer Alternative ausnahmslos über deren Zeitrisiko und damit aus der Kombination des einfachen Zeitrisikos σ_i und des Zeitrisikodeckungspotentials β resultiert.

3. Fall: $\mu_1 > \mu_2$ und $\beta\sigma_1 = \beta\sigma_2$: ➔ Alternative A_1 ist risikobehafteter, es gilt: $A_1 > A_2$. Folglich ist Alternative A_2 zu bevorzugen. (4.6)

4. Fall: $\mu_1 < \mu_2$ und $\beta\sigma_1 = \beta\sigma_2$: ➔ Alternative A_1 ist mit einem geringeren Risiko behaftet, es gilt: $A_1 < A_2$. Alternative A_1 ist zu präferieren. (4.7)

5. Fall: $\mu_1 > \mu_2$ und $\beta\sigma_1 > \beta\sigma_2$: ➔ $A_1 > A_2$; Alternative A_2 ist vorzuziehen. (4.8)

6. Fall: $\mu_1 < \mu_2$ und $\beta\sigma_1 < \beta\sigma_2$: ➔ $A_1 < A_2$ Alternative A_1 fällt kürzer aus. (4.9)

7. Fall: $\mu_1 > \mu_2$ und $\beta\sigma_1 < \beta\sigma_2$: ➔ Eine exakte Bewertung der Vorziehenswürdigkeit einer der beiden Handlungsalternativen ist ohne Kenntnis der exakten Höhe des Zeitrisikodeckungspotentials β nicht möglich. (4.10)

8. Fall: $\mu_1 < \mu_2$ und $\beta\sigma_1 > \beta\sigma_2$: ➔ Eine exakte Bewertung der Vorziehenswürdigkeit einer der beiden Handlungsalternativen ist ohne Kenntnis der exakten Höhe des Zeitrisikodeckungspotentials β nicht möglich. (4.11)

Der Einfluss der Risikopräferenz des Entscheiders hinsichtlich der Abdeckung des Zeitrisikopotentials für Alternative 1 in Höhe von $\beta\sigma_1$ und für Alternative 2 über $\beta\sigma_2$ wird entscheidungsdeterminierend. Ein zeitrisikoadjustierter Alternativenvergleich ist nur unter Berücksichtigung eines gleich hohen Zeitrisikodeckungspotentials β für sämtliche Alternativen sinnvoll.

4.1.3.1. Der Time-at-Risk als Kennzahl zur Quantifizierung des Entwicklungszeitrisikos

Überträgt man die Risikokonzeption des Value-at-Risk auf die Produktentwicklungszeit von komplexen technischen Serienentwicklungsprojekten, so bestehen zwei grundsätzliche Vorgehensweisen. Wie in der Einführung dieses Kapitels dargelegt, lassen sich die Entwicklungszeitdaten für einzelne Entwicklungsumfänge nicht als Nebenprodukt von Börsenhandelsaktivitäten de facto kostenfrei als Dateninput für die spätere Risikobewertung erheben. Entwicklungsprojekte sind vielmehr durch ihren Einmaligkeitscharakter gekennzeichnet, sodass keine große Anzahl an vergleichbaren Vorgängerprojekten existiert, die sich statistisch auswerten lassen. Zudem besteht eine Vielzahl an Einflussgrößen, die sich auf die Zeitdauer und das Zeitrisiko auswirken. Die Risikostreumasse Varianz und Standardnormalverteilung können mittels der Beta- und der Dreiecksverteilung anhand der drei Parameter der kürzesten a, meistwahrscheinlichen m und der längsten b erwarteten Zeitdauer geschätzt werden. Dadurch können das erste und zweite Moment der Verteilung bestimmt werden: μ und σ.[298]

Der elementare Unterschied zur VaR-Konzeption ist der Blickwinkel: Der VaR der Finanzwirtschaft umfasst die Höhe der abgedeckten Wertschwankungen und damit sowohl die Chancen eines Gewinns als auch die Risiken bis auf den Anteil an nicht abgedeckten negativen Wertschwankungen am linken Ast der Dichtefunktion. Im Gegensatz dazu hat ein VaR der Entwicklungszeit den Anteil an Zeitüberschreitungen abzudecken, der nicht in der bisherigen Zeitplanung berücksichtigt ist. Dieser wird nachfolgend als *Time-at-Risk*$_{\beta\sigma\_Ai}$ bzw. $TaR_{\beta\sigma\_Ai}$ bezeichnet. In der Dichtefunktion finden sich diese Werte auf dem rechten Ast. Der $TaR_{\beta\sigma\_Ai}$ beinhaltet diejenige Zeitdauer, die über den Erwartungswert hinaus anfällt, um das Zeitrisiko $\beta\sigma_{Ai}$ für die zu bewertende Alternative A_i abzudecken:

$$TaR_{\beta\sigma\_Ai} = \beta\sigma_{Ai}. \tag{4.11}$$

Die Höhe des Risikoanteils an der Entwicklungsdauer richtet sich dabei zum einen nach der Höhe der Standardabweichung σ und zum anderen nach der Höhe der abzudeckenden Eintrittswahrscheinlichkeit des Zeitrisikos, die durch das Ein- oder Mehrfache von σ als $\beta\sigma_{Ai}$ anfällt. Ausgehend von der Konzeption des Value-at-Risk stellt sich nun die Frage, wie die Kennzahl „Time-at-Risk" konzeptionell erfasst werden kann. Die Zeitrisikokennzahl hat nicht nur eine einzelne Handlungsalternative zu bewerten, sondern insbesondere den Paarvergleich zwischen einem Referenzumfang und der zu bewertenden Alternative bzw. einem Alternativenpaar innerhalb des zu planenden Entwicklungsprojektes sicher zu stellen.

4.1.3.2. Der Time-including-Risk und der Return-on-Risk-adjusted-Time als Kennzahlen zur Quantifizierung der zeitrisikoadjustierten Entwicklungsdauer

Ausgehend von dem VaR-Konzept sind Kennzahlen zur risikoadjustierten Performance-Messung zu definieren. Eine der aussagekräftigsten ist der „Return-on-Risk-adjusted-Capital" – kurz „RoRaC". Dieser setzt das Nettoergebnis aus Bankgeschäften vor Berücksichtigung der risikoadjustierten Eigenkapitalkosten in Relation zum Risikokapital der Bank. Der Ziel-RoRaC erfordert somit die Erzielung einer Eigenkapitalrendite, die in Anlehnung an das Capital-Asset-Pricing-Model zusätzlich zum risikolosen Zinssatz eine Risikoprämie für das investierte Kapital erwirtschaftet.[299]

---

[298] Vgl. Kapitel 4.2.2 für die wahrscheinlichkeitstheoretische Herleitung des Erwartungswertes und der Standardabweichung der Betaverteilung und Kapitel 4.2.3 für die Dreiecksverteilung.

[299] Vgl. Schierenbeck (1999), S. 69ff.

Überträgt man diese Sichtweise auf die Problemstellung dieser Arbeit, ergibt sich aus dem Fokus der Metaebene eine hohe Ähnlichkeit. Interpretiert man Entwicklungszeit und deren Überschreitungsrisiko als die knappen Güter zur Erzielung der angemessenen Rendite für den Lebenszyklus eines komplexen Produktentwicklungsprojektes, so ergibt sich ein hohes Maß an Analogien:[300] So wie in einem Kreditinstitut sich jede Entscheidung über eine Investition zugunsten des Eigenhandels oder einer Kreditvergabe stets an dem damit zusätzlich eingegangenen Risikopotential der Gesamtbank messen lassen muss, ist jede Entscheidung in der Spezifikationsphase des Entwicklungsprozesses für ein technisches System bzw. Teilsystem daraufhin zu überprüfen, inwieweit die risikolose Zeitdauer überschritten werden kann und mit welcher Eintrittswahrscheinlichkeit damit ein Zeitrisiko für das Gesamtprodukt verbunden ist. Aus dieser Perspektive wird das Entwicklungszeitrisiko, das aus einer Spezifikationsentscheidung resultiert, zu einem unternehmensseitig vorzuhaltenden Risikopotential. Folglich gilt es, geeignete zeitrisikoadjustierte Kennzahlen für die Bewertung einzelner Alternativen und für Alternativenpaare zu ermitteln:

- Für den ersten Schritt der Bewertung sind einzelne Handlungsalternativen im Hinblick auf deren Zeitrisiken zu bewerten; dieses wird nachfolgend anhand der Risikokennzahl „Time-including-Risk" – kurz TiR – durchgeführt; den zweiten Schritt bildet die ökonomische Bewertung des ermittelten Zeitrisikos auf der Basis der damit verbundenen variablen Kosten.[301]
- Sollen Handlungsalternativen auf Basis ihres Zeitrisikogehaltes verglichen werden, so bildet die eingesparte Risikozeit eine wesentliche Zielgröße. Diese Kennzahl wird in Anlehnung an den RoRaC als „Return-on-Risk-adjusted-Time" – kurz RoRaT – definiert.

Beide Zeitgrößen bilden den maßgeblichen Dateninput eines zeitrisikoadjustierten Entwicklungskosten-Controlling, bei dem sich im Rahmen einer Gegenwartswertbetrachtung die Zeitdauer direkt auf die Höhe der vorzuhaltenden Entwicklungskosten auswirkt.[302] Die nachfolgend angeführten Vergleiche basieren in einem ersten Schritt auf der Annahme gleich hoher variabler Kosten. Wie in Kapitel 4.2.3 ausgeführt, beinhaltet der $TaR_{\beta\sigma\_Ai}$ einer Alternative A_i die mittels der Dreiecksverteilung ermittelte Standardabweichung σ_{Ai}, die um die Höhe der Risikoeintrittswahrscheinlichkeit β abzusichern ist:

$$TaR_{\beta\sigma\_Ai} = \beta\sigma_{Ai}. \tag{4.13}$$

[300] Vgl. Kapitel 1.1, insbesondere Abbildung 1.1.

[301] Siehe Kapitel 4.1.3.

[302] Vgl. hierzu Kapitel 5.1.

Vergleicht man nun zwei funktionsgleiche Alternativen miteinander, so ist aufgrund der zeitlichen Beurteilung jeder Alternative die Bewertung aus zwei grundsätzlichen Perspektiven möglich: Wird nur der Erwartungswert der Entwicklungszeit als Bewertungsgröße herangezogen, so besteht die Gefahr, dass eine Entscheidung zugunsten der Alternative getroffen wird, für welche zwar ein geringerer Erwartungswert eingeschätzt wird, aber ein höheres Abweichungsrisiko besteht. Erst die Berücksichtigung einer hinreichend hohen Abdeckung des zeitlichen Risikopotentials erlaubt die Auswahl der tatsächlich zeitrisikoärmeren Alternative.

Für diese Bewertung wird ein Zeitrisikomaß benötigt, das den Erwartungswert der zu bewertenden Alternative μ_{Ai}, die abzudeckende Eintrittswahrscheinlichkeit des Risikos β und die Höhe der einfachen Risikoausprägung σ_{Ai} beinhaltet. Diese Anforderungen erfüllt das Zeitrisikomaß „Time-including-Risk":

$$TiR_{\beta\sigma\_Ai} = \mu_{Ai} + \beta\sigma_{Ai} \tag{4.14}$$

Damit geht die Konzeption des $TiR_{\beta\sigma\_Ai} = \mu_{Ai} + \beta\sigma_{Ai}$ auf die methodischen Grundlagen des Value-at-Risk zurück, dieser wird als β-fache Abweichung von dem Erwartungswert einer normalverteilten Grundgesamtheit angesehen.[303] Der große Vorteil dieser Kennzahl besteht darin, dass verschiedene Alternativen auf der Basis derselben Risikoeintrittswahrscheinlichkeit verglichen werden können. Analog zu Bewertungskennzahlen der Finanzwirtschaft, die ein vermindertes Wertschwankungsrisiko eines Portfolios als Ertrag ausweisen, wird in dieser Arbeit der „Return-on-Risk-adjusted-Time" als Kennzahl vorgeschlagen, mit Hilfe derer zwei Alternativen auf der Basis derselben Risikopräferenz bewertet werden. Der RoRaT stellt den Planungsertrag in Form des eingesparten Zeitrisikopotentials dar.[304] Vereinfachend wird in einem ersten Schritt unterstellt, dass die variablen Kosten jeweils dieselbe Höhe ausweisen. Ist dieses nicht der Fall, sind die Auswirkungen auf die Höhe der Entwicklungskosten für jede Handlungsalternative analog Gleichung 5.2 zu erheben. Die Entwicklungsmehrkosten für die i. d. R. kürzere Handlungsalternative sind in der Nachrisikobetrachtung dann den Erträgen eines früheren Markteintritts oder vermiedener Ausfallkosten gegenüberzustellen, die aus der Höhe des $RoRaT_{\beta\sigma\_Ai\_Aj}$ resultieren. Der $RoRaT_{\beta\sigma\_Ai\_Aj}$ bildet bei einem Paarvergleich zwischen zwei Alternativen A_i und A_j die prozentuale Zeitreduktion ab, die sich auf der Basis

303 Vgl. Jorion (2000), S. 91f.

304 Am Kapitalmarkt gibt die Spitzenkennzahl Return-on-Risk-adjusted-Capital denjenigen Geldbetrag an eingespartem Eigenkapital wieder, der durch die Wahl einer ertragsgleichen, jedoch risikoreduzierten Portfoliokonstellation erzielt werden kann (vgl. Schierenbeck (1999), S. 69ff.). Dem Verfasser dieser Arbeit ist durchaus bewusst, dass an die statistischen Prämissen der RoRaC-Berechnung höhere Anforderungen gestellt sind als an die hier vorgestellte Zeitrisikokonzeption. Dies gilt insbesondere für die Korrelationen, die sich zwischen den einzelnen Assets eines Portfolios berechnen lassen.

des Zeitmittelwertes und der als Prämisse gesetzten Zeitrisikoabweichung in Höhe vom Vielfachen einer Standardabweichung ergibt.

Somit gilt:

$$RoRaT_{\beta\sigma\_Ai\_Aj} = TiR_{\beta\sigma\_Ai} - TiR_{\beta\sigma\_Aj}, \tag{4.15}$$

$$TiR_{\beta\sigma\_Ai} = \mu_{Ai} + \beta\sigma_{Ai}, \tag{4.16}$$

$$TiR_{\beta\sigma\_Aj} = \mu_{Aj} + \beta\sigma_{Aj}, \tag{4.17}$$

$$RoRaT_{\beta\sigma\_Ai\_Aj} = (\mu_{Ai} + \beta\sigma_{Ai}) - (\mu_{Aj} + \beta\sigma_{Aj}), \tag{4.18}$$

$$RoRaT_{\beta\sigma\_Ai\_Aj} = (\mu_{Ai} - \mu_{Aj}) + (\beta\sigma_{Ai} - \beta\sigma_{Aj}), \tag{4.19}$$

$$RoRaT_{\beta\sigma\_Ai\_Aj} = \mu_{Ai} - \mu_{Aj} + \beta(\sigma_{Ai} - \sigma_{Aj}). \tag{4.20}$$

Für die Berechnung der Eintrittswahrscheinlichkeit von Kapitalmarktrisiken in Form von Kursverlust- oder Kreditausfallrisiken werden für Risikomodelle am Kapitalmarkt häufig das 95%ige (1,65σ) und das 99%ige (2,32σ) Vertrauensintervall zugrunde gelegt.[305] Aus der Perspektive der Wirtschaftlichkeit wird diesem Ansatz vorerst auch hier gefolgt. Eine Abdeckung der 99%-igen Eintrittswahrscheinlichkeit eines Überschreitungsrisikos würde im vorliegenden Fall bereits mit einem knapp 25% längeren Zeitfenster realisiert sein. Dieser Risikopuffer $\mu + 2{,}32\sigma$ wird für die nachfolgenden Betrachtungen als ausreichend angesehen.

4.2. Methoden zur Berechnung des Entwicklungszeitrisikos

Dieses Kapitel widmet sich der Fragestellung, wie die in Kapitel 3 erhobenen Daten für die Entwicklungszeit mittels einer geeigneten Verteilungsfunktion ausgewertet werden können, sodass ein möglichst hoher Informationsnutzen entsteht. Dazu werden nachfolgend das μ-β-Prinzip, die Beta- und die Dreipunktverteilung auf ihre Eignung hin untersucht.

4.2.1. Zeitrisikoschätzung auf Basis des μ-σ-Prinzips

Die mit dem Time-including-Risk-Ansatz verbundene Berechnung des Entwicklungszeitrisikos erinnert in einem ersten Schritt sehr an das aus der Risikotheorie bekannte μ-σ-Prinzip.[306] Nachfolgend sollen die Grundlagen dieses Prinzips erörtert werden. Weiterhin wird dargelegt, warum sich diese Vorgehensweise nicht für die Ermittlung der Risikozeit nach dem Verständnis dieser Arbeit eignet. Die Risikoausprägung wird bei dem μ-σ-Prinzip explizit dadurch berücksichtigt, indem Standardabweichungen der Ergebniswerte eg_{ij} berücksichtigt

[305] Vgl. Diggelmann (1999), S. 75ff.

[306] Vgl. Berens/Delfmann (2002), S. 74f.

werden. Für jede Alternative A_i wird dazu das zu jedem Umweltstand U_j erwartete Ergebnis eg_{ij} mit der Eintrittswahrscheinlichkeit w_j gewichtet. Aus der Summation der gewichteten Ergebnisse eg_{ij} resultiert der Erwartungswert μ_j des Ergebnisses eg_i:[307]

$$\mu_j = E(eg_i) = \sum_j eg_{ij} \cdot w_j \text{, mit } \sum_j w_j = 1. \tag{4.21}$$

Zur Berechnung der Standardabweichung σ_i als Risikomaß werden die Erwartungswerte μ_j von den Einzelergebnissen eg_i subtrahiert und diese Abweichungen quadriert. Damit soll verhindert werden, dass sich die negativen und positiven Abweichungen gegenseitig aufheben können und somit vorhandenes Risiko methodisch verschwiegen wird:[308]

$$\sigma_i = \sqrt{\sum_{j=1}^{n} w_j \cdot \left(eg_{ij} - \mu_i\right)^2}. \tag{4.22}$$

In der Entscheidungsfunktion des μ-σ-Prinzips Φ_i können unterschiedliche Risikopräferenzen berücksichtigt werden, indem mittels des Gewichtungsfaktors g_i sowohl die Risikoaversion bei $x_j > 0$ als auch die Risikofreude bei $x_j < 0$ in die Entscheidung über die Risikoausprägung σ_i einfließen.[309]

$$\Phi_i = \mu_i - g_i \cdot \sigma_i. \tag{4.23}$$

Allgemein ist davon auszugehen, dass der Entscheider diejenige Alternative A_i auswählt, die entsprechend seiner individuellen Präferenzfunktion Φ_i den größten Nutzen generiert.[310] Die Probleme, die sich aus der Anwendung dieses Verfahrens auf die Entwicklungszeitschätzung ergeben, sind rein methodischer Art: Die Umweltzustände U_j einer Entwicklungsalternative A_i können als die Ausprägungsdifferenzen der Komplexitätsfaktoren für die Produkt-, Prozess- und Organisationsstruktur interpretiert werden. Die Ereignisse e_{ij} bilden sodann die Entwicklungszeit, die für jeden Komplexitätsfaktor eingeschätzt wird. Von einer bestimmten Faktorausprägung müsste demnach direkt auf eine Zeitdauer geschlossen werden. Allein diese Vorgehensweise ist in der Praxis de facto nicht durchführbar, da die Schätzexperten bestenfalls in der Lage sind, aus einer bestimmten Umweltzustandsänderung U_j auf eine relative Zeitveränderung zu schließen. Aufgrund des Abstraktionsgrades des Zielsystems wird

307 Vgl. Berens/Delfmann (2002), S. 74f.

308 Vgl. ebenda, S. 74f.

309 Vgl. ebenda, S. 75.

310 Vgl. Neff (2002), S. 332.

es ihnen i. d. R. nicht möglich sein einer bestimmten Ausprägung eines Umweltzustandes U_j eine bestimmte Zeitdauer zuzuordnen. Bei dieser Interpretation des μ-σ-Prinzips wäre der Gewichtungsfaktor g_i überflüssig, da die Einzelzeiten zur Gesamtdauer des Entwicklungsprozesses zu addieren sind.

Des Weiteren werden keine schiefen Verteilungen bei der Berechnung der Risikoausprägung für einzelne Arbeitspakete berücksichtigt. Damit wird bei der Anwendung des μ-σ-Prinzips auf eine geringe Anzahl an Arbeitspaketen entlang des kritischen Pfades das Zeitrisikopotential einer Entwicklungsalternative A_i systematisch unterschätzt. Eine Lösung für das letztgenannte Problem bietet die Erweiterung des μ-σ-Prinzips um höhere Momente. Dadurch können schiefe Verteilungen berücksichtigt werden. Dazu sind einerseits die zu berücksichtigenden Zentralmomente auszuwählen, andererseits ist ein funktionaler Zusammenhang der ausgewählten Zentralmomente in der Entscheidungsregel zu ermitteln.[311] Trifft man die vereinfachende Annahme, dass die Bedeutung der höheren Momente mit zunehmendem Grad rapide abnimmt,[312] kann eine Begrenzung auf die drei Momente Erwartungswert μ, Standardabweichung σ und Schiefe γ_1 erfolgen.[313] Somit hat eine modifizierte μ-σ-Regel die allgemeine Form:[314]

$$\Phi_i = x_1\mu + x_2\sigma + x_3\gamma_1 + \Theta = x_1\mu + R(\sigma, \gamma_1) + \Theta. \tag{4.24}$$

Der Term $R(\sigma, \gamma_1)$ gibt dabei die Risikopräferenzfunktion und Θ das Restfehlerelement wieder. Das grundlegende Problem der Entwicklungszeitschätzung bleibt jedoch: Von jedem Ereignis bzw. Einflussfaktor müsste direkt auf die Höhe der daraus resultierenden Zeitdauer geschätzt werden können. Dieses ist bei der in dieser Arbeit verfolgten Relationsmethode jedoch nicht möglich. Jede Komplexitätsfaktorausprägung müsste mit ihrem Einfluss auf die direkte Entwicklungszeit bewertet werden können; hinzu kommt die Bewertung der Eintrittswahrscheinlichkeit. Folglich werden zur Ermittlung des Entwicklungszeitrisikos Kennzahlen notwendig, die sowohl einfach zu ermitteln sind als auch einen hohen Aussagewert besitzen.

4.2.2. Die Beta**verteilung** als statistischer Ansatz zur Quantifizierung des Zeitrisikos

Der Vorteil der Betaverteilung besteht in der hohen Anzahl an Ausprägungen für die Dichteverteilung, die diese innerhalb eines Intervalls annehmen kann. Diese Verteilungsfunktion wird daher häufig angewendet, um die Verteilung einer hohen Anzahl an physischen

---

311 Vgl. Koch (1994), S. 149.

312 Vgl. Elderton/Johnson (1969), S. 35ff.

313 Vgl. Neff (2002), S. 151ff.

314 Vgl. ebenda, S. 333.

Variablen wiederzugeben, deren Werte durch ein erkennbares Intervall begrenzt sind.[315] Sie findet daher Anwendung in der praktischen Zuverlässigkeitsanalyse[316] sowie beim Netzplanverfahren PERT[317]. Eine Betaverteilung besitzt vier Parameter: Erwartungswert, Varianz, Schiefe und Excess.[318] Erst durch die Schätzung dieser vier Parameter ist die Betaverteilung eindeutig bestimmt. Für die Schätzung der vier Parameter werden Schätzwerte für die Variablen a, b, q und r benötigt. Durch die Festlegung einer festen Beziehung zwischen den beiden Momenten Schiefe und Excess werden lediglich drei Variablen benötigt, um die Betaverteilung näherungsweise zu bestimmen. Diese sind a, b und m, da gilt:

$$q = q\left(f_{(a,b,m)}\right) = 0. \qquad (4.24)$$

Dazu werden für die Betaverteilung die drei Schätzwerte als möglicher Ausprägungszustand innerhalb des erwarteten Zeit-Intervalls erhoben:[319]

- Der Wert „a“ als der optimistische Schätzwert für die Realisierung von Vorgängen. In dieser Arbeit bildet „a“ die kürzeste Entwicklungszeitdauer ab.
- Der Wert „b“ als der pessimistische Schätzwert für die Realisierung von Vorgängen. In dieser Arbeit wird unter „b“ die längste Entwicklungszeitdauer subsumiert.
- Der Wert „m“ als der wahrscheinlichste Schätzwert oder Modalwert für die Realisierung von Vorgängen. In dieser Arbeit wird die wahrscheinlichste Entwicklungszeitdauer mit „m“ wiedergegeben. Daher gilt: $m \in [a;b]$.[320]

Das Netzplantechnikverfahren PERT berücksichtigt als einziges Netzplanverfahren Unsicherheiten über die zu schätzende Zielgröße der Vorgangsdauern, indem es stochastische Vorgangsdauern mittels einer Drei-Zeiten-Schätzung abbildet. Es baut dabei auf der Betaverteilung auf. Das Risiko der Überschreitung des Modalwertes wird in Form einer Wahrscheinlichkeitsverteilung abgebildet. Die Formparameter q und r werden dabei in Abhängigkeit voneinander gesetzt, sodass gilt: $q + r \approx 6$. Von Seiten des bzw. der Experten sind lediglich die drei Zeitangaben für die Werte a, b und m anzugeben. Mit dieser Vereinheitlichung sind jedoch auch Risiken verbunden.

---

315 Vgl. Hahn/Shapiro (1994), S. 91ff.

316 Vgl. Neff (2002), S. 149 und die dort genannten Quellen.

317 Vgl. Golenko (1972), S. 76f.

318 Vgl. Neff (2002), S. 152.

319 Vgl. Hahn/Shapiro (1994), S. 94.

320 Der Wert m bildet somit den „Modalwert“ oder „Modus“ der stetigen Betaverteilung ab. Es ist derjenige Wert einer eingipfeligen Häufigkeitsverteilung, der die größte Häufigkeit aufweist (vgl. Bamberg/Baur (1998), S. 16f.).

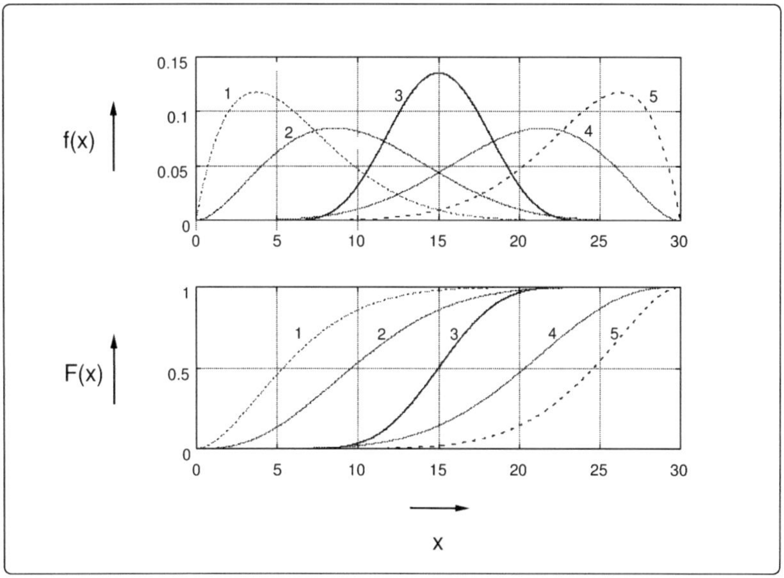

1 $f_{B(x;0,30,2,8)}$ 2 $f_{B(x;0,30,3,6)}$ 3 $f_{B(x;0,30,6,6)}$ 4 $f_{B(x;0,30,6,3)}$ 5 $f_{B(x;0,30,8,2)}$

Abbildung 4.1: Dichte- und Verteilungsfunktion verschiedener Betaverteilungen[321]

Im weiteren Verlauf dieses Kapitels werden somit die Dichtefunktion und deren Annahmen sowie die Herleitung der ersten beiden Momente erörtert und die Auswirkungen, die sich aus der Wahl der Formparameter auf die Form der Dichtefunktion ergeben, dargestellt. Abbildung 4.1 stellt verschiedene Dichte- und Verteilungsfunktionen in Abhängigkeit verschiedener Ausprägungen der Formparameter a, b, q und r dar. Abschließend wird aufgezeigt, wie das Risikopotential einer Überschreitung der Entwicklungszeit in Abhängigkeit der Eintrittswahrscheinlichkeit berechnet werden kann. Bei PERT ist die Dauer eines beliebigen Vorganges über dem Intervall [a;b] betaverteilt. Die Dichtefunktion ist wie folgt gegeben:[322]

$$f_{B(x;a,b,q,r)} = c \cdot (x-a)^{q-1} \cdot (b-x)^{r-1}, \text{ falls } a \leq x \leq b \tag{4.25}$$

ansonsten $$f_{B(x;a,b,q,r)} = 0.$$

Dabei gilt weiterhin:

$$c = \frac{\Gamma(q+r)}{\Gamma(q) \cdot \Gamma(r)} \cdot \frac{1}{(b-a)^{q+r-1}} \tag{4.26}$$

[321] Vgl. Neff (2002), S. 151.

[322] Vgl. Berg et al. (1973), S. 138ff.; vgl. Neff (2002), S. 150.

und b > 0, q, r > 0 und q+r-2$\neq$0. Des Weiteren sind $\Gamma(q+r)$, $\Gamma(q)$ und $\Gamma(r)$ Gamma-Verteilungen. Für den exakten Verlauf der Betafunktion sind somit Werte für die Parameter a, b sowie die Formparameter q und r nötig. Die Konstante c kann durch die Stetigkeitsbedingung ermittelt werden:

$$\int_{-\infty}^{+\infty} f(x)dx = \int_a^b c \cdot (x-a)^{q-1} \cdot (b-x)^{r-1} dt = 1 \tag{4.28}$$

aufgelöst nach c ergibt sich:

$$c = \frac{1}{\int_a^b (x-a)^{q-1} \cdot (b-x)^{r-1} dx}. \tag{4.29}$$

Der Modalwert m der Dichtefunktion der Betaverteilung ist derjenige Zeitwert x, an dem die Verteilungsfunktion ihr Maximum einnimmt. Folglich gilt:[323]

$$m = x \left| \frac{df(x)}{dx} = 0 \right. \text{ unter der Bedingung } \frac{d^2 f(x)}{dx^2} < 0, \tag{4.30}$$

daraus folgt:

$$\frac{df(x)}{dx} = c((q-1)\cdot(x-a)^{q-2} \cdot (b-x)^{r-1} - (r-1)\cdot(x-a)^{q-1} \cdot (b-x)^{r-2}) = 0 \tag{4.31}$$

Nach x aufgelöst ergibt sich für m, falls nachfolgend gilt x = m:

$$m = \frac{(q-1)\cdot b + (r-1)\cdot a}{q+r-2}, \text{ wenn q > 1 und r > 1.} \tag{4.32}$$

Der Wert m ist der Maximalwert der Betaverteilung und entspricht daher dem Modalwert der Verteilung auf dem Intervall [a;b]. Bei der Zeitschätzung bildet er den meistwahrscheinlichen Wert. Aus dieser Gleichung lassen sich die Werte q und r in Abhängigkeit voneinander bestimmen:

$$q = \frac{2m-a-b}{m-b} + \frac{a-m}{m-b} \cdot r \quad \text{und} \tag{4.33}$$

$$r = \frac{2m-a-b}{m-a} + \frac{b-m}{m-a} \cdot q. \tag{4.34}$$

Das PERT-Verfahren berechnet den kritischen Pfad durch das Gesamtprojekt mit Hilfe der Summe der Erwartungswerte μ für die einzelnen Vorgangsdauern. Die Unsicherheit wird mittels der Summe der Varianzen σ^2 als Maß für das zeitliche Überschreitungsrisiko für

[323] Vgl. Berg et al. (1973), S. 139.

jedes einzelne Arbeitspaket wiedergegeben. Der Erwartungswert μ wird aus den Zeitparametern a und b sowie den Formparametern der Betaverteilung q und r berechnet:[324]

$$\mu = \frac{a \cdot r + b \cdot q}{q + r}. \tag{4.35}$$

Für die Berechnung der Varianz σ^2 gilt:[325]

$$\sigma^2 = \frac{(b-a)^2 \cdot q \cdot r}{(q+r+1) \cdot (q+r)^2}. \tag{4.36}$$

Durch die Wahl der Parameter reduziert sich die Problemstellung des Schätzens von Wahrscheinlichkeitsverteilungen auf das Schätzen von Parametern des entsprechenden Verteilungstyps mit folgenden Eigenschaften:[326]

- Die Verteilung ist stetig; dies ist Voraussetzung für die Lösung der Problemstellung dieser Arbeit, da Zeit ein stetiges Merkmal ist.
- Die Vorgangsdauern verlaufen innerhalb des Intervalls [a;b] und sind nicht negativ.
- Der Verteilungstyp ist eingipflig, sodass sich die Zufallsvariable „Entwicklungszeit" um einen Wert konzentriert.

In Abhängigkeit von den Formparametern q und r nimmt die Betaverteilung folgende charakteristische Verläufe ein:[327]

- Für $q > 1$ und $r > 1$ besitzt die Funktion ein einziges Maximum an der Stelle m.
- Bei $q > 1$ und $r < 1$ verläuft die Verteilung u-förmig.
- Für $q \geq 1$ und $r < 1$ steigt die Verteilungsfunktion streng monoton.
- Für $q < 1$ und $r \geq 1$ fällt die Verteilungsfunktion streng monoton.
- Bei $q = r$ verläuft die Verteilung symmetrisch. Für $q = r = 1$ ist der Verlauf der Betaverteilung mit demjenigen einer Gleichverteilung identisch.
- Für $q = 2$ und $r = 1$ bildet die Betaverteilung eine linksseitige, rechtwinklige Dreiecksverteilung ab. Für $q = 1$ und $r = 2$ ist der Verlauf der Betaverteilung mit demjenigen einer rechtsseitigen, rechtwinkligen Dreiecksverteilung identisch.

Für die Formparameter r und q werden im praktischen Einsatz die Werte $q = 3 + \sqrt{2}$ und $r = 3 - \sqrt{2}$ angesetzt.[328] Diese Werte können als halbempirisch bezeichnet werden.[329] Mit

---

324 Vgl. Berg et al. (1973), S. 140.

325 Vgl. ebenda, S. 140.

326 Vgl. Gal (1986), S. 195.

327 Vgl. Hahn/Shapiro (1994), S. 91; Wickord (2003), S. 96; Neff (2002), S. 153.

328 Vgl. Berg et al. (1973), S. 138ff.

329 Vgl. Golenko (1972), S. 52.

dieser Setzung sind jedoch erhebliche Vorteile für die praktische Berechnung der ersten beiden Momente verbunden, wie nachfolgend aufgezeigt wird. Dabei gilt:

$$\mu = \frac{a(3-\sqrt{2}) + b(3+\sqrt{2})}{6} = \frac{a + b + a(2-\sqrt{2}) + b(2+\sqrt{2})}{6}. \tag{4.37}$$

Setzt man die Werte $q = 3+\sqrt{2}$ und $r = 3-\sqrt{2}$ in die Berechnungsformel (4.35) für den Modalwert m ein, so erhält man:

$$m = \frac{a \cdot (2-\sqrt{2}) + b \cdot (2+\sqrt{2})}{4}. \tag{4.38}$$

Folglich gilt:[330]

$$\mu = \frac{a + b + 4 \cdot m}{6}. \tag{4.39}$$

Für die Varianz gilt analog:[331]

$$\sigma^2 = \frac{(b-a)^2 \cdot (3+\sqrt{2}) \cdot (3-\sqrt{2})}{(3+\sqrt{2}+3-\sqrt{2}+1) \cdot (3+\sqrt{2}+3-\sqrt{2})^2} = \frac{(b-a)^2}{36}. \tag{4.40}$$

Die Standardnormalverteilung berechnet sich dann wie folgt: $\sigma = \frac{b-a}{6}$. (4.41)

Zur Berechnung der Eintrittswahrscheinlichkeit des Überschreitungsrisikos, die für eine bestimmte Anzahl an σ-Ausprägungen besteht, existieren verschiedene Vorgehensweisen: Einerseits kann diese Verteilungsdichte von der speziellen Betaverteilung, die dem PERT-Verfahren zugrunde gelegt ist, abgeleitet werden. Diese Vorgehensweise ist sehr aufwendig und der zusätzliche Nutzen darf bezweifelt werden. Andererseits kann der zentrale Grenzwertsatz der Statistik angewendet werden, sofern eine große Anzahl an Arbeitspaketen entlang des kritischen Pfades untersucht wird. Für diesen Fall nähert sich die der Betaverteilung zugrunde liegende Gammaverteilung an die Standardnormalverteilung an. Folglich gelten für die Eintrittswahrscheinlichkeiten der Betafunktion auch die Eintrittswahrscheinlichkeiten der Standardnormalverteilung.[332] Daher deckt eine Entwicklungszeitdauer von $\mu + 1\sigma$ bereits 84,13% des möglichen Überschreitungsrisikos ab. Mit einer Zeitdauer von $\mu + 2\sigma$ werden bereits 97,73% des Überschreitungsrisikos abgedeckt und mit einer Zeitdauer in Höhe von $\mu + 3\sigma$ sind 99,87% abgedeckt. Beim PERT-Verfahren bilden die Risikozeitdauern das Ergebnis der Berechnung eines kritischen Pfades, um zu überprüfen, mit welcher Eintrittswahr-

330 Vgl. ebenda, S. 52.

331 Vgl. ebenda, S. 52.

332 Vgl. Hahn/Shapiro (1994), S. 86f.

scheinlichkeit ein gesetztes Zeitfenster für die Fertigstellung eines Projektes eingehalten werden kann.[333]

Es darf jedoch nicht übersehen werden, dass bei einer geringen Anzahl an Schätzergebnissen - im Fall der Betaverteilung sind dieses drei Zeitwerte und die Setzung des Verhältnisses der beiden Formparameter q und r - mit der Wahl eines bestimmten Verteilungstyps auch systematisch Fehlerquellen vorgegeben sind. Für das PERT-Verfahren finden sich in der Literatur mehrere modellbedingte Fehlerquellen:[334]

- Fehler 1: Sofern lediglich die Schätzwerte a, m und b gegeben sind und der exakte Verteilungstyp der Vorgangsdauern unbekannt ist, können bei der Verwendung der auf der Betaverteilung aufbauenden Formeln Fehler bei der Berechnung der erwarteten Vorgangsdauern und deren Varianz entstehen.
- Fehler 2: Sofern die Schätzwerte a, m und b gegeben sind und die Annahme besteht, dass die Vorgangsdauern betaverteilt sind, resultieren aus der willkürlichen Festlegung der Verteilungsparameter q und r mit $q = 3 + \sqrt{2}$ und $r = 3 - \sqrt{2}$ Fehler bei der Berechnung der erwarteten Vorgangsdauer und deren Varianz.
- Fehler 3: Die Werte für die erwarteten Vorgangsdauern a, m und b sind erheblich falsch eingeschätzt. Durch den Schätzvorgang wird Unwissenheit durch Unsicherheit ersetzt, indem intuitiv implizites Wissen explizit dargelegt wird; jedes Schätzergebnis ist somit unsicher.[335] Mit Blick auf die Qualität des Schätzergebnisses kommt es jedoch darauf an, dass der Schätzfehler nicht wesentlich ist.
- Fehler 4: Die Annahme der stochastischen Unabhängigkeit wirft die Problemstellung auf, dass im Modell die Streuung der Ereigniszeitpunkte durch die Summe der Vorgangsvarianzen gebildet wird. Unabhängig von der Modellverteilung oder Schätzung der Verteilung bildet diese Annahme ein Berechnungsproblem. In der Praxis sind einzelne Vorgänge jedoch nicht zwangsläufig unabhängig voneinander. Folglich ist eine einfache Summtion der Varianzen der aufeinander folgenden Einzelabschnitte falsch.
- Fehler 5: Nichtbeachtung der Varianzen subkritischer Wege bei der Berechnung des kritischen Weges kann bei der Bewertung verschiedener Pfade mit unterschiedlichen Eintrittswahrscheinlichkeiten und damit in der Bandbreite der zu berücksichtigenden Ent-

[333] Vgl. Berg et al. (1973), S. 143-146.

[334] Vgl. Gal (1986), S. 210.

[335] Vgl. Neumann (1992), S. 210; vgl. Golenko (1972), S. 54ff.

wicklungszeit von [μ+1σ; μ+3,96σ] zu verschiedenen Ausprägungen der Gesamtlänge des Netzplanpfades führen.[336]

Als Ergebnis kann festgehalten werden, dass die Betaverteilung wegen der ihr zugrunde gelegten Prämissen zu einer aufwendigen Anwendung in der betrieblichen Praxis führt. Dabei sind mit der Wahl dieser Verteilungsfunktion Prämissensetzungen hinsichtlich der Formparameter verbunden, die nicht durch eine hinreichend große Anzahl an vergleichbaren Entwicklungsprojekten belegt werden können. Nachfolgend soll auf die Zeitrisikoaggregation bei PERT eingegangen werden, um in Abgrenzung zu dieser eine wesentlich einfachere Konzeption zur Aggregation von Risikozeiten entlang des kritischen Pfades zu entwickeln.

4.2.2.1. Risikozeitschätzung mit Hilfe des PERT-Verfahrens

Die Wahl der Risikomessgröße determiniert maßgeblich die Höhe des Zeitrisikos. Beim PERT-Verfahren bildet die Summe der Varianzen der durchschnittlich erwarteten Entwicklungsdauer der einzelnen Arbeitspakete, die sich entlang des kritischen Pfades befinden, die Höhe des Zeitrisikos. Die Wahl der Varianz als Risikomaß hat dabei folgenden Einfluss:

$$\sigma^2 > \sigma \text{, sofern gilt: } \sigma > 1 \text{ Monat,}^{337} \quad (4.42)$$

$$\sigma^2 < \sigma \text{, sofern gilt: } \sigma < 1 \text{ Monat.} \quad (4.43)$$

Folglich erhöhen Arbeitspakete mit großem Zeitrisiko von $\sigma > 1$ Monat bei der Wahl der Varianz als Risikomaß das gesamte Zeitrisiko entlang eines Zeitpfades. Arbeitspakete mit geringem Zeitrisiko in Höhe von $\sigma < 1$ Monat führen jedoch dazu, dass der Gesamtprozess ein reduziertes Zeitrisiko in Höhe der addierten Zeitrisiken der einzelnen Arbeitspakete aufweist. Dieser Effekt tritt bei großen Entwicklungsprojekten folglich auch dann ein, wenn die Arbeitspakete hinreichend klein gewählt sind. Daher würde eine detailliertere Planung zu einer Reduktion des Zeitrisikos führen. Sofern hierfür geeignete Daten vorliegen, kann dieser Effekt auch in der Praxis durchaus eintreten. Häufig jedoch sind solche Detailplanungen aufgrund fehlender Datenbasen nicht realisierbar und die Größe der Arbeitspakete orientiert sich bei Entwicklungsaufgaben an den von bestimmten Entwicklungsteams leistbaren Entwicklungsumfängen.

Bei PERT wird die Eintrittswahrscheinlichkeit einer Zeiteinhaltung oder Überschreitung auf Basis einer zweifachen Durchrechnung des gesamten Netzplanes erzielt. Dabei wird in einem ersten Schritt der Netzplan vom ersten bis zum letzten Arbeitspaket in Anlehnung an die Prozessabfolge durchgerechnet. In einem zweiten Schritt wird retrograd ausgehend von dem

---

[336] Vgl. Altrogge (1994), S. 116f.

[337] Die Zeiteinheit von 1 Monat wird hier als realistisches Zeitmaß unterstellt, da die Standardabweichung σ eine absolute, einheitenbehaftete Größe darstellt.

Ergebnis des Netzplanes auf den Startzeitpunkt zurückgerechnet. Das Ziel dieser Vorgehensweise ist es, mögliche Leerzeiten zwischen den einzelnen Arbeitspaketen durch eine effektivere Anordnung der Abfolge der Arbeitspakete identifizieren zu können und damit die so genannten Leerzeiten oder „Schlupf" zu reduzieren. Bei der Berechnung der Eintrittswahrscheinlichkeit wird eine Normalverteilung ohne Berücksichtigung von Konfidenzintervallen unterstellt. Das alleinige Risikomaß bildet die Summe der Varianzen der einzelnen Arbeitspakete entlang des kritischen Pfades.[338] Folglich wird der kritische Pfad eines Netzplans nicht mit der Intention ausgeplant, für ein bestimmtes, vordefiniertes Zeitrisiko Reserven auf der Ebene der einzelnen Arbeitspakete zu beinhalten. Die im Zeitplan enthaltene Risikozeit resultiert vielmehr aus der Summe der Varianzen der Arbeitspakete sowie eines ggf. vorhandenen „Schlupfes" entlang des kritischen Pfades.

In den bisherigen Ausführungen dieses Kapitels wurde dargelegt, wie Risikozeiten effektiv und effizient geschätzt und ausgewertet werden können. Die zentrale Frage, welcher ökonomische Wert aus der Kenntnis einer solchen risikoadjustierten Zeitwertung für den kritischen Pfad resultiert, wurde damit jedoch noch nicht beantwortet. Zur Beantwortung dieser Frage ist es notwendig, Aussagen über die Höhe der Eintrittswahrscheinlichkeiten von aggregierten Zeitrisiken formulieren zu können, die aus einem bestimmten Risikoumfang resultieren. Dazu wird im Folgenden das Vorgehen des Netzplanverfahrens PERT zur Ermittlung des gesamten Zeitrisikos für den zugrunde gelegten Netzplan kurz ausgeführt und verglichen, welche Annahme sich für die konzeptionellen Grundlagen zeitrisikoadjustierter Kennzahlen eignen:[339]

- Für die Berechnung der Eintrittswahrscheinlichkeit eines bestimmten Prozessnetzplanes werden bei PERT in einem ersten Schritt für jeden einzelnen Vorgang zum einen die Ereignisabfolge festgelegt. Zum anderen werden die einzelnen Parameter a, b und m geschätzt und daraus der Erwartungswert und die Varianz berechnet.
- In einem zweiten Schritt wird der Netzplan in Form eines vollständigen Vorgangspfeilnetzplanes aufgestellt, indem die Erwartungswerte der einzelnen Vorgänge für den kritischen Pfad unter Berücksichtigung eines bestimmten Risikopotentials aufsummiert werden. Bei der Berechnung des kritischen Pfades können somit verschiedene Risikoeintrittswahrscheinlichkeiten zugrunde gelegt werden – in Abhängigkeit von der Risikopräferenzrelation des Entscheidungsträgers. Dabei werden zwei Perspektiven berücksichtigt: Die Aufsummation der frühestmöglichen Anfangszeitpunkte einer Vorgangskette; deren Ergebnis bildet der frühestmögliche Endzeitpunkt.

[338] Vgl. Berg et al. (1973), S. 144f.

[339] Vgl. ebenda, S. 142 -145.

Als Kontrollrechnung wird beginnend vom spätestmöglichen Endzeitpunkt jeweils der Erwartungswert jedes einzelnen in der Prozesskette festgelegten Vorgangs bis zum spätestmöglichen Anfangszeitpunkt zurückgerechnet.

Durch dieses Vorwärts- und Rückwärtsrechnen werden die frühestmöglichen und die spätestnotwendigen Anfangs- und Endzeitpunkte eines Vorganges bestimmt. Zur Berechnung der Varianz des Gesamtnetzplanes werden nun sowohl für die Grundgesamtheit der frühestmöglichen Erwartungswerte μ_{FZv} als auch für die Grundgesamtheit der spätestnotwendigen Erwartungswerte μ_{SZv} jeweils die Summe der Varianzen der einzelnen Vorgänge berechnet. Dabei wird unterstellt, dass aufgrund der Vielzahl der einzelnen Vorgänge sowohl die Ereigniszeitpunkte für die frühestmöglichen Zeitpunkte als auch für die spätestnotwendigen Zeitpunkte normalverteilt sind. Diese Annäherung an die Normalverteilung für die einzelnen Zeitpunktkurven ist dabei umso genauer, „je mehr Vorgänge auf dem Weg zu einem Ereignis liegen, weil sich dann links- und rechtsschiefe Verteilungen immer mehr ausgleichen.“[340]

Die Summe der – normalverteilt unterstellten – Varianzen der frühestmöglichen $\sigma^2[FZ_v]$ und der spätestmöglichen Ereigniszeitpunkte $\sigma^2[SZ_v]$ ergeben nun die Varianz des Zeitpuffers $\sigma^2[SL_v]$ – „Schlupf“ genannt.[341]

Dabei gilt:
$$\sigma^2[SL_v] = \sigma^2[FZ_v] + \sigma^2[SZ_v]. \tag{4.44}$$

Sofern dieser Zeitpuffer positiv ist, sodass gilt: $\sigma^2[SL(i)] > 0$, kann sich die Fertigstellung eines einzelnen oder mehrerer Vorgänge in dem Umfang verlängern, bis der Zeitpuffer den Wert Null annimmt. Für die Berechnung der Eintrittswahrscheinlichkeit, dass der Zeitpuffer nicht ausreicht, um den Gesamtprozess termingerecht auszuführen, wird die standardisierte Zufallsvariable Z herangezogen.

Dabei gilt:
$$Z = \frac{X - \mu}{\sigma}. \tag{4.45}$$

Diese Variable bietet den Vorteil, dass sie für die Parameter $\mu = 1$ und $\sigma = 1$ normalverteilt ist, und die Eintrittswahrscheinlichkeiten als Ergebniswerte von Verteilungen standardisierter Zufallsvariablen in Tabellenform verfügbar sind und ohne weiteren Berechnungsaufwand abgelesen werden können.[342] Für die standardisierte Zufallsvariable Z zur Berechnung der Eintrittswahrscheinlichkeit, dass der Risikopuffer für eine termingerechte Fertigstellung des Ergebnisses des Vorgangsnetzplanes ausreicht, gilt daher:

---

340 Berg et al. (1973), S. 142.

341 Vgl. ebenda, S. 142ff.

342 Vgl. Hofstädter (1991), S. 476ff.

$$Z = \frac{0-(SZ_v - FZ_v)}{\sqrt{\sigma^2(SZ_v)+\sigma^2(FZ_v)}}. \tag{4.46}$$

Für die Konzeption der risikoadjustierten Kennzahlen $TaR_{\beta\sigma\_Ai}$ und $TiR_{\beta\sigma\_Ai}$ empfiehlt sich diese Vorgehensweise jedoch nur bedingt. Die zentrale Frage dieser Problemstellung zielt nicht auf die Ermittlung der Wahrscheinlichkeit, inwieweit die geschätzte Gesamtdauer eines komplexen technischen Produktentwicklungsumfanges ausreicht, damit der Entwicklungsumfang innerhalb eines determinierten Zeitfensters mit einer bestimmten Wahrscheinlichkeit geleistet werden kann. Bei Kenntnis eines Endtermins besteht vielfach das Problem, dass Zeitschätzungen für einzelne Vorgänge eher unternehmenspolitisch gewünschte „Schätzergebnisse" darstellen anstatt eine möglichst realitätsnahe Wiedergabe der benötigten Zeitdauer. Vielmehr steht in dieser Arbeit die Frage im Mittelpunkt, welche Zeitdauer unter Berücksichtigung eines vergleichbaren Risikoanteiles zur Wahl einer bestimmten Alternative führt. Folglich muss die Konzeption einer zeitrisikoadjustierten Risikokennzahl darauf abzielen, die Eintrittswahrscheinlichkeit für ein bestimmtes Risikopotential einer Handlungsalternative zu ermitteln. Dabei sind folgende Rahmenbedingungen zu beachten:

1. Je Einzelvorgang lässt sich lediglich eine geringe Anzahl an Schätzwerten erzielen; häufig kann nur ein Bewertungsergebnis mit einer Bandbreite für die beste und schlechteste Lösung geschätzt werden.
2. Zur Berechnung des Erwartungswertes und der Varianz eignen sich daher Verteilungen, die mit einer geringen Anzahl an Inputdaten Aussagen über eine verlässliche Risikobandbreite zulassen; dazu zählen die Beta- oder die Dreiecksverteilung.

Für die Berechnung des Zeitrisikopotentials einer Alternative kann folgende Annahme getroffen werden: Der Entwicklungsprozess eines komplexen technischen Produktes ist idealtypisch als Regelprozess zu gestalten: Jede physische Komponente des Gesamtsystems hat dabei dem Ablaufprozess des Systems Engineering folgend einen vordefinierten Entwicklungsprozess zu durchlaufen.[343] Einerseits ist dieser Entwicklungsprozess dadurch gekennzeichnet, dass jede Einzelkomponente in der Abfolge mehrerer aufeinander aufbauender Reifegrade entwickelt wird. Das Ziel dieser Prozessablauforganisation in Form von Reifegraden bildet die Annahme, dass über eine Vielzahl einzelner Komponenten derselbe Entwicklungsfortschritt von Seiten der Projektleitung nachverfolgbar wird und zu vordefinierten Zeitpunkten innerhalb des gesamten Entwicklungsprozesses Erprobungen auf Ebene von Systemkomponenten oder dem Gesamtsystem möglich sind. Dadurch lassen sich in der Spezifikationsphase nicht identifizierte Fehlerquellen oder notwendige Nachspezifikationen

[343] Vgl. als Basisliteratur des Systems Engineering: Daenzer (1988), S. 4-51, Wildemann (2004b), S. 89f.

leichter aufdecken. Dem gleichen Ziel – ein möglichst spezifikationsadäquates Entwicklungsergebnis mit einer geringen Fehlerquote zu erhalten – dient die Einhaltung eines Quality-Gate-Systems während des Entwicklungsverlaufes.[344] Folglich darf davon ausgegangen werden, dass bei der Einschätzung eines jeden einzelnen Vorgangs entlang der Reifegrad- bzw. Quality-Gate-Logik eine hinreichend große Anzahl an Einzelschätzungen möglich ist, um die Normalverteilungsannahme der Erwartungswerte und Varianzen der einzelnen Vorgangswerte zu unterstellen.[345]

Hier muss sich der Ansatz dieser Arbeit konzeptionell von der Systematik des PERT-Verfahrens unterscheiden: Beim PERT-Verfahren wird zur Ermittlung der Wahrscheinlichkeit eines Ereignispuffers die Varianz für die angenommene Normalverteilung der Ereigniszeitpunkte aus der Summe der Varianzen der erwarteten Vorgangsdauern berechnet.[346] Diese Vorgangsdauern wiederum werden aus den frühesten FZ_v und spätesten Zeitpunkten SZ_v berechnet. PERT erfasst die Zeitrisiken unvollständig, da das Zeitrisiko lediglich in der Höhe von einer Varianz für jedes Arbeitspaket in die Gesamtrisikobewertung eingeht. Eine Mittel-Ziel-Beziehung zwischen unterschiedlichen Ausprägungen eines Zielsystems an zeitbeeinflussenden Faktoren wird dabei nicht hergestellt. Das Zeitrisiko wird für jedes Arbeitspaket geschätzt und für den Gesamtnetzplan dann retrograd ermittelt. Im Mittelpunkt steht die Aussage, mit welcher Eintrittswahrscheinlichkeit ein Zeitfenster eingehalten werden kann. Für die Bewertung von Alternativen auf der Basis von Einflussgrößen, die sich auf die Entwicklungszeit und die Entwicklungskosten auswirken, eignet sich dieser Ansatz nur bedingt. Es fehlt die Festlegung eines Konfidenzintervalls innerhalb dessen Alternativen auf der Basis einer identischen Risikoeintrittswahrscheinlichkeit miteinander verglichen werden können. Aussagen über zeitrisikoverursachte Kosten und deren Treiber werden nicht formuliert.

4.2.2.2. Standardnormalverteilung als statistischer Ansatz zur Quantifizierung des Entwicklungszeitrisikos

Wie in den vorgehenden Abschnitten ausgeführt, wird die Eintrittswahrscheinlichkeit des Zeitrisikos des kritischen Zeitpfades eines Projektes bei dem PERT-Verfahren mittels der Standardnormalverteilung berechnet. Ziel dieses Abschnittes ist es, die statistischen Zusammenhänge für einen einfachen Ansatz zur Absicherung der Eintrittswahrscheinlichkeit des Zeitrisikos darzulegen. Im Grundgedanken folgt dieses Vorgehen einfachen Value-at-Risk-Modellen, die an den Kapitalmärkten zur Ermittlung des Ausfallrisikos einer Investition ange-

[344] Vgl. Wildemann (2003), S. 91ff.

[345] Vgl. Berg et al. (1973), S. 142.

[346] Vgl. ebenda, S. 143.

nommen werden.[347] Die geforderte Transparenz über die Risikoausprägung der Zeitschätzwerte für die einzelnen Arbeitspakete kann dadurch erzielt werden, indem unterstellt wird, dass sämtliche Zeitrisiken dem Gesetz der großen Zahl folgend eine Standardnormalverteilung annehmen.[348] Dabei werden die Zeitdauern für die einzelnen Arbeitspakete eines kritischen Pfades als stetige Zufallsvariablen interpretiert. Deren Wahrscheinlichkeitsfunktion

$$F_N(z) = \int_{-\infty}^{x} f(v)dv \tag{4.47}$$

wird über die Dichtefunktion $f(x)$ der stetigen Zufallsvariablen Entwicklungszeitdauer x definiert. Weiterhin gilt:

$$f(x) \geq 0 \text{ und } \int_{-\infty}^{+\infty} f(x)dx = 1. \tag{4.48}$$

Möchte man nun die Wahrscheinlichkeit berechnen, dass die stetige Zufallsvariable X einen Wert innerhalb des Intervalls [a, b] annimmt, so entspricht dieser Wert der Fläche unter der Dichtefunktion in den Grenzen a und b, was sich durch Integration ermitteln lässt:

$$W(a \leq X \leq b) = \int_{a}^{b} f(x)dx. \tag{4.49}$$

Die Wahrscheinlichkeit, dass sich die stetige Zufallsvariable Entwicklungszeit innerhalb der Bandbreite zwischen dem arithmetischen Mittelwert μ und dem Extremwert der Schätzwerte, der Time-including-Risk – kurz $TiR_{\max}$ – befindet, beträgt somit:

$$W(\mu \leq X \leq TiR_{\max}) = \int_{\mu}^{TiR_{\max}} f(x)dx. \tag{4.50}$$

Voraussetzung für die Ermittlung der Eintrittswahrscheinlichkeit eines bestimmten Wertes für das Überschreitungsrisiko bildet somit die Kenntnis der Dichtefunktion über die Schätzwerte. Kann eine hinreichend große Grundgesamtheit unterstellt werden, so kann der zentrale Grenzwertsatz der Statistik angewendet werden: Nach diesem strebt „die Verteilung des arithmetischen Mittel $\overline{X}$ von n unabhängigen, identisch verteilten Zufallsvariablen X_i (i = 1, …, n) .. mit wachsendem Stichprobenumfang n gegen eine **Normalverteilung** mit dem Erwartungswert E($\overline{X}$) = μ und der Varianz Var($\overline{X}$) = σ^2/n.“[349] Bereits auf der Basis von fünf Einzelschätzungen lässt sich nachweisen, dass de facto unabhängig von der Verteilung der Grundgesamtheit die Verteilung des Stichprobenmittelwertes $\overline{X}$ die Ausprägung einer Normalverteilung annimmt.[350] Folglich können bereits mit einer Grundgesamtheit, die aus einer relativ

[347] Vgl. Uhlir/Aussenegg (1996), S. 832f.

[348] Vgl. Berg et al. (1973), S. 143ff.

[349] Bleymüller et al. (1998), S. 78.

[350] Vgl. ebenda, S. 78, insbesondere Abbildung 5.

geringen Anzahl an individuellen Schätzergebnissen besteht, relativ aussagefähige Schätzergebnisse erzielt werden. Der Mittelwert der Stichprobe von n Zufallszahlen lässt sich als Linearkombination von n Zufallszahlen berechnen:

$$E(\overline{X}) = E\left[\frac{1}{n}(X_1 + X_2 + ... + X_n)\right] = \frac{1}{n}[E(X_1 + X_2 + ... + X_n)] = \frac{1}{n}[E(X_1) + E(X_2) + ... + E(X_n)]. \tag{4.51}$$

Da gilt $E(X_1)=E(X_2)=...=E(X_n)=\mu$, beträgt der Mittelwert der Stichprobe[351] $E(\overline{X}) = \frac{1}{n} n\mu = \mu$ und ist damit identisch mit dem arithmetischen Mittelwert der Grundgesamtheit[352]

$$E(X) = \mu = \frac{1}{N}\sum_{i=1}^{N} x_i h_i . \tag{4.52}$$

Bei Verzicht auf den Korrekturfaktor für endliche Gesamtheiten beträgt die Varianz der Stichprobe:[353]

$$Var(\overline{X}) = Var\left[\frac{1}{n}(X_1 + X_2 + ... + X_n)\right] = \frac{1}{n}[Var(X_1 + X_2 + ... + X_n)]$$

$$= \frac{1}{n}[Var(X_1) + Var(X_2) + ... + Var(X_n)]. \tag{4.53}$$

Weiterhin gilt: $Var(X_1) = Var(X_2) = Var(X_3) = \sigma^2$. Folglich beträgt die Varianz der Stichprobe $Var(\overline{X}) = \frac{1}{n^2} n\sigma^2 = \frac{\sigma^2}{n}$. Die empirische Standardabweichung des arithmetischen Mittels beträgt somit $\sigma_{\overline{X}} = \sqrt{Var(\overline{X})} = \frac{\sigma}{\sqrt{n}}$. Die Verteilungsfunktion verfügt über Vorteile, die eine leichte Auswertung ermöglichen, ohne dass die Ergebnisqualität zu sehr eingeschränkt würde. Die Vorteile resultieren letztlich aus der Tatsache, dass eine Standardnormalverteilung als standardisierte Normalverteilung mit einem Erwartungswert $\mu = 0$ und einer Varianz $\sigma^2 = 1$ entspricht. Dabei gilt weiterhin, dass die höheren Momente Schiefe und Exzess ebenfalls den Wert Null annehmen.[354]

Die Dichtefunktion der Normalverteilung[355]

$$f_n(x / \mu; \sigma^2) = \frac{1}{\sigma\sqrt{2\pi}} e^{-\frac{1}{2}\left(\frac{x-\mu}{\sigma}\right)^2} \tag{4.54}$$

351 Vgl. ebenda, S. 77.

352 Vgl. ebenda, S. 13. Der arithmetische Mittelwert wurde hier für Häufigkeitsverteilungen, die mit ihren absoluten Häufigkeiten gewogen werden, ausgewiesen.

353 Vgl. ebenda, S. 77f.

354 Vgl. Bosch (1998), S. 265.

355 Vgl. Bleymüller et al. (1998), S. 60.

für $-\infty < x < +\infty$ und $\sigma > 0$ reduziert sich bei einer Standardisierung von $\mu = 0$ und $\sigma^2 = 1$

daher zu
$$f_n(x/0;1) = \frac{1}{\sqrt{2\pi}} e^{-\frac{1}{2}x^2}. \tag{4.55}$$

Diese Standardisierung erfolgt dabei mit Hilfe der Überführung einer normalverteilten Zufallsvariablen X in eine standardnormalverteilte Zufallsvariable Z:

$$Z = \frac{X - \mu}{\sigma}. \tag{4.56}$$

Die Dichtefunktion der Standardnormalverteilung entspricht als Gauß´sche Glockenkurve der Dichtefunktion einer stetigen Zufallsvariablen, die symmetrisch zur y-Achse verläuft. Diese Symmetrieeigenschaft ermöglicht die einfache Berechnung der Eintrittswahrscheinlichkeit von Z innerhalb einer Bandbreite um den Mittelwert. Im Rahmen des Entscheidungsmodells dieser Arbeit eignet sich diese Symmetrieeigenschaft insbesondere, da das Risiko entlang des kritischen Pfades als gleich hoch eingeschätzt wird wie die Chance einer Zeitunterschreitung. Zudem entspricht man mit der Wahl der Standardnormalverteilung der durchschnittlichen Verteilung von risikoaversen und risikofreudigen Schätzern innerhalb einer hinreichend großen Anzahl an Schätzern für die Arbeitspakete entlang des kritischen Pfades.

Da der Fokus dieser Arbeit auf die möglichen Risikoausprägungen der individuellen Schätzergebnisse der Experten des Planungsteams und der daraus resultierenden Risikoaggregation entlang des kritischen Pfades gerichtet ist, wird nachfolgend untersucht, mit welcher Eintrittswahrscheinlichkeit ein bestimmter Risikowert eintreten kann. Dazu eignet sich bei der Standardnormalverteilung die Spannbreite der einfachen, der doppelten und der dreifachen Standardabweichung sowie der Extremwert von 3,96σ. Zur Bewertung der Abdeckung der maximalen Risikoeintrittswahrscheinlichkeit bedarf es der Berücksichtigung der gesamten Zeitdauer einer Alternative A_i einschließlich des maximalen Zeitrisikos $\beta\sigma$. Diesem Erfordernis entspricht der $TiR_{\beta\sigma\_Ai}$. Wie aus Abbildung 4.2 ersichtlich, lässt sich die Eintrittswahrscheinlichkeit, dass ein Überschreitungsrisiko in Höhe von 1σ eintritt, anhand der Fläche unter der Dichtefunktion in den Intervallgrenzen [μ; μ+σ] berechnen.

$$\begin{aligned} W(\mu \le X \le \mu + \sigma) &= W(0 \le Z \le 1) \\ &= F_N(1) - F_N(0) \\ &= 0{,}3413. \end{aligned} \tag{4.57}$$

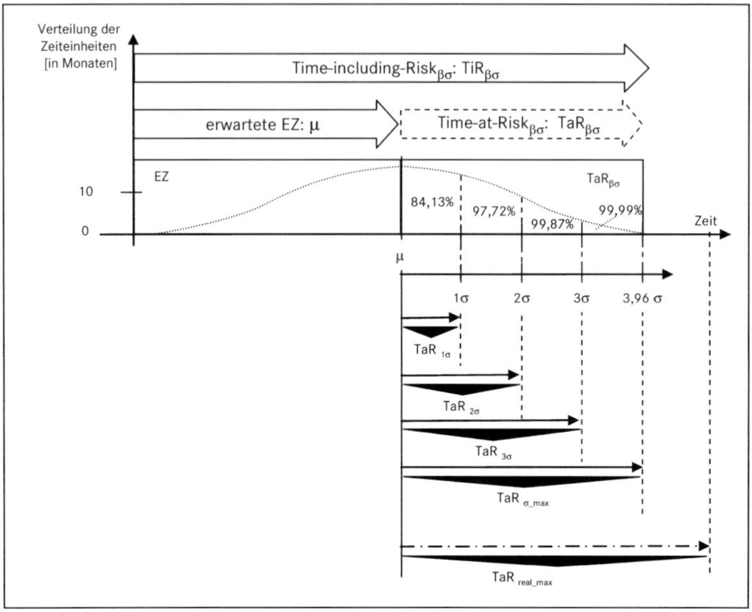

Abbildung 4.2: Quantifizierung des Entwicklungszeitrisikos eines Teilsystems auf Basis einer Standardnormalverteilung

Aus der Perspektive des TaR$_{\beta\sigma}$ werden lediglich die negativen Abweichungen vom Erwartungswert betrachtet. Folglich ist für die Ermittlung des durch den TaR$_{\beta\sigma}$ abgedeckten Anteils des maximal erwarteten Zeitrisikos auch lediglich der rechte Arm der Dichtefunktion maßgeblich. Im Gegensatz dazu berücksichtigt der VaR sämtliche Wertdifferenzen innerhalb eines Beobachtungszeitraumes und zielt darauf ab, eine möglichst hohe Bandbreite dieser Wertdifferenzen abdecken zu können. Folglich ist bei der Ermittlung des VaR der risikobehaftete rechte Arm der Dichtefunktion maßgeblich. Die Interpretation des TiR$_{1\sigma}$ deckt ein Verhältnis von μ = 0,5 zuzüglich σ = 0,3413 und somit 84,13% der Maximalausprägung des durchschnittlich erwarteten Überschreitungsrisikos der geschätzten Entwicklungszeit ab. Analog gilt für die Wahrscheinlichkeit des Eintritts des Überschreitungsrisikos von 2σ:

$$\begin{aligned} W(\mu \leq X \leq \mu + 2\sigma) &= W(0 \leq Z \leq 2) \\ &= F_N(2) - F_N(0) \\ &= 0{,}4772\,. \end{aligned} \tag{4.58}$$

Mit einer $TiR_{2\sigma\_Ai} = \mu_i + 2\sigma_i$ sind bereits 0,5 zuzüglich 0,4772 Anteile und somit 97,72% des gesamten Risikopotentials des kritischen Pfades abgedeckt. Die Eintrittswahrscheinlichkeit des Überschreitungsrisikos von 3σ errechnet sich wie folgt:

$$\begin{aligned} W(\mu \leq X \leq \mu + 3\sigma) &= W(0 \leq Z \leq 3) \\ &= F_N(3) - F_N(0) \\ &= 0{,}4987\,. \end{aligned} \tag{4.59}$$

Daraus ergibt sich für eine $TiR_{3\sigma\_Ai} = \mu_i + 3\sigma_i$ ein Risikodeckungsgrad des betreffenden kritischen Pfades in Höhe von 99,87%. Eine Verlängerung der Risikozeit um 50% von 2σ auf 3σ ergibt somit lediglich einen Mehrnutzen an abgedeckter Risikozeit in Höhe der Differenz von 99,87% zu 97,72% und damit eine weitere Risikoabdeckung in Höhe von 2,15% des gesamten Risikopotentials. Das Extremrisiko der Schätzergebnisse in Höhe von 3,96σ beträgt:

$$\begin{aligned} W(\mu \leq X \leq \mu + 3{,}96\sigma) &= W(0 \leq Z \leq 3{,}96) \\ &= F_N(3{,}96) - F_N(0) \\ &= 0{,}4999\,. \end{aligned} \tag{4.60}$$

Die annähernd vierfache Bandbreite des Abweichungsrisikos für die $TiR_{\max\_Ai} = \mu_i + 3{,}96\sigma_i$ deckt de facto das gesamte Entwicklungszeitrisikopotential in einem Verhältnis von 0,4999 zu 0,5 und damit in Höhe von 99,98% ab. Folglich reduziert die um annähernd 33% von 3σ auf 3,96σ verlängerte Risikozeit lediglich 0,13% an zusätzlichem Risiko. Somit kann davon ausgegangen werden, dass bereits eine Zeitdauer von μ+2σ die Zielgröße Entwicklungszeit und deren Überschreitungsrisiko hinreichend exakt kompensiert.

Die Eintrittswahrscheinlichkeit von Extremrisiken ist jedoch auch mit Hilfe der TaR_{σ_max} nicht abgedeckt. Die Problematik der Nichtberücksichtigung von Extremrisiken ist bei Steuerungsgrößen für die Risikoausprägung am Kapitalmarkt, den so genannten Value-at-Risk-Modellen, zwar als Fat-Tail-Problematik bekannt, jedoch bis heute ungelöst.[356] Generell lassen sich Extremrisiken mit Hilfe statistischer Modelle nicht bewerten. So kann das Eintrittsrisiko und dessen zeitlicher Risikowert nicht eingeschätzt werden. Allerdings zeigt der Time-at-Risk die gesamte Streubreite der Risikoeinschätzung auf. Der Vorteil einer solchen Konzeption bei der Ermittlung eines erwartbaren Abweichungsrisikos besteht in der Tatsache, dass die Schätzergebnisse risikoaverser Entwicklungszeitschätzer transparent werden. Bereits die Bandbreite der Varianz ist ein Zeichen für den Risikogehalt des Entwicklungsprojektes: Während Entwicklungsprojekte, die als relativ zeitlich stabil eingestuft werden, einen geringen Time-at-Risk aufweisen, steigt dieser Wert bei unsicheren Schätzungen massiv an. Um

[356] Vgl. Kapitel 4.1.3.1.

der Forderung ***Kahnemans*** einer zu positiven Einschätzung einer Risikogröße mit Hilfe geeigneter Methoden entgegenzuwirken,[357] deckt der TaR_{σ_max} die gesamte Bandbreite zwischen dem Mittelwert des Schätzergebnisses und dem Extremwert, $\sigma = 3{,}96$, unter den individuellen Schätzergebnissen der Experten ab.

4.2.3. Die Dreiecksverteilung als statistischer Ansatz zur Quantifizierung des Entwicklungszeitrisikos dieser Arbeit

Aus den vorangegangenen Erörterungen über die Betaverteilung wird ersichtlich, dass die Zielsetzung, einen möglichst exakten Erwartungswert und dessen Standardabweichung zu erreichen, mit vielen Prämissensetzungen über die Ausgestaltung der Verteilungsfunktion verbunden ist. Da der Eintritt des Überschreitungsrisikos aber aus Effizienzgründen letztlich wiederum auf Basis der Eintrittswahrscheinlichkeiten der Standardnormalverteilung ermittelt wird, ist es fraglich, inwieweit die Vielzahl an Prämissen zu einem höheren Informationswert hinsichtlich des Zeiterwartungswertes und dessen Risikoausprägung führen. In diesem Kapitel wird daher die wesentlich einfachere und in der Praxis für die Zeit- und Kostenschätzung sehr gebräuchliche Dreiecksverteilung vorgestellt.[358] Anschließend wird in einem direkten Ergebnisvergleich zwischen Beta- und Dreiecksverteilung untersucht, inwieweit sich die Unterschiede hinsichtlich der Ergebnisvalidität ergeben. Die Dichtefunktion der Dreiecksverteilung $f_D(x;a,b,m)$ wird durch das Intervall [a;b] und den Modalwert m bestimmt (vgl. Abb. 4.3).

$$f_D(x;a,b,m) = \begin{cases} \dfrac{2(x-a)}{(b-a)(m-a)}; & \text{für } x \in [a,m] \\ \dfrac{2(b-x)}{(b-a)(b-m)}; & \text{für } x \in [m,b] \\ 0 \quad ; & \text{sonst.} \end{cases} \tag{4.61}$$

Erwartungswert und Varianz lassen sich für die Zufallsvariablen wie folgt berechnen:

$$\mu = \frac{(a+b+m)}{3} \tag{4.62}$$

$$\sigma^2 = \frac{(b-a)^2 + (a-m)(b-m)}{18} \tag{4.63}$$

$$= \frac{(a^2 + m^2 + b^2 - am - ab - mb)}{18}.$$

Für die Standardabweichung als das in dieser Arbeit präferierte Risikomaß gilt somit:

---

[357] Vgl. Kahneman/Lovallo (2003), S. 46.

[358] Vgl. Meyer/Hansen (1996), S. 110f.

$$\sigma = \sqrt{\frac{(b-a)^2 + (a-m)(b-m)}{18}} . \quad (4.64)$$

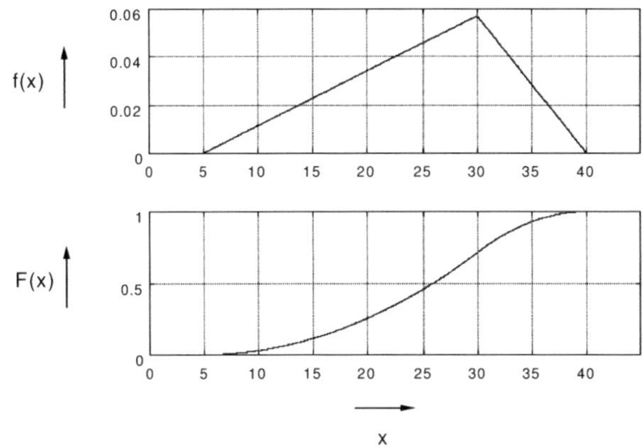

Abbildung: 4.3: Dichte- und Verteilungsfunktion einer Dreiecksverteilung $f_{D(x;5,40,30)}$[359]

Als großer Vorteil der Dreiecksverteilung erweist sich dabei, dass „die wahrscheinlichkeitstheoretische Fehleranalyse ... für die Beta- und die Dreiecksverteilung auf nahezu die gleichen Ergebnisse führt.“[360] Zudem ist die Dichtefunktion durch die drei Parameter a, b und m eindeutig bestimmt. Die Berechnung von μ und σ sind ohne Näherungsrechnungen und Vernachlässigungen, wie diese aus der Festlegung der Formparameter q und r bei der Betafunktion resultieren können, möglich.[361] Das hohe Ausmaß an Übereinstimmung für die Berechnung des Erwartungswertes der Entwicklungszeit und deren Überschreitungsrisiko soll nachfolgend anhand eines Beispiels verdeutlicht werden: In Tabelle 4.1 sind dazu für den optimistischen Wert „a“ 7 Kalendermonate, für den pessimistischen Wert „b“ 12 Kalendermonate und für den Modalwert „m“ 10 Kalendermonate zugrunde gelegt. Dabei unterscheiden sich die Ergebnisse der Beta- und der Dreiecksverteilung für die Abdeckung bestimmter Risikozeiten nur unwesentlich. Bei der Ermittlung des Erwartungswertes führt die Dreiecksverteilung zwar zu leicht optimistischen Erwartungen in Höhe von (-1,69%), d. h. die Berechnungsergebnisse der Dreiecksverteilung liegen geringfügig unterhalb derer der Betaverteilung. Im Gegenzug fällt die mit Hilfe der Dreiecksverteilung berechnete Standardabweichung jedoch deutlich höher aus (+12,55%). In Summe führen diese Differenzen für das in dieser Arbeit präferierte

[359] Vgl. Neff (2002), S. 148, Abb. 5.3.

[360] Golenko (1972), S. 58.

[361] Vgl. Golenko (1972), S. 58f.

Intervall [μ;μ+2σ] an Eintrittswahrscheinlichkeiten zu einer relativ geringen Abweichung von 0,83%. Aus den Ergebnissen dieser Betrachtung kann gefolgert werden, dass sich sowohl die Betaverteilung als auch die Dreiecksverteilung für die Zielsetzung dieser Arbeit eignen.

	μ	σ	$\mu + 1\sigma$	$\mu + 1{,}65\sigma$	$\mu + 2\sigma$	$\mu + 2{,}271\sigma$
Betaverteilung	9,83	0,91	10,75	11,34	11,66	11,91
Dreiecksverteilung	9,67	1,03	10,69	11,36	11,72	12,00
Differenz (absolut): Beta- vs. Dreiecksverteilung [in Personenmonaten]	-0,17	0,11	-0,05	0,02	0,06	0,09
Differenz (prozentual): Beta- vs. Dreiecksverteilung	-1,69%	12,55%	-0,49%	0,20%	0,54%	0,78%
Abdeckung der Eintrittswahrscheinlichkeit			82,95%	95,93%	99,22%	100,00%
Verlängerung der Entwicklungszeit bei Abdeckung folgender Risiken:	**Beta- verteilung**	absolut	0,91	1,51	1,83	2,07
		relativ	9,28%	15,32%	18,57%	21,08%
	Dreiecks- verteilung	absolut	1,03	1,70	2,05	2,33
		relativ	10,63%	17,54%	21,26%	24,14%

Tabelle 4.1: Vergleich der Ergebniswerte zwischen Beta- und Dreiecksverteilung anhand eines Beispiels

In zwei wesentlichen Punkten unterscheiden sich beide Verteilungen jedoch elementar. Während die Betaverteilung auf eine Vielzahl von Prämissen bereits bei der Ausbildung der Dichtefunktion angewiesen ist, besitzt die Dreiecksverteilung eine Dichtefunktion, die lediglich drei Zeitschätzwerte als Inputprämissen benötigt. Dieselbe Eigenschaft besitzt auch die Verteilungsfunktion der Dreiecksverteilung, sodass die Berechnung der Eintrittswahrscheinlichkeit einer bestimmten $TiR_{\beta\sigma}$ durch die einfach durchzuführende Berechnung des dadurch abgedeckten Flächenintegrals unterhalb der Verteilungsfunktion $F_V(x;a,b,m)$ erfolgen kann. Dieses Vorgehen soll nachfolgend verdeutlicht werden. Für die Verteilungsfunktion der Dreiecksverteilung $F_V(x;a,b,m)$ gilt:

$$F_V(x;a,b,m) = \begin{cases} \dfrac{(x-a)^2}{(b-a)(m-a)}; & \text{für } x \in [a,m] \\ 1-\dfrac{(b-x)^2}{(b-a)(b-m)}; & \text{für } x \in [m,b] \\ 0; & \text{sonst.} \end{cases} \tag{4.65}$$

Um die Eintrittswahrscheinlichkeit für bestimmte zeitrisikoadjustierte Intervallgrenzen einer Dreiecksverteilung zu berechnen, ist in einem ersten Schritt das „richtige" Intervall der Verteilungsfunktion $F_V(x;a,b,m)$ zu identifizieren. Konkret ist zu überprüfen, ob die Gesamtdauer unter Berücksichtigung des Überschreitungsrisikos $TiR_{\beta\sigma}$ in Höhe von $\beta\sigma$ sich innerhalb des Intervalls $x \in [a,m]$ oder im Intervall $x \in [m,b]$ befindet. Im oben genannten Beispiel bildet eine Entwicklungsdauer in Höhe von $TiR_{1\sigma} = 10{,}69$ Monaten bereits eine Risikoeintrittswahrscheinlichkeit in Höhe von 82,95% ab. Erweitert man die risikoadjustierte Entwicklungszeitdauer auf $TiR_{2\sigma} = 11{,}72$ Monate, so ist der Fall einer Zeitüberschreitung bereits zu 99,22% abgedeckt. Bei einer Absicherung der als längsten geschätzten Zeitdauer in Höhe der $TiR_{2{,}271\sigma}$ existiert kein Entwicklungszeitrisiko mehr. Die 100%-Annahme bildet das Resultat der Definition innerhalb eines eindeutigen Intervalls, dessen Grenzen analog der Definition der Verteilungsfunktion nicht überschritten werden können. In der Praxis ist jedoch davon auszugehen, dass selbst durch die Risikoabdeckung des dreiecksverteilungsbedingten 100%-Wertes der Risikoabdeckung ein geringes Restrisiko – analog der Definition der Verteilungsfunktion der Standardnormalverteilung – verbleiben muss. Aus der Perspektive der Dreiecksverteilung ist im vorliegenden Beispiel kein Risikodeckungspotential in Höhe von $x > 2{,}271$ notwendig, wie dieses bei der Anwendung der Betaverteilung für die Intervallabschnitte $TiR_{2{,}32\sigma}$, $TiR_{3\sigma}$ und $TiR_{3{,}96\sigma}$ der Fall gewesen wäre, da dort eine Risikoverteilung auf Basis der Standardnormalverteilung angenommen wurde.

Wie in Kapitel 4.2.2 ausgeführt, stellt die Dreiecksverteilung eine Sonderform der Betaverteilung dar, sofern für die Formparameter gilt: $q = 1$ und $r = 2$ oder $q = 2$ und $r = 1$. Folglich erweist sich die Dreiecksverteilung als diejenige Verteilungsfunktion, die bei vergleichbaren Berechnungsergebnissen hinsichtlich des Erwartungswertes und der Standardabweichung mit einem geringeren Berechnungsaufwand ausgeführt werden kann. Sind lediglich die Handlungsalternativen im Umfang eines einzelnen Arbeitspaketes oder einer geringen Anzahl an Arbeitspaketen miteinander zu vergleichen, ist die Berechnung der Eintrittswahrscheinlichkeit bei der Dreiecksverteilung wesentlich exakter, da auf die Normalverteilungsannahme der β-Werte verzichtet wird. Folglich wird für den weiteren Verlauf der Arbeit die Überführung der Zeitschätzwerte a, m und b in eine Dreiecksverteilung mit den zentralen Kenngrößen Erwartungswert μ, Standardabweichung σ und der Einrittswahrscheinlichkeit des Zeitrisikos β ausgeführt.

4.2.4. Risikozeiten in die Netzstrukturpläne komplexer Produktentwicklungsprojekte

Für die Frage, wie sich diese Zeitdauerdaten nun in den Strukturplan integrieren lassen, bietet sich folgende Lösung an: Einzelne Arbeitspakete oder Teilsysteme können unter Berücksichtigung bestimmter Konfidenzintervalle unabhängig und abhängig von der Lage im Vorgangspfeilnetzplan im Hinblick auf die Entwicklungsdauer des übergeordneten (Teil-)Systems berücksichtigt werden. Beim Risikomodell dieser Arbeit erfolgt ein simultaner Vergleich zwischen den Ausprägungen der Zeiteinflussfaktoren auf die daraus resultierenden zeitabhängigen Kosten.[362] Diese Interaktion ist notwendig, um einerseits die Optimierung zwischen den zeitdauerabhängigen Entwicklungskosten einer Handlungsalternative, und andererseits möglichst geringen Ausfallkosten in der Produktanlaufphase darzustellen. Als Zielkriterium sollte gelten, diejenige Handlungsalternative auszuwählen, welche den geringsten Gegenwartswert an Entwicklungskosten unter Berücksichtigung eines für sämtliche Handlungsalternativen gleich hohen Konfidenzintervalls an Zeitrisiko ausweist. Darin unterscheidet sich die vorliegende Konzeption des mathematischen Modells grundlegend von dem PERT-Verfahren, wo lediglich Zeitdauern eingeschätzt werden.

Die Optimierung des Vorgangspfeilnetzplanes des zu entwickelnden Gesamtsystems kann nun auf der Basis von PERT stattfinden, indem die einzelnen Arbeitspakete unter Berücksichtigung des vordefinierten Zeitrisikos innerhalb des Zeitplanes zeitoptimiert angeordnet werden. Die Aufstellung solcher Netzpläne ist dabei maßgeblich von der Quality-Gate-Logik komplexer Serienentwicklungsprojekte determiniert. Folglich nimmt ein solcher Vorgangspfeilnetzplan eher die Form einer Entwicklungsaufwandsschätzung ein, die durch die vorhandene Kapazität der Entwicklungsorganisation determiniert wird.[363] Im Anwendungsfall dieser Arbeit werden daher die zu untersuchenden Bordnetzarchitekturen lediglich auf der Ebene der Teilsysteme analysiert. Ursache dazu bildet die Quality-Gate-Logik, innerhalb derer der Entwicklungsprozess zu organisieren ist: Eine stufenweise Fertigstellung eines jeden Teilsystems hat chronologisch abgestimmt mit dem Gesamtsystem zu erfolgen.[364] Der kritische Pfad bildet dann dasjenige Teilsystem, dessen Entwicklungszeitrisiko innerhalb eines oder mehrerer der gesetzten Zeitfenster der Quality-Gate-Logik nicht abgedeckt werden kann, sodass sich die geforderte Zielqualität nicht erfüllen lässt.

Ist für ein umfangreiches Entwicklungsprojekt eine Vielzahl von einzelnen Arbeitspaketen zu bewerten, kann die Risikobetrachtung für jedes einzelne Arbeitspaket durchgeführt werden. Dazu ist jedes einzelne Arbeitspaket mit einer identischen Risikoeintrittswahrscheinlichkeit β zu bewerten. Die einfache Summe der Zeitdauern der Arbeitspakete $\sum_{i=1}^{n} TiR_{\beta\sigma\_Ai}$ auf dem kritischen Pfad ergibt dann die Höhe der gesamten Entwicklungszeit. Die mit der zeitlichen Optimierung entstehenden Kosten können einerseits bereits im Entwicklungsprozess kompensiert werden, indem die höheren variablen Kosten je Zeiteinheit bei Alternativen mit geringerer Gesamtdauer mit den Mehrkosten aus einer verlängerten risikoadjustierten Gesamtdauer

362 Vgl. Kapitel 5.1.

363 Vgl. Schwarze (2001), S. 264ff.

364 Vgl. Wildemann (2004b), S. 39 und S. 41ff.

verglichen werden. Randbedingung des Zeit-Kosten-Vergleichs ist dabei stets die Erzielung einer spezifizierten Produktqualität. Eine andere Alternative zur kostenseitigen Kompensation von Zeitrisikokosten bildet die in dieser Arbeit präferierte Sicht, eine zusätzliche Entwicklungszeit aus der Kostenreduktion geringerer Ausfallraten nach dem Markteintritt zu erzielen.[365]

4.3. Zwischenfazit

Gegenstand von Kapitel 4 bildet die Ermittlung risikoadjustierter Zeitmaße um Entwicklungsprojektalternativen mit unterschiedlichen Schätzergebnissen für den Erwartungswert μ_{Ai}, die Standardabweichung σ_{Ai} und die Risikoeintrittswahrscheinlichkeit β miteinander vergleichen zu können. Dazu wird in Kapitel 4.1 ausgehend von dem Risikomaß der Finanzwirtschaft – dem Value-at-Risk – untersucht, unter welchen Bedingungen dieser Bewertungsfokus auf die Zielgröße Entwicklungszeit übertragen werden kann. Das Ziel bildet die Beurteilung von Entwicklungsprojektalternativen unter Berücksichtigung einer einheitlichen Zeitrisikoausprägung in Höhe des Mehrfachen der Standardabweichung σ_{Ai}. Darauf aufbauend werden systematisch die Zeit-Kennzahlen dieser Arbeit entwickelt:

- Der Time-at-Risk wird als Kennzahl definiert, die ein Zeitrisiko in Höhe des Mehrfachen der einfachen Standardabweichung $\beta\sigma_{Ai}$ für eine Alternative A_i ausweist: $TaR_{\beta\sigma\_Ai} = \beta\sigma_{Ai}$.
- Der Time-including-Risk als Zeitwert berücksichtigt neben dem Erwartungswert der Entwicklungszeit μ_{Ai} den $TaR_{\beta\sigma\_Ai}$: $TiR_{\beta\sigma\_Ai} = \mu_{Ai} + TaR_{\beta\sigma\_Ai}$.
- Der Return-on-Risk-adjusted-Time bewertet als Maßstab für die differierende Zeitdauer zwischen zwei Alternativen i und j unter Berücksichtigung derselben Risikoausprägung β die vorteilhaftere Alternative in einer Nach-Risiko-Betrachtung: $RoRaT_{\beta\sigma\_Ai\_Aj} = TiR_{\beta\sigma\_Ai} - TiR_{\beta\sigma\_Aj}$.

In Kapitel 4.2 wird der Frage nachgegangen, mit welchen statistischen Methoden die Eintrittswahrscheinlichkeit des Zeitrisikos $\beta\sigma_{Ai}$ berechnet werden kann. Dazu werden das μσ-Prinzip, das PERT-Verfahren und die diesen zugrunde liegende Betaverteilung sowie die Dreiecksverteilung daraufhin untersucht mit möglichst geringem Aufwand eine hohe Datenqualität hinsichtlich der Risikotransparenz zu erzielen. Gleichzeitig werden die Grenzen dieser Vorgehensweise im Hinblick auf die Anwendungsfälle dieser Arbeit erörtert. Darauf

[365] Vgl. Kapitel 5.1.5.

aufbauend wird auf Basis eines Abgleichs zwischen der Beta- und der Dreiecksverteilung die Vorteilhaftigkeit der Dreiecksverteilung für die Quantifizierung des Zeitrisikos belegt. Aufbauend auf dieser Quantifizierung werden in Kapitel 5 die Kostenfolgen von Entwicklungszeitrisiken für verschiedene Projektalternativen berechnet.

Das Kapitel schließt mit einer kritischen Betrachtung, derjenigen Prämissensetzungen, die zur Berechnung des kritischen Pfades des PERT-Verfahrens angewendet werden. Dabei wird aufgezeigt, welche Prämissen sich für die Berechnung des kritischen Pfades von $TiR_{\beta\sigma\_Ai}$-bewerteten Arbeitspaketen eines Entwicklungs(teil)projektes eignen.

5. Ökonomische Bewertung von Entscheidungsalternativen im mathematischen Modell dieser Arbeit

Der zweite Teil des mathematischen Modells dieser Arbeit widmet sich folgenden Fragestellungen: Wie sind Zeitrisiken eines komplexen technischen Entwicklungsprojektes ökonomisch zu bewerten, sodass diese als Bestandteil in einem kostenbasierten Entscheidungsmodell berücksichtigt werden können? Wie hat die gesamte Entscheidungssituation konzipiert zu sein, um eine effektive ökonomische Entscheidung zugunsten einer bestimmten Projektalternative unter Berücksichtigung der Abdeckung eines bestimmten Anteils der Zeitrisikoabweichung durchführen zu können? Wie in Kapitel 1.6 ausgeführt, bilden komplexe Entwicklungsprojekte des Nutzfahrzeugbaus den Untersuchungsgegenstand dieser Arbeit. Spätestens zum Zeitpunkt der endgültigen Produktspezifikation sind die entwicklungszeitrelevanten Entscheidungen zu treffen.[366] Dabei sind verschiedene Handlungsalternativen in Form von Kosten bzw. Erlösen gegeneinander abzuwiegen.[367] Diese Größen bilden das Resultat des Vergleichs zwischen einer zu bewertenden Handlungsalternative und dem Referenzumfang. Dabei kommt dem Faktor Entwicklungszeit eine besondere Bedeutung zu (vgl. Abbildung 5.1): Der Projektverantwortliche steht zum Spezifikationszeitpunkt grundsätzlich vor zwei Alternativen: Einerseits kann er eine Alternative anstreben, bei der die vom Markt maximal akzeptierte Entwicklungszeit EZ_{max} zu minimalen Entwicklungskosten EK_{min} realisiert wird. In Abbildung 5.1 ist dieses der Punkt P_0. Andererseits kann er für die zeitminimale Option P_1 votieren, die zu den maximal zeiteffizient möglichen Entwicklungskosten EZ_{max} umgesetzt werden kann. Jede andere Alternative innerhalb der Trade-off-Zone gilt ebenfalls als optimale Entscheidung. Optionen, die höhere Entwicklungskosten als für P_1 vorsehen, oder eine geringere Entwicklungszeit als bei P_0 ausweisen, gelten als ineffektiv. Ausgehend von diesem Entscheidungskalkül lässt sich ein unvorhergesehener Anstieg der Entwicklungskosten, der sich nach dem Spezifikationszeitpunkt während der Entwicklungsphase ereignet, auf primär zwei Basisparameter zurückführen: Einerseits führt eine Zeitverlängerung zu einem proportionalen Anstieg der zum Spezifikationszeitpunkt festgelegten, zeitdauerabhängigen variablen Entwicklungskosten in Höhe der zusätzlichen Zeiteinheiten, um welche sich die Entwicklungsphase des Projektes verlängert. Andererseits wird versucht, erwartbare Zeitverlängerungen,

---

[366] Vgl. Kapitel 1.7.2..

[367] Zur Abgrenzung des Kosten- und Erlösbegriffes wird in dieser Arbeit auf den periodisierten variablen Gesamtprojektkosten aufgesetzt. Diese enthalten in Anlehnung an die Gesamtkosten der Periode die anteiligen durchschnittlichen Kosten je Monat der Entwicklungsphase, die innerhalb des Entwicklungszeitraumes anfallen (vgl. Corsten (Hrsg., 2000), S. 94.).

die als Folge einer unzureichenden Spezifikation im Entwicklungsverlauf auftreten bzw. aufgrund einer komplexeren Produktstruktur von dem vorhandenen Entwicklungsteam nicht im angestrebten Zeitfenster entwickelt werden können, mit einer Erhöhung des Entwicklungspersonals zu kompensieren. Dadurch steigen die zeitdauerabhängigen variablen Kosten je Zeiteinheit und in Folge die Entwicklungskosten.

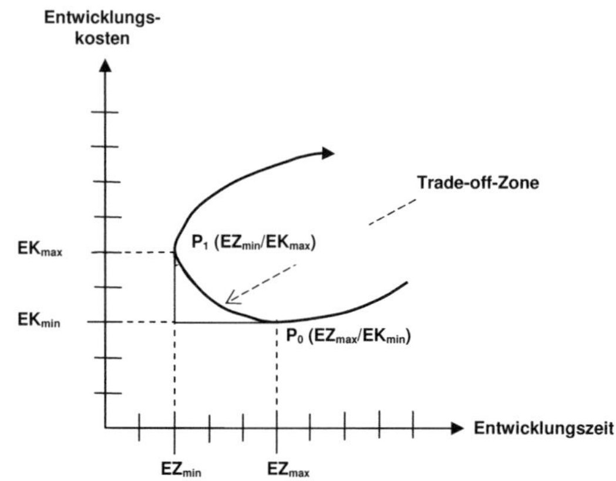

Abbildung 5.1: Zusammenhang zwischen Entwicklungszeit und Entwicklungskosten[368]

Häufig führen Fehleinschätzungen jedoch zu der Kumulation beider Effekte, sodass ein nachträglicher Personalanstieg im worst case sowohl zu einem Anstieg der realen Entwicklungskosten als auch zu einer längeren Entwicklungszeit führt. Im schlechtesten Fall verringert sich dadurch die Entwicklungsleistung. Für den Eintritt von Entwicklungszeitrisiken in komplexen Produktentwicklungsprojekten bestehen viele Ursachen: Dazu zählen eine schlechte Spezifikationsqualität oder eine Entwicklungsmannschaft mit einem hohen Anteil unerfahrener Produktentwickler.[369] Des Weiteren verursachen sehr lange Entwicklungsprojekte wiederum Zeitrisiken, da die ex ante während der Entwicklungsphase realisierbaren technischen Fortschritte am Absatzmarkt nicht prognostiziert werden können, sodass Änderungen an der ursprünglichen Spezifikationsentscheidung notwendig werden, um die Vermarktungschancen des Produktes zu erhalten.[370] Das Entscheidungsmodell dieser Arbeit baut im Kern auf dem Verständnis eines Optimierungsmodells auf. Die Zielsetzung solcher Modelle besteht in der

[368] Vgl. Bürgel (1993), S. 108, Bild 1.

[369] Vgl. hierzu die Ausführungen in Kapitel 3.4.

[370] Vgl. Kapitel 1.1.

Generierung optimaler Entscheidungen auf Basis einer Zielfunktion. Innerhalb dieser werden die gegenläufigen Ausprägungen von Entscheidungsvariablen unter Restriktionen abgebildet, welche die vorhandenen Begrenzungen des Realproblems widerspiegeln.[371] Das Entscheidungsproblem dieser Arbeit besteht darin, die zeitbedingten Mehrkosten transparent auszuweisen und zu hinterfragen, in welchem Umfang diese Zusatzkosten durch Mehrerlöse kompensiert werden können. Dazu wird ein Entscheidungsmodell mit der Zielsetzung der Verbesserung der Gegenwartskosten der Projektentscheidung erarbeitet.[372] In einem ersten Schritt werden dazu die Kosten- und Erlösarten in Kapitel 5.2 strukturell ermittelt. Dabei werden die realen Kostenfolgen von Entwicklungszeitüberschreitungen anhand der Anwendungsfälle dieser Arbeit aufgezeigt. In Kapitel 5.3 werden Szenarioalternativen erörtert und die Wirkungsweise des Gesamtmodells mittels einer Rückübertragung auf das Realproblem bewertet.

5.1. Kostenarten des Entscheidungsmodells

Unterstellt man in einem Netzplan eines komplexen Produktentwicklungsprojektes mehrere kritische Pfade, so wirken sich sowohl die Länge eines Arbeitspaketes als auch dessen Lage innerhalb des Netzplanes auf die Höhe der realen Kosten dieses Entwicklungsumfanges zum Entscheidungszeitpunkt aus. Ergänzt man die Betrachtung der einzelnen Arbeitspakete um den Fokus von Entwicklungszeitverlängerungen, die auf Risiken in der Projektstruktur, der Prozessstruktur und der Entwicklungsorganisation zurückzuführen sind und mit einer gewissen Wahrscheinlichkeit eingeschätzt werden, so resultieren daraus zwei generelle Handlungsfolgen auf die realen Projektkosten: Zum einen verlängert sich die Entwicklungszeit eines jeden Arbeitspaketes und zwar an dem aus der Perspektive der Projektlaufzeit „langen Ende".[373] Dabei gilt die Nebenbedingung, dass die zu dem Zeitpunkt der Spezifikation unterstellte Entwicklungstechnologie und Entwicklungskapazität hinsichtlich der spezifizierten

---

[371] Vgl. Runzheimer (1999a), S. 17f.

[372] Vgl. Kapitel 1.2, insbesondere Abbildung 1.2.

[373] Aus der Perspektive des Gegenwartswertes oder Net-Present-Value ist der Entscheidungszeitpunkt relevant (vgl. Brealey/Myers (2000), S. 16ff.). Von diesem aus betrachtet beginnt der kostenintensive Teil der Entwicklungstätigkeit. Verlängert sich die ursprünglich geplante Dauer, so führt dieses aufgrund des Zinseszinseffektes, der sich auf die bereits investierten Entwicklungskosten und auf das zusätzlich während der Dauer der Entwicklungszeitüberschreitung zu investierende Kapital verteuernd auswirkt, zu einem überproportionalen Anstieg der realen Entwicklungskosten. Somit verlängern Risikozeiten den Entwicklungsprozess nicht nur, sondern sorgen auch für einen hohen Anstieg der realen Entwicklungskosten zum Ende des Entwicklungsprozesses. Die in dieser Arbeit entwickelten Vergleichsrechnungen basieren konzeptionell auf der Modellannahme eines NPV, der sämtliche Zahlungen in einem ersten Schritt mit dem Kapitalverzinsungsanspruch z auf den Endwert einer nachschüssigen Rente (vgl. Tietze (2000), S. 98-101) aufzinst; in einem zweiten Schritt werden sämtliche Zahlungen mit dem Zinssatz z auf den Entscheidungszeitpunkt abdiskontiert. Die Höhe der Kosten von Projekten mit verschiedenen Start- und Endzeitpunkten werden auf ein einheitliches Vergleichsjahr in- bzw. deflationiert, sodass der Inflationseffekt keinen Einfluss auf die Analogieschlüsse dieser Arbeit ausübt.

fachlichen Eignung während der gesamten Entwicklungsphase beibehalten wird. Folglich muss mit der Entwicklungstätigkeit früher begonnen werden, soll der ursprünglich geplante Produktionsstart unter Berücksichtigung von Zeitrisiken eingehalten werden. Zum anderen verlängert sich die Laufzeit entlang des kritischen Pfades in Höhe der Summe der zu berücksichtigenden Risikoanteile. Deren Summe verlängert den jeweiligen Projektpfad wiederum am langen Zeitende. Folglich führt eine risikoadjustierte Betrachtung in einem ersten Schritt zu einer Verlängerung des Entwicklungsprozesses aufgrund des zu berücksichtigenden Zeitpuffers. Diese Betrachtung bildet gleichsam die Basis für Verbesserungen der Projektwirtschaftlichkeit, indem zwischen den Inputgrößen „durchschnittliche variable Entwicklungskosten je Zeiteinheit" und der „Anzahl der benötigten Zeiteinheiten" zur Realisierung der spezifizierten Entwicklungsleistung iterativ abgewogen werden kann. Folglich kann in der Entscheidungssituation das Problem aus zwei Perspektiven gelöst werden:

1. Durch Darstellung des Zusammenhangs zwischen der Optimierung der Entwicklungszeit einschließlich des Entwicklungszeitrisikos und der damit verbundenen Kosten; mit Hilfe einer Vergleichsrechnung kann dann aufgezeigt werden, wie der mit der Zeitverkürzung verbundene Anstieg an variablen Entwicklungskosten im Verlauf der Lebenszyklusphase des Projektes wirtschaftlich kompensiert werden kann. Dazu ist die Höhe des entgangenen Ertrages zu ermitteln, der dadurch entsteht, dass die während der Verzögerungsphase ursprünglich geplante, aufgrund der Entwicklungszeitüberschreitung jedoch nicht realisierbare Absatzzahl entfällt.[374] Bei langen Entwicklungsdauern, die aus der Komplexität der betrachteten Produkte resultieren, dürfte eine Bewertung der Vermarktungserfolge zum Spezifikationszeitpunkt sehr schwierig sein, da weder das Wettbewerbsumfeld zum Zeitpunkt der Markteinführung noch die Konjunktursituation prognostizierbar sind.
2. Wesentlich aussagefähiger sind die Kostenfolgen, die sich aufgrund von Qualitätsmängeln ergeben, die so genannten „Ausfallkosten".

Diese Kostenprognose basiert auf Erfahrungswerten bereits abgeschlossener Entwicklungsprojekte. Dabei werden die während einer bestimmten Zeitspanne – i. d. R. ein oder zwei Jahre nach Produktanlauf – ermittelten Fehlerquoten der Anlaufmenge und die zur jeweiligen Fehlerbehebung notwendigen Stückkosten erhoben. Ursache für hohe Fehlerquoten bestimmter Bauteile oder Systemkomponenten bilden i. d. R. zu gering kalkulierte Entwicklungszeiten. Diese führen zu erhöhten Ausfallraten von bestimmten Komponenten, da für die möglichst weitreichende Erprobung des Entwicklungsergebnisses als prinzipieller Abschluss der Entwicklungstätigkeit nicht mehr die benötigte Zeit zur Verfügung steht. Als Folge können

[374] Vgl. hierzu die Ausführungen in Kapitel 1, insbesondere Abbildung 1.1.

sich Ausfallzahlen innerhalb der ersten beiden Anlaufjahre des Produktes ergeben, die weit oberhalb der als Benchmark anzusetzenden Ausfallraten für vergleichbare Produktgruppen liegen. Die Höhe der Ausfallraten ist somit ein eindeutiger Indikator für die Qualität des Entwicklungsergebnisses. Dabei wird ein idealtypischer Produktionsprozess unterstellt, sodass Ausfallkostendifferenzen eindeutig auf die Höhe fehlerhafter oder fehlerhaft umgesetzter Spezifikationseigenschaften zurückgeführt werden können. Unter diesen Bedingungen wird folgende Entscheidungssituation möglich: Einerseits können aus geringeren Entwicklungskosten höhere Ausfallkosten resultieren; andererseits können höhere Entwicklungskosten zu einer höheren Entwicklungsqualität in Form geringerer Ausfallkosten für vergleichbare Spezifikationsumfänge führen.[375]

Es wird dabei unterstellt, dass eine Entwicklungszeitverkürzung, die aus einer Prozessoptimierung resultiert, eine zumindest gleichbleibende Qualität erzielen sollte. Diese Effizienzsteigerung ist i. d. R. mit höheren Entwicklungskosten pro Monat verbunden. Dieser Zusammenhang bedingt sich jedoch nicht zwangsläufig. Eine Effektivitätssteigerung hingegen lässt sich nur mit höheren i. d. R. variablen Entwicklungskosten erreichen, indem z. B. eine FMEA[376], eine Kundenklinik[377] oder zusätzliche softwarebasierte Simulationen oder hardwarebasierte Tests[378] durchgeführt werden. In den nachfolgenden Überlegungen wird die Annahme getroffen, dass qualitätsverbessernde Maßnahmen einerseits primär auf die Erhöhung zeitabhängiger, variabler Entwicklungskosten zurückzuführen sind, andererseits die damit verbundenen Mehrkosten auch zu einer messbaren Qualitätsverbesserung i. S. v. reduzierten Ausfallkosten beitragen. Zur Bewertung der Vorziehenswürdigkeit einzelner Alternativen ist es daher unverzichtbar, dass sowohl die Kosten der Entwicklungszeitverbesserung als auch die daraus erwarteten Erträge auf den Gegenwartszeitpunkt diskontiert werden.

---

375 Diese strikten Annahmen gelten als Arbeitsprämisse, die im Verlauf der Arbeit detailliert wird. In der Literatur wird generell die Auffassung vertreten, dass einerseits der Einfluss der Entwicklungskosten und damit auch ein erheblicher Kostenanstieg sich relativ gering auf den Lebenszyklusertrag des Produktes auswirkt. Andererseits stellt die Entwicklungszeit die wesentlich sensiblere Einflussgröße auf den Lebenszyklusertrag dar. Das Optimierungskalkül, die Entwicklungszeit und die damit verbundenen Kosten zu steigern, um unter idealen Projektbedingungen zu einer gesteigerten Produktqualität in Form reduzierter Ausfallraten in der Produktanlaufphase zu gelangen, stellt somit eine erste Eingangsprämisse dar. Diese kann jedoch aus den allgemeinen Erfahrungswerten abgeleitet werden, die für komplexe technische Systeme vorliegen: Danach entstehen 75% aller Qualitätsmängel in der Konzeptentwicklungsphase (vgl. Abbildung 1.5), während 80% der Fehler in der Realisierungsphase des Entwicklungsprozesses und in der Markteinführungsphase sehr kostenintensiv behoben werden müssen (vgl. Wildemann (2002), S. 4). Folglich bildet die Annahme einer Ausfallkostenreduktion lediglich die Beseitigungskosten von Entwicklungsfehlern, ohne die Fehlerbehebungskosten zu quantifizieren, die bereits kostenintensiv in der Realisierungsphase der Produktentwicklung behoben werden. Im weiteren Verlauf der Arbeit werden Handlungsalternativen zur Beschleunigung untersucht, um die verlängerte Entwicklungszeit zu kompensieren bzw. weitere Verkürzungen zu realisieren (vgl. dazu Wildemann (2004a), S. 5-9).

376 Vgl. Wildemann (2002), S. 41-44.

377 Vgl. Wildemann (2004c), S. 72.

378 Vgl. Gentner (1994), S. 58f.; vgl. Fujimoto (1999), S. 86-90.

5.1.1. Die Entscheidungssituation aus der Perspektive der Gegenwartswerte der Entwicklungskosten und der Ausfallkosten

Eindeutiger fällt die Zuordnung zwischen den zusätzlichen Entwicklungskosten und Entwicklungszeiten für einzelne Teilsysteme und den dazugehörigen Ausfallraten aus. Die Ausfallkosten je produzierter Produkteinheit ergeben sich aus dem Produkt der durchschnittlichen Fehleranzahl und der durchschnittlichen Beseitigungskosten je aufgetretenem Fehler. Diese Ausfallraten und deren Behebungskosten basieren auf den Erfahrungswerten vorheriger Entwicklungsprojekte oder von Entwicklungsergebnissen der Vorentwicklungstätigkeit.[379] Diesen Ist-Ausfallraten werden angestrebte Zielausfallraten gegenübergestellt, die das Expertenteam durch die Realisierung des Neuprojektes anstrebt. Allerdings werden insbesondere bei komplexen Systemen diese Ausfallraten niemals den Wert Null annehmen, sondern zumindest in der Markteinführungsphase wird i. d. R. eine größere Fehlerhäufigkeit auftreten, da gewisse Fehlerquellen erst im Großversuch erkennbar sind. Es stellt sich daher die Frage, inwieweit diese Ausfallraten in der Markteinführungsphase eines Produktes dadurch reduziert werden können, indem durch den Einsatz höherer Entwicklungskosten weitere produktverbessernde Maßnahmen während der Entwicklungsphase, z. B. in Form zusätzlicher Tests oder besser geeigneter Materialien, erzielt werden können.[380] Eine Entscheidung zugunsten höherer Entwicklungskosten ist ökonomisch nur dann gerechtfertigt, sofern davon eine weitere Absenkung der geplanten Ausfallraten erwartet werden kann (vgl. Abbildung 5.2). Ausfallraten sind ein direktes Ergebnis der Beschaffenheit technischer Systeme. Diese bestehen i. d. R. aus einer Vielzahl verschiedener Komponenten. Fällt bereits eine Komponente aus, wird die Funktionsfähigkeit des gesamten technischen Systems beeinträchtigt bzw. ist erheblich gefährdet. Ausfallraten im Fahrzeugbau basieren auf Erfahrungsdaten, welche Hersteller aus typgleichen Fahrzeugprojekten gewonnen haben, die bereits mehrere Jahre produziert und am Markt abgesetzt wurden. Aus diesen Feldversuchsdaten und Daten, die in den Dauerlauftests für neue Komponenten gewonnen werden, können dann Produktausfallraten für einen bestimmten Lebenszyklus eines bestimmten Systems eingeschätzt werden. Dabei bildet eine Null-Fehlerquote für sämtliche Komponenten eines geplanten technischen Systems den Optimalzustand.

---

[379] Die technische Lebensdauer eines Teilsystems ist von dessen Zustand und den im Zeitablauf eintretenden Belastungen abhängig. Die Ausfallrate gibt die Wahrscheinlichkeit eines Anlagenausfalls unter der Bedingung wieder, dass ein Teilsystem noch nicht ausgefallen ist (vgl. Corsten (2000), S. 94f.). Von diesem Definitionsverständnis wird in dieser Arbeit abgewichen. Nachfolgend wird unter der Ausfallrate derjenige Prozentsatz der sich im Feld befindlichen technischen Fahrzeugkomponenten subsumiert, der innerhalb einer Beobachtungsfrist ausfällt.

[380] Vgl. u. a. Obermaier (2004), S. 1f.

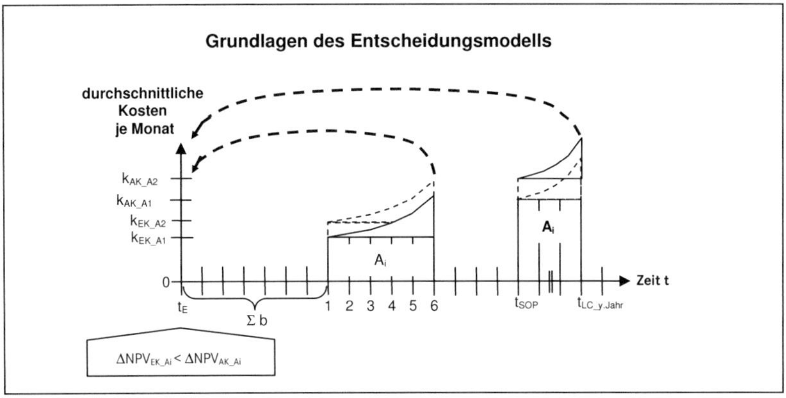

Abbildung: 5.2: Festgelegte Zahlungsströme zum Zeitpunkt der endgültigen Spezifikation

Diese Zielerreichung ist jedoch häufig mit einem massiven Anstieg der künftigen Produktkosten verbunden, da jede Komponente für sich dann mit einer Sicherheitsreserve oberhalb der Mindestlebenslaufzeit ausgelegt sein muss. Da die gestiegenen Mehrkosten häufig am Massenmarkt für Serienprodukte nicht an den Kunden weitergereicht werden können, verbleibt als einziger Ausweg die Verbesserung technischer Komponenten – unter Berücksichtigung der gesetzlichen Rahmenbedingungen – zu wirtschaftlich vertretbaren Kosten. Dabei wird ein aktives Anlaufmanagement unterstellt, sodass Fehlerquellen, die aus dem Produktionsanlauf resultieren, als gering gegenüber fehlerhaften Entwicklungsergebnissen angesehen werden können. Dazu werden nachfolgend die Gegenwartskosten für höhere Entwicklungsaufwendungen einer Alternative A_i NPV_{EK_Ai} berechnet und den Kostenreduktionen für A_i, die aus verringerten Ausfallkosten NPV_{AK_Ai} resultieren, gegenübergestellt. Dieser Zusammenhang lässt sich als Entscheidungsmodell zusammenfassen:

$$-NPV_{EK\_Ai} + NPV_{AK\_Ai} \geq 0. \tag{5.1}$$

In einem ersten Schritt sind dazu die Kosten- und Zeit-Einflussgrößen der realen Entwicklungskosten zu erheben. In einem zweiten Schritt werden die Entwicklungsfolgekosten in Form der diskontierten Ausfallraten- und Materialkostendifferenz zwischen der Alternative und dem Referenzumfang ermittelt. Die zentrale Frage des Entscheidungskalküls lautet: Inwieweit sind die erwarteten Reduktionen an Ausfallkosten, die innerhalb der ersten beiden Produktionsjahre anfallen, ausreichend, um die dafür notwendigen Mehrkosten für einen optimierten Produktentwicklungsprozess zu kompensieren? In einem dritten Schritt wird der Einfluss der zeitabhängigen Parameter der Entwicklungskosten untersucht: Dazu zählen der

Referenzzinssatz, der den Mindestverzinsungsanspruch des investierenden Unternehmens wiedergibt, und die Lage des Entwicklungsumfanges innerhalb des Netzplanes des gesamten Projektes.

5.1.2. Der Gegenwartswert der Entwicklungskostendifferenz

Um die komplexen Zusammenhänge, die zur Berechnung der Entwicklungskosten benötigt werden, im Rahmen eines Entscheidungsmodells transparent darstellen zu können, werden in einem ersten Schritt nachfolgend sämtliche Kostenarten und Zeitgrößen für die Alternative A_i erfasst, die während der Entwicklungsphase anfallen bzw. diese beeinflussen. Die Parameter der Entwicklungskosten EK_{Ai} lassen sich in fixe und variable entwicklungsprozessabhängige Kostenarten untergliedern. Variable Kosten k_{Ai} verhalten sich dabei proportional zur Zeitdauer einer Entwicklungstätigkeit. Hierunter werden i. d. R. Personalkosten und Lizenzgebühren für Softwarelösungen, aber auch die Anzahl physischer Versuchsteile subsumiert. Währenddessen besitzen Fixkosten K_{Ai} einen singulären Charakter und fallen i. d. R. zu Beginn der Entwicklungstätigkeit als Einmalkosten für Musterteilwerkzeuge oder zu Beginn der Versuchserprobung als Kosten für physische Tests zusätzlich zu den variablen Musterteilkosten an. Weiterhin sind die verschiedenen Zeitparameter zu unterscheiden, die sich auf die Höhe des Gegenwartswertes auswirken: Hierbei sind direkte Zeitparameter, die unmittelbar von der Dauer der Entwicklungstätigkeit abhängig sind, zu differenzieren. Dazu zählt die variable Entwicklungszeit μ_{Ai}, die das Ergebnis der in Kapitel 3 durchgeführten Zeitschätzung in Höhe des Erwartungswertes der Entwicklungszeit für die Alternative A_i bildet. Des Weiteren sind indirekte Zeitparameter b_j zu berücksichtigen, die lediglich mittelbar ausschließlich über den Zinseszinseffekt auf den Gegenwartswert EK_{Ai} einwirken. Gleichung 5.2 berechnet den Gegenwartswert der Entwicklungskosten vorerst ohne Berücksichtigung von Zeitrisiken, um die komplexen Zusammenhänge der Entwicklungskostenrechnung in einem ersten Schritt vereinfacht darstellen zu können:

$$NPV_{EK\_Ai} = \frac{1}{q^{\frac{1}{12}\cdot(\sum_{j=1}^{z} bj+\mu_{Ai})}} \cdot \left[q^{\frac{1}{12}\cdot(\sum_{j=1}^{z} bj)} \left(k_{Ai} \cdot \frac{q^{\frac{1}{12}\cdot\mu_{Ai}} - 1}{q^{\frac{1}{12}} - 1} + K_{Ai} \cdot \left(\frac{1}{3} \cdot q^{\frac{1}{12}\mu_{Ai}} + \frac{2}{3} \cdot q^{\frac{1}{12}\frac{1}{3}\mu_{Ai}} \right) \right) \right] = EK_{Ai}. \qquad (5.2)$$

Um sämtliche variable und fixe Kosten erfassen zu können, wird dem im verbalen Modell erörterten Vorgehen von ***Salminen/Eppinger*** gefolgt und die Kostenarten analog zu deren

Verursachung in Abhängigkeit der Produktstruktur, der Prozessstruktur und der Organisationsstruktur des zu entwickelnden Produktprojektes unterschieden.[381]

5.1.2.1. Kosten der Produktstruktur für die Alternative A_i

Durch die Festlegung der Produktstruktur werden Fixkosten für die Werkzeuge $K_{WZ\_Ai_u}$ und variable Kosten $k_{MT\_Ai_u}$ für die Anzahl der Musterteile x_{Ai_u} in Abhängigkeit des Reifegrades u verursacht:

$$K\_\Pr_{Ai} = \sum_{u=1}^{w} K_{WZ\_Ai_u} + \sum_{u=1}^{w} k_{MT\_Ai_u} \cdot x_{Ai_u} \,. \tag{5.3}$$

Sämtliche Kosten werden dabei über die Anzahl an Reifegraden u aggregiert. Innerhalb eines jeden Reifegrades u werden eine bestimmte Anzahl x_{Ai_u} an Musterteilen zu den jeweils variablen Kosten $k_{MT\_Ai_u}$ hergestellt, die anschließend z. T. in Crash-Tests ihrer Wirksamkeit in Bezug auf das einzelne Teilsystem oder im Hinblick auf das Gesamtsystem unterzogen werden. Der nominale Entwicklungskostenanteil, der aus der Festlegung der Produktstruktur resultiert, beträgt somit: $K\_\Pr_{Ai}$.

5.1.2.2. Kosten der Prozessstruktur für die Alternative A_i

Die Summe der durch die Festlegung der Prozessstruktur verursachten Entwicklungskosten K_Pz_{Ai} lässt sich in fixe und variable Kosten untergliedern. Fixe Kosten fallen für sämtliche Hardwarekostenarten $K_{IT\_HW\_Ai_f}$ und Softwarekostenarten $K_{IT\_SW\_Ai_f}$ an: $\sum_{f=1}^{w} K_{IT\_HW\_Ai_f} + \sum_{f=1}^{w} K_{IT\_SW\_Ai_f}$. Variable Kosten entstehen durch die Ausführung physischer Tests: $\sum_{c=1}^{w} k_{T\_HW\_Ai_c} \cdot x_{T\_HW\_Ai_c}$. Diese beinhalten die variablen Kosten für jeden Hardware-Test $k_{T\_HW\_Ai_c}$, die mit der Anzahl der durchzuführenden Tests $x_{T\_HW\_Ai_c}$ für jeden Reifegrad c zu multiplizieren sind. Die Summe der nominellen Entwicklungskosten, die für die Ausprägungen einer Entwicklungsprozessalternative anfallen, betragen somit:

$$K\_Pz_{Ai} = \sum_{u=1}^{w} K_{IT\_HW\_Ai_f} + \sum_{u=1}^{w} K_{IT\_SW\_Ai_f} + \sum_{u}^{w} k_{T\_HW\_Ai_c} \cdot x_{T\_HW\_Ai_c} \,. \tag{5.4}$$

381 Vgl. Eppinger/Salminen (2001), S. 285ff.

5.1.2.3. Kosten der Organisationsstruktur für die Alternative A_i

Die Kosten der Organisationsstruktur K_O_{Ai} umfassen die Anzahl an Mitarbeitern $x_{MA\_Ai\_u}$, die Kosten für deren individuellen Stundensatz $k_{q\_Ai\_u}$ und die Zeitdauer $t_{MA\_Ai\_u}$, die ein bestimmter Mitarbeiter dem Entwicklungsprojekt zur Verfügung steht. Sämtliche Kostenarten fallen für jeden Reifegrad u an. Folglich bildet die Summe dieser Teilkostensummen diejenigen Entwicklungskosten ab, die für die Ausprägungen der Entwicklungsorganisation einer bestimmten Alternative A_i benötigt werden:

$$K\_O_{Ai} = \sum_{u=1}^{w} x_{MA\_Ai\_u} \cdot k_{q\_Ai\_u} \cdot t_{MA\_Ai\_u} \,. \tag{5.5}$$

Hier wird deutlich, dass eine verlängerte Entwicklungszeit bzw. zusätzliche Entwicklungsmitarbeiter sich direkt als Kostentreiber auf die variablen Entwicklungskosten auswirken.

5.1.2.4. Variable Entwicklungskosten für die Alternative A_i

Differenziert man die einzelnen Kostenarten nach fixen und variablen Kosten, so ergibt sich für die variablen Kosten ein durchschnittlicher Kostensatz k_{Ai}, der für jeden Monat der Entwicklungstätigkeit anfällt:

$$k_{Ai} = \frac{1}{a_{Ai}} \cdot \left[\begin{array}{l} \sum_{u=1}^{w} k_{MT\_Ai_u} \cdot x_{Ai_u} + \sum_{u=1}^{w} k_{VT\_Ai_u} \cdot x_{VT\_Ai_u} + \sum_{c}^{w} k_{T\_HW\_Ai_c} \cdot x_{T\_HW\_Ai_c} \\ + \sum_{u=1}^{w} x_{MA\_Ai\_u} \cdot k_{q\_Ai\_u} \cdot t_{MA\_Ai\_u} \end{array} \right] . \tag{5.6}$$

Dabei wird unterstellt, dass die gesamte Entwicklungskostensumme für variable Kostenarten in einem ersten Schritt lediglich als nominale Größe für eine Zieldauer geplant wird und somit zeitproportionale Verzinsungseinflüsse unberücksichtigt bleiben. Erst bei der Alternativenbewertung mit der Zielsetzung die geringsten Gegenwartskosten für einen Entwicklungsumfang zu erzielen, fließt der reale Opportunitätskostenzinsfuß z ein.

5.1.2.5. Fixe Entwicklungskosten für die Alternative A_i

Für die Berechnung der Fixkosten K_{Ai} tritt folgender Zusammenhang auf:

$$K_{Ai} = \sum_{u=1}^{w} K_{WZ\_Ai_u} + \sum_{f=1}^{w} K_{IT\_HW\_Ai_f} + \sum_{f=1}^{w} K_{IT\_SW\_Ai_f} \,. \tag{5.7}$$

Eine solche Kostenartenübersicht ermöglicht eine detaillierte Gesamtkostenplanung, da nun auf Ebene einzelner Kostenarten die Kostentreiber für bestimmte Ausprägungen in der Produktstruktur, in der Entwicklungsprozessstruktur und in der Entwicklungsorganisation miteinander verglichen werden können. Um einen solchen Vergleich auf Basis eines Gegenwartswertes durchführen zu können, werden die Gesamtkosten einer Alternative berechnet und den Gesamtkosten anderer Alternativen desselben Entwicklungsprojektes oder einem bereits abgeschlossenen Projektumfang mit vergleichbarem Spezifikationsziel gegenübergestellt. Dazu sind die durchschnittlichen variablen Kosten zu berechnen, die für eine Zeiteinheit für eine bestimmte Projektalternative anfallen. Dabei wird unterstellt, dass selbst bei relativ langen Entwicklungsprojekten, die mehrere Jahre dauern können, die kleinste Zeiteinheit einem Monat entspricht. Die variablen Gesamtkosten beinhalten lediglich die Kostenarten, da sich diese nur zeitproportional verhalten.

5.1.3. Gegenwartswert der erwarteten Ausfallkosten

Der Ertrag eines optimierten Entwicklungsprozesses liegt in der Produktqualität. Diese resultiert aus der Erreichung der in der Spezifikationsphase definierten Anforderungen zum Abschluss der Entwicklungstätigkeit. Neben dem Erzielen der Spezifikationsanforderungen kann innerhalb des Entwicklungsprozesses auch die Reduktion der Planausfallraten von Teilsystemen des Produktes angestrebt werden. Generell bildet eine möglichst hohe Produktqualität das Ziel jeder Entwicklungstätigkeit. Aus den Feldergebnissen des Vorgängermodells kann i. d. R. abgelesen werden, mit welchem Kostenaufwand und mit welchen Entwicklungszeiten eine bestimmte Höhe an Ausfallraten für jedes Teilsystem realisiert werden konnte.

Als Bewertungsmaßstab gelten dabei die innerhalb der gesetzlichen Gewährleistungspflicht eingetretenen Schäden für die Gesamtzahl an abgesetzten Einheiten G, die auf Kosten des Herstellers zu beheben sind. In der Bundesrepublik Deutschland betragen diese herstellerseitig zu tragenden Garantiezeiten zwei Jahre.[382] Die daraus gebildeten Garantiestückkosten ak_{Ai} fließen als Bestandteil der Herstellkosten in die Produktkalkulation ein.

Die ak_{Ai} beinhaltet nicht nur die direkten Fehlerkosten in Höhe der Ausfallwahrscheinlichkeit AR_{Ai} und die durchschnittlichen Behebungskosten je Fehler k_{Af_Ai}, sondern auch die Differenz der Herstellkosten je produzierter Einheit Δk_{FM_Ai}. Letztere resultiert i. d. R. aus der Verwendung eines qualitativ höherwertigen und damit höherpreisigen Materials bzw. einer höheren Vorproduktqualität. Als Folge von deren Verwendung wird eine Reduktion der Aus-

[382] Diese vereinfachte Annahme (gemeint ist die Anlaufstückzahl eines Fahrzeugprojektes vom Produktionsstart bis zum Ende des zweiten Produktionsjahres multipliziert mit den durchschnittlich erwarteten Ausfallkosten) basiert auf den Grundzügen der Gesetzgebung zur Sachmängelhaftung in der Bundesrepublik Deutschland. Danach haftet der Verkäufer von Waren grundsätzlich innerhalb der ersten beiden Jahre nach Gefahrübertragung auf den Käufer für Sachmängel, die bei Gefahrübergang vorliegen (vgl. BGB §433ff.). Sonderregelungen, wie z. B. die Haftungsausschlüsse bei Geschäften unter Kaufleuten oder – soweit zulässig – abweichende vertragliche Vereinbarungen, bleiben davon unberührt.

fallkosten des (Teil-)Systems erwartet. Originär sind diese Kosten jedoch das Resultat eines optimierungsfähigen Entwicklungsprozesses. Folglich darf unterstellt werden, dass durch die Ausgestaltung des Entwicklungsprozesses – insbesondere der Anzahl der Testzyklen und der Grundgesamtheit der verprobten Teilsysteme an D-Musterteilen am Ende des Entwicklungsprozesses – eine maßgebliche Stellgröße zur Optimierung des Entwicklungsprozesses gegeben ist. Somit spiegelt der Gegenwartswert der Ausfallkosten AK_{Ai} bereits das Ergebnis einer Optimierungsrechnung wider, indem einerseits eine möglichst geringe Ausfallrate mit geringen Fehlerbehebungskosten angestrebt wird. Andererseits sollten die Materialstückkostensteigerungen für die ausfallreduzierten Vorprodukte in Höhe von Δk_{FM_Ai} nur in geringem Umfang anfallen.

$$NPV_{AK\_Ai} = \frac{1}{q^{\frac{1}{12}\cdot(\sum_{j=1}^{z} b_j + \mu_{Ai} + z_{SOP} + z_{PLC})}} \left[AR_{Ai} \cdot k_{Af\_Ai} + \Delta k_{FM\_Ai} \right] \cdot G = AK_{Ai} \, . \tag{5.8}$$

dabei gilt: $$ak_{Ai} = AR_{Ai} \cdot k_{Af\_Ai} + \Delta k_{FM\_Ai} \, . \tag{5.9}$$

Als weitere indirekte Zeitparameter, die lediglich mittelbar über den Zinseszinseffekt die Höhe des Gegenwartswertes der Ausfallkosten beeinflussen, zählen zusätzlich die Entwicklungszeiten der im kritischen Pfad des Netzplanes vorgelagerten (Teil-)Systeme A_i in Höhe von b_j und die Zeitdauern, die Entwicklungszeit von A_i in Höhe von μ_{Ai} und die Zeitdauern, die nach der bewertenden Alternative A_i anfallen. Dieses sind die Zeitdauer z_{SOP}, die zwischen dem Abschluss des Arbeitspaketes bis zum SOP für die auf dem Zeitpfad nachfolgenden zu entwickelnden Teilsysteme und die Zeitdauer z_{PLC}, die nach dem Verkaufsstart bis zum Ende des jeweils betrachteten Produktlebenszyklusabschnittes erwartet wird. In den nachfolgenden Betrachtungen beträgt der Wert für z_{PLC} ein bzw. zwei Jahre, da nach dieser Zeit einerseits i. d. R. die gesetzliche Produzentenhaftung für Produktausfälle endet. Andererseits wird im dritten Produktionsjahr gewöhnlich die Zielabsatzmenge des Produktes erreicht, sodass bis dahin bei Annahme eines guten Anlaufmanagements die aufgetretenen Fehler behoben sein sollten.

5.1.4. Exkurs: Auswirkungen von Zinsfuß und der Lage im Netzplan

Wie aus den Formeln 5.9 und 5.10 ersichtlich, übt die Lage des zu bewertenden Arbeitspaketes einen tendenziell steigenden Einfluss auf die Höhe der realen Kosten aus, sofern der gesamte Netzplan folgende Eigenschaften aufweist:

1. Der gesamte Netzplan des Entwicklungsprojektes weist eine mehrjährige Dauer auf.

2. Die Höhe der für das eingesetzte Kapital geforderten realen Mindestverzinsung erreicht eine signifikante Höhe. Dann wird die Entscheidung über eine Handlungsalternative zunehmend von der Lage im Netzplan determiniert.

$$NPV_{EK\_Ai} = \frac{1}{q^{\frac{1}{12}\cdot(\sum_{j=1}^{z} bj+\mu_{Ai})}} \cdot \left[q^{\frac{1}{12}\cdot(\sum_{j=1}^{z} bj)} \left(k_{Ai} \cdot \frac{q^{\frac{1}{12}\cdot\mu_{Ai}}-1}{q^{\frac{1}{12}}-1} + K_{Ai} \cdot \left(\frac{1}{3} \cdot q^{\frac{1}{12}\cdot\mu_{Ai}} + \frac{2}{3} \cdot q^{\frac{1}{12}\cdot\frac{1}{3}\mu_{Ai}} \right) \right) \right] = EK_{Ai} \quad (5.2)$$

Die Ursache hierfür bildet der Zinseszinseffekt: Steigt dieser aufgrund eines sehr hohen Realzinsfußes signifikant an, werden bei Projekten mit langen Entwicklungsdauern diejenigen Arbeitspakete, die in der Entwicklungsphase im Netzplan früh angeordnet sind, unterproportional kostenseitig entlastet, während Arbeitspakete, die am Ende des Entwicklungsprozesses angesiedelt sind, überproportional entlastet werden. Gleiches gilt für die nach Abschluss der Entwicklungstätigkeit anfallenden Ausfallkosten. Die Lage innerhalb des Netzplanes wird durch die Monate an vorgelagerten Entwicklungspaketen entlang des kritischen Pfades $\sum_{j=1}^{z} bj$ beschrieben. Als Lösung bietet sich an, den Entwicklungsumfang von (Teil-)Systemen ganzheitlich zu betrachten und die Beurteilung eines Teilsystems nicht auf der Basis einzelner chronologisch angeordneter Arbeitspakete durchzuführen. Es wird darauf hingewiesen, dass der Zinsfuß der Gegenwartsrechnung die Höhe der Kapitalmindestverzinsung abbildet, den das investierende Unternehmen für das angesetzte Kapital anstrebt. Folglich determiniert die Höhe dieses Mindestverzinsungsanspruchs die Wirtschaftlichkeit von Entwicklungsprojekten mit langen Entwicklungszeiten.

5.1.5. Berücksichtigung von Zeitrisiken im Entscheidungsmodell

Das Entscheidungsmodell dieser Arbeit basiert in seiner Grundaussage auf der Annahme, dass höhere Entwicklungskosten im Rahmen eines effizient gestalteten Entwicklungsprozesses tendenziell zu geringeren Ausfallraten führen. Nur so lange gilt, dass der Gegenwartswert zukünftiger Fehler höher sein wird als der Gegenwartswert der zusätzlichen Entwicklungskosten. Daraus resultiert eine positive Trade-off-Situation zugunsten zusätzlicher Finanzmittel für den Entwicklungsprozess. Zur Berücksichtigung des Entwicklungszeitrisikos in Höhe des $TaR_{\beta\sigma\_Ai}$ ändert sich das Entscheidungskalkül wie folgt:

$$-EK_{TiR_{\beta\sigma\_Ai}} + AK_{TiR_{\beta\sigma\_Ai}} \geq 0. \quad (5.10)$$

Die Kostenveränderungen $-EK_{TiR_{\beta\sigma\_Ai}}$ der Entwicklungsprozessverbesserung einer Alternative A_i berücksichtigen dabei ein Entwicklungszeitrisiko in Höhe des $TaR_{\beta\sigma\_Ai}$. Da gilt:

$TiR_{\beta\sigma\_Ai} = \mu_{Ai} + TaR_{\beta\sigma\_Ai}$ ist bei einer zeitrisikoadjustierten Entscheidung die Höhe der maximal berücksichtigten Zeitrisikoabweichung $\beta\sigma_{Ai}$ zu berücksichtigen. Die Entwicklungskosten verteuern sich somit um die Kosten $EK_{TaR_{\beta\sigma\_Ai}}$, die für die Abdeckung der zusätzlichen Entwicklungszeitrisikos $TaR_{\beta\sigma\_Ai}$ benötigt werden. Diese Kosten resultieren aus der Differenz zwischen den risikoadjustierten Entwicklungskosten $EK_{TiR_{\beta\sigma\_Ai}}$ und den Entwicklungskosten $EK_{\mu_{Ai}}$, die lediglich für den Erwartungswert μ_{Ai} anfallen:

$$EK_{TiR_{\beta\sigma\_Ai}} - EK_{\mu_{Ai}} = EK_{TaR_{\beta\sigma\_Ai}}. \tag{5.11}$$

Folglich ändert sich der Gegenwartswert der Entwicklungskosten:

$$NPV_{EK\_TiR_{\beta\sigma\_Ai}} = \frac{1}{q^{\frac{1}{12}\cdot(\sum_{j=1}^{z} bj+TiR_{\beta\sigma\_Ai})}} \cdot \left[q^{\frac{1}{12}\cdot(\sum_{j=1}^{z} bj)} \left(k_{Ai} \cdot \frac{q^{\frac{1}{12}\cdot TiR_{\beta\sigma\_Ai}} - 1}{q^{\frac{1}{12}} - 1} + K_{Ai} \cdot \left(\frac{1}{3} \cdot q^{\frac{1}{12}\cdot TiR_{\beta\sigma\_Ai}} + \frac{2}{3} \cdot q^{\frac{1}{12}\frac{1}{3} TiR_{\beta\sigma\_Ai}} \right) \right) \right] = EK_{TiR_{\beta\sigma\_Ai}}, \tag{5.12}$$

Ebenso wirkt die Abdeckung des Zeitrisikos auf die Höhe der Ausfallkosten. Der sich auf den Gegenwartswert der Ausfallkosten auswirkende Zinseszinseffekt der Entwicklungszeitverlängerung in Höhe von $TaR_{\beta\sigma\_Ai}$ beträgt somit:

$$AK_{TiR_{\beta\sigma\_Ai}} - AK_{Ai} = AK_{TaR_{\beta\sigma\_Ai}}. \tag{5.13}$$

Während die Berücksichtigung des Entwicklungszeitrisikos die Gegenwartskosten der Entwicklungsphase verteuern, verursacht die längere Zeitdauer bei den Ausfallkosten den gegenteiligen Effekt. Da das Entwicklungszeitrisiko $TaR_{\beta\sigma\_Ai}$ lediglich auf den Nenner des Diskontierungsfaktors wirkt, verursacht ein Anstieg des berücksichtigten Risikos eine erhöhte Diskontierung der Risikokosten. Der Gegenwartswert der zeitrisikoadjustierten Ausfallkosten ändert sich wie folgt:

$$NPV_{AK\_TiR_{\beta\sigma\_Ai}} = \frac{1}{q^{\frac{1}{12}\cdot(\sum_{j=1}^{z} bj+TiR_{\beta\sigma\_Ai}+t_{SOP}+t_{PLC})}} \left[AR_{Ai} \cdot k_{Af\_Ai} + \Delta k_{FM\_Ai} \right] \cdot G = AK_{TiR_{\beta\sigma\_Ai}}. \tag{5.14}$$

Entwicklungszeitrisiken werden in diesem Entscheidungskalkül im Rahmen der für die Alternative A_i berechneten Risikokennzahl $TaR_{\beta\sigma}$ mit berücksichtigt. Folglich ist das Zeitrisiko nicht nur von der Bandbreite $[a;b]$ abhängig, sondern auch von der Risikopräferenz der Schätzer im Hinblick auf die Absicherung des Konfidenzintervalls β. Werden die Risikozeiten in die bisherige Formellandschaft integriert, so ändern sich lediglich die Zeitwerte für die Gegenwartskosten (Gleichung 5.2) der Alternative A_i von n_{Ai} in $TiR_{\beta\sigma\_Ai}$ (Gleichung

5.14). Die Folgen verschiedener Risikoausprägungen hinsichtlich Bandbreiteneffekten und Risikopräferenzen werden in Kapitel 5.3 im Rahmen einer Sensitivitätsanalyse untersucht.

5.2. Anwendung des Entscheidungsmodells an drei Entwicklungsprojekten der Nutzfahrzeugindustrie

Nachfolgend sollen die theoretischen Zusammenhänge des Entscheidungsmodells dieser Arbeit anhand der drei bereits vorgestellten Anwendungsfälle aufgezeigt werden. Ziel dieses Vergleichs bildet zum einen das Aufzeigen der Wirkungsweise des in Kapitel 5.1 erarbeiteten Kostenrechnungsmodells anhand von Modelldaten, die anonymisiert sind, jedoch die realen Größenverhältnisse zwischen den einzelnen Projekten widerspiegeln. Dadurch wird ein Analogieschluss ermöglicht.[383] Eine Berücksichtigung der zeitrisikoadjustierten Betrachtung bleibt in diesem Abschnitt unberücksichtigt, da zum einen grundlegende Zusammenhänge aufgezeigt werden sollen. Zum anderen wurden die Entwicklungsphasen der Projekte P_{t-2} und P_{t-1} bereits abgeschlossen, sodass eine zeitrisikoadjustierte Bewertung lediglich bei dem Projekt P_{t0}, das derzeit entwickelt wird, einen Informationsmehrwert liefert. Die Wirkungsweise einer risikoadjustierten Bewertung wird in Kapitel 5.3 anhand von Alternativen für P_{t0} aufgezeigt. Ausgehend von dem Entscheidungskalkül $-EK_{\mu_{Ai}-\mu_{RU}} + AK_{\mu_{Ai}-\mu_{RU}} \geq 0$ werden die entstehenden Entscheidungssituationen dargelegt. Dazu wird das Entscheidungskalkül bedingt angepasst: Es wird die Frage untersucht, in welchem Umfang sich die tatsächlich bestehenden Entwicklungs- und Ausfallkosten zwischen den Projekten verhalten. Dazu werden die entstandenen bzw. geschätzten Entwicklungskosten jeweils für ein Projektpaar erhoben. Ist bei dem Vergleich beider Projektpaare $P_{t-1}\ P_{t-2}$ und $P_0\ P_{t-1}$ eine eindeutige Tendenz in der Entscheidungssituation erkennbar, kann davon ausgegangen werden, dass ein Zusammenhang zwischen höheren Entwicklungskosten und geringeren Ausfallkosten in der Anlaufphase eines komplexen Entwicklungsprojektes besteht. Dazu werden jeweils die Ausprägungsunterschiede der Entwicklungs- und Ausfallkosten eines Alternativenpaares untersucht.

Zur Ermittlung der Ausfallkostendifferenzen ΔAK_{t-1_t-2} für die beiden bereits abgeschlossenen Projekte P_{t-1} und P_{t-2} sind für jedes Projekt die realen Gegenwartsausfallkosten AK_{t-1} und AK_{t-2} zu berechnen.[384] Wie in Gleichung 5.2 dargestellt sind hierzu die durchschnittliche Fehlerzahl pro abgesetztem Fahrzeug im ersten und zweiten Produktionsjahr zu ermitteln. Für

---

[383] Vgl. Kapitel 1.6, insbesondere Abbildung 1.4.

[384] Vgl. Gleichungen 5.10 und 5.13.

das Projekt P_{t-2} belief sich die Fehlerquote im ersten Nutzungsjahr auf 3,3 Fehler je ausgeliefertem Fahrzeug, die auf ein schadhaftes E/E-System zurückzuführen war. Die durchschnittlichen Fehlerbeseitigungskosten sind einheitlich auf das Vergleichsjahr für sämtliche Projekte, das Jahr 2007, mit 2% p. a. zu inflationieren. Diese Kosten betrugen bei P_{t-2} 731 Euro je aufgetretenem Fehler. Folglich ergeben sich für das erste Produktionsjahr, in dem 13.200 Fahrzeuge ausgeliefert wurden, Fehlerbeseitigungskosten, die bis zum Vergleichsjahr zu inflationieren sind, in Höhe des $AK_{t-2\_1.Jahr}$ von 20.869.168 € (vgl. Tabelle 5.1). Im zweiten Produktionsjahr stiegen die realen Ausfallkosten $AK_{t-2\_2.Jahr}$ bereits auf 59.102.714 €, da es sowohl bei dem Produktionsvolumen vom Anlaufjahr (13.200 Fahrzeugeinheiten) als auch vom zweiten Produktionsjahr (26.800 Fahrzeugeinheiten) zu Ausfällen kam. Da zum Entscheidungszeitpunkt keine weiteren Arbeitspakete der E/E-Systementwicklung entlang des kritischen Pfades vorgelagert sind, beträgt die Summe der Entwicklungszeitdauer der vorgelagerten Teilprojekte den Wert Null; folglich gilt: $\sum b_j = 0$. Die Anlaufzeit der Produktion t_{SOP}, die bei der Berechnung des jeweiligen Gegenwartswertes zu berücksichtigen ist, beträgt bei jedem Projekt einheitlich drei Monate. Für die Projekte P_{t-1} und P_0 verläuft die Entwicklung simultan. Die Laufzeit der einzelnen Projekte μ_{Ai} divergiert zwischen 49 und 61 Monaten und gibt damit die vollständige Entwicklungszeitdauer für ein System dieses Komplexitätsgrades wieder. Der Referenzzinssatz z entspricht dem Mindestverzinsungsanspruch des produktentwickelnden Unternehmens und wird mit 7% unterstellt. Mit diesem Zinssatz werden die Alternativen innerhalb der einzelnen Projekte gerechnet. Als Ergebnis bleibt festzuhalten, dass die Differenz der Ausfallkosten zwischen den beiden Projekten im ersten Produktionsjahr $\Delta AK_{t-1\_t-2\_1.Jahr} = -10.641.658€$ beträgt und kumuliert nach dem zweiten Jahr bereits $\Delta AK_{t-1\_t-2\_2.Jahr} = -30.137.803€$ eingespart wurde. Legt man für die Berechnung der Ausfallkosten für P_{t0} die Planausfallwerte zugrunde, so wird eine weitere Einsparung $\Delta AK_{t0\_t-1\_1.Jahr}$ bereits für das erste Produktionsjahr gegenüber Projekt P_{t-1} in Höhe von $-7.945.583€$ prognostiziert (vgl. Tabelle 5.1). Nach Ende des zweiten Produktionsjahres wird mit einer Ergebnisverbesserung $\Delta AK_{t0\_t-1\_2.Jahr}$ über $-22.502.302€$ gerechnet. Kumuliert man die Ausfallkostenreduktionen, mit denen zwischen den Projekten P_{t0} und P_{t-2} derzeit gerechnet wird, so ergibt sich für das erste Produktionsjahr eine Einsparung $\Delta AK_{t0\_t-2\_1.Jahr}$ in Höhe von $-18.587.221€$. Nach Ablauf des zweiten Produktionsjahres werden sich die Einsparungen $\Delta AK_{t0\_t-2\_2.Jahr}$ auf $-52.640.105€$ belaufen. Lassen sich die Planausfallkosten für P_{t0} wie geplant realisieren, so kommt dieses einer Reduktion der Ausfallkosten zum Ende des zweiten Produktionsjahres in Höhe von 89% gleich.

Fahrzeugtyp	P_{t-2}	P_{t-1}	P_{t0}
Abschluss 1. Produktlebensjahr	**1997**	**2003**	**2008**
Abschluss 2. Produktlebensjahr	**1998**	**2004**	**2009**
Jahr des Kostenvergleiches	**2007**	**2007**	**2007**
durchschnittliche Fehleranzahl je produziertem Fahrzeug	3,3	1,9	0,5
durchschnittliche Beseitungs-kosten je Fehler [in €; nominal]	731	585	491
Höhe der kumulierten Grundgesamtheit bis Ende 1. Jahr nach SOP	13.200	13.200	13.200
Höhe der kumulierten Grundgesamtheit bis Ende 2. Jahr nach SOP	40.000	40.000	40.000
b_j	0	0	0
μ_{Ai}	60	49	61
t_{sop}	3	3	3
$t_{PLZ\_1.Jahr}$	12	12	12
$t_{PLZ\_2.Jahr}$	24	24	24
z	7%	7%	7%
$AK_{Ai\_1.Jahr}$	20.869.168	10.227.510	2.281.947
$AK_{Ai\_2.Jahr}$	59.102.714	28.964.911	6.462.609
$\Delta AK_{P\,t-2\_P\,t-1\_1.\,Jahr}$	-10.641.658		
$\Delta AK_{P\,t-2\_P\,t-1\_2.\,Jahr}$	-30.137.803		
$\Delta AK_{P\,t-1\_P\,t0\_1.\,Jahr}$		-7.945.563	
$\Delta AK_{P\,t-1\_P\,t0\_2.\,Jahr}$		-22.502.302	

Tabelle 5.1: Ermittlung der Fehlerbeseitigungskosten im Projektvergleich[385]

Diese Erfolge der Kostenreduktion sprechen für sich. Es ist daher der Frage nachzugehen, mit welchen zusätzlichen Entwicklungskosten diese Einsparungen an Ausfallkosten verbunden sind. Wie in Tabelle 5.2 dargestellt, differieren die Gesamtsummen der nominalen Entwicklungskosten für die drei Projekte zwar erheblich, bei Betrachtung der realen Kostenhöhen relativieren sich die Unterschiede jedoch deutlich. Ursache hierfür bilden die z. T. längeren Zeitfenster, die sowohl zwischen den einzelnen Entwicklungszeiträumen liegen als auch die differierenden Entwicklungsdauern selbst. Um eine Vergleichbarkeit der verschiedenen Kostenbasen zu garantieren, war eine Inflationierung der verschiedenen Entwicklungsbudgets auf das Vergleichsjahr 2007 notwendig. Dazu wurde ebenfalls ein Inflationssatz in Höhe von

[385] Es handelt sich um fiktive, in der Realisation realistische Werte.

2% p. a. unterstellt. Zudem wurde angenommen, dass das Entwicklungsbudget bereits seit Beginn der Entwicklungstätigkeit in voller Höhe zur Verfügung stand.[386]

Eine exakte Aufgliederung des Entwicklungsbudgets in die einzelnen Kostenarten – wie in Kapitel 5.1 in den Gleichungen 5.3 bis 5.5 dargestellt – ist i. d. R. nicht exakt verfügbar. Es kann lediglich das Entwicklungsbudget des jeweiligen E/E-Systems ermittelt werden. Daher sind empirisch fundierte Aufteilungsprämissen hinsichtlich der Untergliederung des Gesamtbudgets in variable und fixe Kostenbestandteile Σk_{fix} notwendig. Die variablen Kostenarten in Höhe von $a_{Ai} \cdot k_{Ai}$ lassen sich dabei nochmals in die Summe für Personalkosten $\sum_{u=1}^{w} k_{\text{var}\_HR\_Ai}$ und sonstige variable Kosten $\sum_{u=1}^{w} k_{\text{var}\_so\_Ai}$ untergliedern.

Dabei gilt: $$\sum_{u=1}^{w} k_{\text{var}\_HR\_Ai} = \sum_{u=1}^{w} x_{MA\_Ai\_u} \cdot k_{q\_Ai\_u} \cdot t_{MA\_Ai\_u} \tag{5.15}$$

und $$\sum_{u=1}^{w} k_{\text{var}\_so\_Ai} = a_{Ai} \cdot k_{Ai} - \sum_{u=1}^{w} k_{\text{var}\_HR\_Ai} \tag{5.16}$$

Aus der Gesamtsumme der nominellen variablen Kosten lässt sich durch retrogrades Zurückrechnen die monatliche Kostenbelastung $\sum_{u=1}^{w} k_{\text{var}\_so\_Ai\_pm}$ ermitteln. Analog lässt sich die Summe der monatlichen Personalkosten $\sum_{u=1}^{w} k_{\text{var}\_HR\_Ai\_pm}$ berechnen, da sowohl das nominelle Gesamtbudget als auch die Anzahl an Entwicklungsmitarbeitern x_{MA} bekannt sind. Auf eine Differenzierung der Lohnhöhe in Abhängigkeit des Qualifikationsgrades l_{MAi} eines Mitarbeiters MA_i wird dabei zugunsten eines einheitlichen Durchschnittspersonalkostensatzes in Höhe von k_{MA} verzichtet.

386 Dieses ist eine sehr strenge Annahme, da i. d. R. die laufende Entwicklungstätigkeit aus dem Cash-Flow der laufenden Unternehmenstätigkeit bestritten wird. Durch diese strenge Annahme soll beim späteren Vergleich zwischen dem EK_{Ai_RU} und dem AK_{Ai_RU} sichergestellt werden, dass die realen Entwicklungskosten unter keinen Umständen als zu gering angesetzt worden sind.

	Projekt	P_{t-2}	P_{t-1}	P_{t0}
	Gesamtsumme nominale EK	93.600.000	118.900.000	143.000.000
	Beginn des Projektes	1991	1999	2002
	Abschluss des Projektes	1996	2002	2007
	Jahr des Kostenvergleiches	2007	2007	2007
	$EK_{real\ 2007}$	128.492.742	139.329.781	157.883.555
fixe Kostenarten = 33,3% der $EK_{real\ 2007}$	K_{WZ_Ai}	28.553.943	30.962.174	35.085.234
	$K_{IT\_HW\_Ai}$ K_{IT_SW}	14.276.971	15.481.087	17.542.617
Summe der Fixkosten		42.830.914	46.443.260	52.627.852
davon:	zu Beginn der Entwicklungstätigkeit als Basisinvestition	14.276.971	15.481.087	17.542.617
	nach 2/3 der geplanten Entwicklungszeit (primär K_WZ)	28.553.943	30.962.174	35.085.234
variable Kostenarten = 66,7% der $EK_{real\ 2007}$	k_{MT_Ai}			
	x_{MT_Ai}			
	$k_{t\_HW\_Ai}$			
	$x_{T\_HW\_Ai}$			
	k_{VT_Ai}			
	x_{VT_Ai}			
	$\Sigma\ k_{var\_so}$	28.553.943	30.962.174	35.085.234
	$\Sigma\ k_{var\_so\_pm}$	475.899	631.881	575.168
	$x_{MA\_U\_Ai}$	100	120	150
	$k_{MA\_s\_Ai}$	9.518	10.531	7.669
	μ_{Ai}	60	49	61
	Σk_{var_HR}	57.107.885	61.924.347	70.170.469
	$\Sigma k_{var\_HR\ p.m.}$	951.798	1.263.762	1.150.336
	$\Sigma k_{var\_HR\ p.m.} + \Sigma k_{var\_so\ p.m.}$	1.427.697	1.895.643	1.725.503
	bj	0	0	0
	μ_{Ai}	60	49	61
	z	7%	7%	7%
	EK_{var_Ai}	101.646.122	106.684.168	125.268.797
	EK_{fix_Ai}	51.986.566	54.356.209	64.090.721
	$\Sigma EK = EK_{var\_Ai} + EK_{fix\_Ai}$	153.632.688	161.040.377	189.359.518
	Abzinsungsfaktor auf den Entscheidungszeitpunkt = Beginn von μ_{Ai}	0,7130	0,7586	0,7090
	ΣEK_{2007}	109.537.983	122.166.187	134.251.641

Tabelle 5.2: Ermittlung der realen Entwicklungskosten für verschiedene Fahrzeugprojekte[387]

[387] Es handelt sich um fiktive, in der Realisation realistische Werte.

Aus den Gesprächen mit Projektingenieuren konnte folgende Untergliederung der nominellen Gesamtprojektkosten als Basis für die Berechnung der ΔEK_{Ai_RU} ermittelt werden. Die gegenwartsorientierte Sichtweise bildet dabei die notwendige Voraussetzung, um fundierte Aussagen über die realen Kosten von Entwicklungszeitverlängerungen formulieren zu können:

- Sämtliche Fixkosten belaufen sich auf ein Drittel des realen Entwicklungsbudgets. Davon sind ein Drittel (und somit 1/9 der Gesamtsumme) zu Beginn der Entwicklungstätigkeit für die Investitionen in IT-Hard- und -Software für die Prozessinfrastruktur fällig. Die restlichen zwei Drittel fallen zu Beginn des letzten Drittels der Entwicklungszeit für die fixen Bestandteile der Werkzeugkosten an.
- Die Summe der variablen Kosten beläuft sich auf 2/3 der Gesamtentwicklungskosten. Davon entfällt ein Anteil von 2/3 auf die Personalkosten und das restliche Drittel auf die Gesamtsumme der sonstigen variablen Kostenarten (siehe Gleichung 5.5).

Die Aufteilung der Gesamtsumme der variablen Kosten verläuft zeitproportional. Somit wird unterstellt, dass mit dem Abschluss der endgültigen Spezifikationsphase auch die Entwicklungsmitarbeiter in voller Höhe für das jeweilige Projekt zur Verfügung stehen und damit ein – wie in der Literatur zum Projektmanagement gefordertes – Lernen für jeden Projektbeteiligten von Beginn des Projektes an möglich ist.[388] Die variablen Entwicklungskosten, die für einen Monat Entwicklungszeit in Höhe der beiden Teilsummen von $\sum_{u=1}^{w} k_{\text{var}\_HR\_Ai}$ für die variablen Personalkosten und über $\sum_{u=1}^{w} k_{\text{var}\_so\_Ai}$ für die sonstigen variablen Kosten anfallen, divergieren in ihrer realen Höhe zwischen 1,427 Mio € und 1,895 Mio €.

Als Ergebnis dieses Vergleichs kann festgehalten werden, dass die realen Entwicklungskosten zwischen P_{t-2} und P_{t-1} um 12,6 Mio € angestiegen sind. Währenddessen belief sich diese Kostenerhöhung beim Interprojektvergleich von P_{t-1} zu P_{t0} auf ansehnliche 12,1 Mio € (vgl. Tabelle 5.3). Wie in diesem Entscheidungsmodell gefordert ist nun der Fragestellung nachzugehen, in welchem Umfang eine Erhöhung der Entwicklungskosten als wirtschaftlich sinnvoll erscheint, sofern dadurch die Ausfallkosten reduziert werden können, sodass gilt:

$$-\Delta AK_{Ai\_RU} \geq -\Delta EK_{Ai\_RU}\,. \tag{5.17}$$

Eine Entscheidung zugunsten eines höheren Entwicklungsbudgets zum Zeitpunkt der endgültigen Produktspezifikation erweist sich als wirtschaftlich, sofern gilt: Die Reduktion der Ausfallkosten beim Vergleich zwischen dem Nachfolgeprodukt und dem jeweiligen

388 Vgl. Balzert (1998), S. 17f.

Vorgänger hat den Entwicklungskostenanstieg des Nachfolgers gegenüber dem Vorgänger mindestens zu kompensieren.[389] Vergleicht man die Ergebnisse in Tabelle 5.3 über die Gegenwartswertdifferenzen der Entwicklungskosten mit denjenigen für Ausfallkosten, so fällt auf, dass beim Vergleich zwischen P_{t-1} und P_{t-2} ein Anstieg der Entwicklungskosten in Höhe von 12,6 Mio € eingetreten ist.

Projekt	P_{t-2}	P_{t-1}	$P_{t\,0}$
$\Delta EK_{P\,t-2\_P\,t-1}$	12.628.204		
$\Delta EK_{P\,t-1\_P\,t0}$		12.085.454	

Tabelle 5.3: Bewertung von Projektpaaren auf Basis der Differenz der Gegenwartswerte der Entwicklungskosten[390]

Zudem konnten die Ausfallkosten, die bis Ende des zweiten Jahres anfielen, um 30 Mio € reduziert werden (vgl. Tabelle 5.4). Folglich haben sich die erhöhten Entwicklungskosten – neben anderen Einflussfaktoren – auf die Reduktion der Ausfallkosten positiv ausgewirkt. Dieselbe Tendenz ist bei dem Projektvergleich von P_{t0} gegenüber P_{t-1} derzeit ersichtlich. Eine Erhöhung des Entwicklungsbudgets um 12,0 Mio € führt zu einer geplanten Reduktion der Ausfallkosten von 22,6 Mio € bis zum Ende des zweiten Produktionsjahres. Treffen diese Bedingungen ein, erweist sich der Entwicklungskostenanstieg als sehr wirtschaftlich.

Fahrzeugtyp	P_{t-2}	P_{t-1}	P_{t0}
$\Delta AK_{P\,t-2\_P\,t-1\_1.\,Jahr}$	-10.641.658		
$\Delta AK_{P\,t-2\_P\,t-1\_2.\,Jahr}$	-30.137.803		
$\Delta AK_{P\,t-1\_P\,t0\_1.\,Jahr}$		-7.945.563	
$\Delta AK_{P\,t-1\_P\,t0\_2.\,Jahr}$		-22.502.302	

Tabelle 5.4: Bewertung von Projektpaaren auf Basis der Differenz der Gegenwartswerte der Ausfallkosten[391]

Damit kann ein Zusammenhang zwischen der verfügbaren Entwicklungsbudgethöhe und der daraus resultierenden Qualitätsverbesserung hergestellt werden. Ein endgültiger Nachweis ist dieses nicht, da hierzu eine Vielzahl von vergleichbaren Projekten untersucht werden müsste. In diesem Abschnitt kann jedoch aufgezeigt werden, dass eine umfassende Entscheidungsfindung im Entwicklungsprozess sowohl einer fundierten Entwicklungszeitschätzung als auch eines detaillierten Entwicklungskostenrechnungssystems bedarf. Dabei blieb die Frage offen, welchen Einfluss die Offenlegung von Zeitrisiken und deren Eintrittswahrscheinlichkeit auf

389 Des Weiteren wird unterstellt, dass ein Anstieg der Produktkomplexität sowohl steigende Entwicklungskosten als auch einen Anstieg der Ausfallraten während der ersten beiden Produktionsjahre nach sich zieht.

390 Es handelt sich um fiktive, in der Realisation realistische Werte.

391 Es handelt sich um fiktive, in der Realisation realistische Werte.

die Entscheidungssituation ausüben und welcher Informationsmehrwert mit einer solchen Konzeption verbunden ist. In Kapitel 5.3 wird dieser Aspekt für Alternativen des Projekts P_{t0} hinsichtlich veränderter Ausprägungsdifferenzen der Komplexitätsfaktoren und für verschiedene Risikopräferenzen des bzw. der Entscheider(s) für das Intervall $[a;b]$ bei der Entwicklungszeitschätzung erörtert.

5.3. Sensitivitätsbetrachtung des Entscheidungsmodells anhand des Projektes P_{t0}

Zielsetzung dieses Abschnitts ist es die Wirkungsweise des ***„Entscheidungsmodells für ein zeitorientiertes Entwicklungskosten-Controlling"*** zu erörtern. Dazu bieten sich zwei grundlegende Vorgehensweisen an, um die Entscheidungssituation dieser Arbeit zu untersuchen: Einerseits sind die Auswirkungen auf die Entwicklungskosten unterschiedlicher Ausprägungen der Einflussgrößen auf die Entwicklungszeit kombiniert mit höheren variablen Kosten je Zeiteinheit zu analysieren. Andererseits gilt es die Folgen unterschiedlicher Risikopräferenzen des Entscheiders auf die Schätzung der Entwicklungszeit für denselben Sachverhalt darzulegen. In beiden Fällen werden die Auswirkungen der Entwicklungszeit nach Berücksichtigung des Überschreitungsrisikos in Höhe des $TiR_{\beta\sigma}$ auf die Entscheidungssituation aufgezeigt. Als Verfahren zur Risikobestimmung wird hierzu die Sensitivitätsanalyse gewählt. Dabei lassen sich zwei grundlegende Vorgehensweisen unterscheiden:[392] die systematische Inputvariation und die Berechnung kritischer Werte oder Wertekombinationen. Bei der ersten Vorgehensweise werden die Auswirkungen, die durch die Variation eines oder mehrerer Inputwerte auf die Zielgröße ausgehen, analysiert. Bei der zweiten Vorgehensweise, wird überprüft, welche Maximalausprägungen die gewählte Variable bzw. Variablenkombinationen annehmen dürfen, sodass der vorgegebene Zielwert erreicht bzw. nicht überschritten wird. In dieser Arbeit wird der erste Ansatz verfolgt, um die Kostenfolgen von divergierenden Einflussgrößenausprägungen und Risikopräferenzen aufzuzeigen.

Dazu werden nachfolgend für das Projekt P_{t0} zwei mögliche Alternativzustände generiert: Ausgehend von den bisherigen Zeitschätzergebnissen mit a = 57 Monate, m = 60 Monate und b = 66 Monate werden zwei davon divergierende Schätzergebnisse subsumiert. Um die Szenarienlandschaft der Sensitivitätsanalyse dazu stringent aufzubauen, bildet die bisher als P_{t0} bezeichnete Alternative künftig als P_{t0A1} die Basis der Szenarienlandschaft. Für die Alternative 2 wird ein risikoaverser Schätzer unterstellt, sodass die Bewertungsergebnisse für die Entwicklungszeit für denselben Sachverhalt ein enges Intervall mit den Schätzwerten a = 58

392 Vgl. Götze/Mikus (2001), S. 448 und die dort genannten Quellen: Blohm/Lüder (1995), S. 251ff.

Monate, m = 60 Monate und b = 64 Monate einnehmen. Damit sinkt die Intervallbandbreite von $[a;b]$ von neun auf sechs Monate für die Alternative P_{t0A2}. In Alternative P_{t0A3} werden die Auswirkungen eines risikofreudigen Schätzers unterstellt. Während der Modalwert m mit 60 Monaten als konstant angenommen wird, steigt die Bandbreite von $[a;b]$ auf $[56;68]$ Monate und damit auf ein Jahr an. Für jede der drei Basisalternativen P_{t0A1}, P_{t0A2} und P_{t0A3} werden nun zwei Beschleunigungsvarianten untersucht:

- Bei Variante 1 wird die Kapazität der Entwicklungsorganisation von 150 Mitarbeitern um 10% auf 165 Mitarbeiter erhöht.
- Bei Variante 2 steigt die Anzahl an Mitarbeitern um 20% auf 180 Mitarbeiter.

Bei der Bewertung beider Varianten wird davon ausgegangen, dass eine Entwicklungszeitreduktion für die drei Schätzgrößen a, m und b im selben Umfang für die risikoaversen und die risikofreudigen Schätzergebnisse erfolgt. Als Zwischenergebnis stellt sich die Szenarienlandschaft wie folgt dar (vgl. Tabelle 5.5).

Einfluss divergierender Einflussgrößen auf die Entwicklungszeit			**Einfluss der Risikopräferenz des Schätzers mittels divergierender Intervalle auf die Entwicklungszeit [in Monaten]**					
			a	m	b	**Intervallbreite [a;b]**	μ_{At}	σ_{At}
Szenario 1	P_{t0A1}		57	60	66	9	61,00	1,8708
	P_{t0A11}	Anstieg der Mitarbeiteranzahl +10%	54	57	63	9	58,00	1,8708
	P_{t0A12}	Anstieg der Mitarbeiteranzahl +20%	52	55	61	9	56,00	1,8708
Szenario 2	P_{t0A2}		58	60	64	6	60,67	1,2472
	P_{t0A21}	Anstieg der Mitarbeiteranzahl +10%	55	57	61	6	57,67	1,2472
	P_{t0A22}	Anstieg der Mitarbeiteranzahl +20%	53	55	59	6	55,67	1,2472
Szenario 3	P_{t0A3}		56	60	68	12	61,33	2,4944
	P_{t0A31}	Anstieg der Mitarbeiteranzahl +10%	53	57	65	12	58,33	2,4944
	P_{t0A32}	Anstieg der Mitarbeiteranzahl +20%	51	55	63	12	56,33	2,4944

Tabelle 5.5: Übersicht über die Zeitschätzungen der Alternativen der Sensitivitätsanalyse[393]

Dabei wird ersichtlich, dass sich der Erwartungswert für jede Alternative ändert; hingegen weist die Standardabweichung für Alternativen mit derselben Bandbreite die gleiche Höhe aus.

[393] Es handelt sich um fiktive, in der Realisation realistische Werte.

5.3.1. Bewertung der Alternativen der Szenarienlandschaft auf Basis der Kennzahlen Time-at-Risk und Time-including-Risk

Mit Hilfe der Szenarienlandschaft kann nun die Frage näher betrachtet werden, ab wann eine Entscheidung zugunsten einer Alternative mit einer um das Zeitrisiko verlängerten Entwicklungszeit wirtschaftlich ist, sofern dadurch die Ausfallkosten für Teile des Produktlebenszyklus entfallen. Die Übersicht über die Szenarienlandschaft und deren Auswertungsergebnisse sind in Tabelle 5.6 zusammengefasst. Hierbei soll insbesondere verdeutlicht werden, welchen Einfluss die Berücksichtigung unterschiedlicher Eintrittswahrscheinlichkeiten des Zeitrisikos auf die Entscheidungssituation ausübt. Auf dieser Grundlage soll die Frage nach der Wirtschaftlichkeit einer Entscheidung für jede der neuen Alternativen beantwortet werden. Gleichzeitig soll dabei der Informationsmehrwert einer entwicklungszeitrisikoadjustierten Entscheidungsfindung verdeutlicht werden.

	Projektalternative $P_{t0...}$								
	A1	**A11**	**A12**	**A2**	**A21**	**A22**	**A3**	**A31**	**A32**
a	57	54	52	58	55	53	56	53	51
m	60	57	55	60	57	55	60	57	55
b	66	63	61	64	61	59	68	65	63
μ_{Ai}	61,00	58,00	56,00	60,67	57,67	55,67	61,33	58,33	56,33
σ_{Ai}	1,87	1,87	1,87	1,25	1,25	1,25	2,49	2,49	2,49
$TaR_{\beta\sigma max\_Ai}$ (Verlängerung der Entwicklungszeit μ um β-Standardabweichungen σ, die durch die Reduktion der Ausfallkosten auf 0 € finanzierbar sind.)	3,19	0,78	0,00	4,51	1,30	0,00	2,25	0,59	0,00
$TaR_{\sigma max\_Ai}$ (Länge der dadurch finanzierten zusätzlichen Entwicklungszeit [in Monaten])	5,97	1,46	0,00	5,62	1,62	0,00	5,61	1,47	0,00
$TiR_{\sigma max\_Ai}$	66,97	59,46	56,00	66,29	59,29	55,67	66,95	59,81	56,33
ΔEK_{μ_Ai}	0	-3.767.947	-7.818.951	0	-3.460.213	-7.541.110	0	-3.781.785	-7.843.459
$EK_{TaR\_\beta\sigma\_Ai}$	-6.645.902	-2.749.322	0	-6.272.349	-3.065.905	0	-6.250.047	-2.733.611	0
$\Delta EK_{\mu\_Ai} + EK_{TaR\_\beta\sigma\_Ai}$	-6.645.902	-6.517.269	-7.818.951	-6.272.349	-6.526.118	-7.541.110	-6.250.047	-6.515.396	-7.843.459
$AK_{TiR\_\beta\sigma\_Ai\_1.Jahr}$	-2.347.193	-2.301.717	-2.347.193	-2.214.870	-2.304.124	-2.351.609	-2.206.809	-2.297.396	-2.342.786
$AK_{TiR\_\beta\sigma\_Ai\_2.Jahr}$	-6.647.389	-6.518.599	-6.647.389	-6.272.641	-6.525.415	-6.659.894	-6.249.812	-6.506.360	-6.634.908
Eintrittswahrscheinlichkeit der Einhaltung der dadurch verlängerten Entwicklungszeit $TiR_{\beta max\_Ai}$	100%	77%	0%	100%	88%	0%	99%	72%	0%
Eintrittswahrscheinlichkeit der Nichteinhaltung der dadurch verlängerten Entwicklungszeit $TiR_{\beta max\_Ai}$	0%	23%	100%	0%	12%	100%	1%	28%	100%

Tabelle 5.6: Bewertung der Alternativen auf Basis der risiko-adjustierten Kennzahlen $TaR_{\beta\sigma}$ und $TiR_{\beta\sigma}$[394]

[394] Es handelt sich um fiktive, in der Realisation realistische Werte.

Für Alternative P_{t0A1} ist das Entscheidungskalkül bis zu einem $TiR_{3,19\sigma\_t0A1}$ wirtschaftlich. Dort gilt: $EK_{TiR\_3,19\sigma\_Pt0A1} = AK_{TiR\_3,19\sigma\_Pt0A1}$. Folglich kann eine Entwicklungszeitverlängerung bis zu einer Höhe des 3,19-fachen der Standardabweichung σ_{t0A1} in Höhe von 1,87 Monaten aus dem vollständigen Entfall der Ausfallkosten, die bis zum Ende des zweiten Produktionsjahres anfallen, kompensiert werden. Diese Zeitdauer deckt zudem die Eintrittswahrscheinlichkeit eines Zeitrisikoeintritts über 100% ab. Damit steigt die $TiR_{3,19\sigma\_Pt0A1}$ auf 66,97 Monate und übersteigt damit die obere Zeitintervallgrenze b, die bei dieser Alternative 66 Monate beträgt, sodass gilt: $TiR_{3,19\sigma\_t0A1} = TiR_{\max\sigma\_t0A1}$. Folglich würde bereits ein $TiR_{2,67\sigma\_Pt0A1}$ ausreichen, um diesen Wert zu erreichen. Folglich ist das Entscheidungskalkül zu revidieren: $TiR_{2,67\sigma\_t0A1} < TiR_{\max\sigma\_t0A1}$. Folglich ist eine Entscheidung zugunsten einer Verlängerung der Entwicklungszeit in Höhe des Zeitrisikos $TaR_{2,67\sigma\_Pt0A1}$ über 5,97 Monate als sehr wirtschaftlich zu bewerten.

Bei Alternative P_{t0A11} verringert sich die Entwicklungszeit, die durch den Entfall der Ausfallkosten $AK_{TaR\_\beta\sigma\_Pt0A11}$ abgedeckt ist, auf 1,46 Monate. Diese Reduktion ist auf die Entwicklungsmehrkosten zurückzuführen, die für die um 10% höheren Personalkosten während der gesamten Entwicklungszeit μ_{Pt0A11} in Höhe von 3.767.947 € anfallen. Da diese Personalerhöhung auch aus dem zur Verfügung stehenden Ausfallkostenbudget finanziert werden muss, steht für die Absicherung des Zeitrisikos somit lediglich ein Betrag in Höhe von 2.749.322 Euro zur Verfügung. Damit lässt sich lediglich eine zusätzliche Entwicklungszeit in Höhe von $TaR_{0,78\sigma}$ bzw. 1,46 Monaten finanzieren. Folglich lässt sich damit lediglich eine Risikoeintrittswahrscheinlichkeit in Höhe von 77% des vorhandenen Überschreitungsrisikos absichern. Es verbleibt eine Lücke für die Abdeckung des Zeitrisikos in Höhe von 23%. Für die Entscheidungssituation gilt somit: $EK_{TiR\_0,78\sigma\_Pt0A11} = AK_{TiR\_0,78\sigma\_Pt0A11}$. Folglich kann eine Entwicklungszeitverlängerung in Höhe von maximal 1,46 Monaten akzeptiert werden, damit dic Entscheidung noch als wirtschaftlich gelten kann.

Bei Alternative P_{t0A12} führt die Erhöhung der Entwicklungskapazität von 20% zu einer Kostensteigerung für die Entwicklungszeit μ_{Pt0A12} in Höhe von 7.818.951 Euro. Da für die Abdeckung eines möglichen Zeitrisiko 6.647.389 Euro aus den $AK_{TiR\_\max\sigma\_Pt0A12}$ zur Verfügung stehen, sind keine Finanzmittel für die Absicherung des Zeitrisikos mehr verfügbar. Daher gilt für die Entscheidungssituation: $EK_{TiR\_0\sigma\_Pt012} \geq AK_{TiR\_0\sigma\_Pt012}$. Eine Entscheidung zugunsten der Personalaufstockung um 20% ist damit aus dem Entscheidungskalkül dieser Arbeit unwirtschaftlich.

Bei Alternative P_{t0A2} verringert sich die Standardabweichung σ_{Pt0A2} auf 1,25 Monate gegenüber P_{t0A1} aufgrund der engeren Bandbreite. Folglich steigt die Entwicklungszeit, die durch den Entfall der $AK_{TiR\_4,51\sigma\_Pt0A12}$ finanzierbar ist auf 5,62 Monate. Der Wert des $TiR_{4,51\sigma\_Pt0A2}$ beträgt 66,29 Monate und liegt oberhalb des Schätzwertes für die längste Entwicklungszeit b. Für die Erreichung der Wirtschaftlichkeit hätte bereits eine Entwicklungszeit in Höhe des $TiR_{2,67\sigma\_Pt0A2}$ ausgereicht, da damit bereits die längste Zeitdauer b abgedeckt wird. Diese stellt gleichzeitig die Worst-Case-Schätzung der Entwicklungsdauer dieser Alternative dar. Für diese Entscheidungssituation gilt somit: $EK_{TiR\_2,67\sigma\_Pt0A2} = AK_{TiR\_2,67\sigma\_Pt0A2}$. Die Alternative P_{t0A2} ist als sehr wirtschaftlich zu beurteilen. Allerdings wirken sich die Ergebnisse der risikoaversen Schätzung positiv auf die Abdeckung der Eintrittswahrscheinlichkeit des Überschreitungsrisikos bei Alternative P_{t0A21} aus: Dort können mit einem $TiR_{1,3\sigma\_Pt0A21}$ 88% dieser Eintrittswahrscheinlichkeit abgedeckt werden, währenddessen dieser Wert bei P_{t0A11} lediglich 77% beträgt. Das Entscheidungskalkül beträgt: $EK_{TiR\_1,3\sigma\_Pt021} = AK_{TiR\_1,3\sigma\_Pt021}$. Daher ist die Personalaufstockung um 10% bei der risikoaversen Zeitschätzung als die wirtschaftlichste Alternative anzusehen. Bei Alternative P_{t0A22} ist die Entscheidungssituation mit derjenigen von P_{t0A12} vergleichbar. Hier gilt: $EK_{TiR\_0\sigma\_Pt0A22} \geq AK_{TiR\_0\sigma\_Pt0A22}$. Die Ursache bildet die um 20% gestiegene Mitarbeiteranzahl und der damit verbundene proportionale Entwicklungskostenanstieg gegenüber P_{t0A2}.

Alternative P_{t0A3} spiegelt die Folgen der risikofreudigen Schätzergebnisse wieder. Hier reicht der $AK_{TiR\_2,25\sigma\_Pt0A3}$ nicht mehr aus, um die Eintrittswahrscheinlichkeit des Entwicklungszeitrisikos zu 100% abzudecken, wie dieses bei P_{t0A1} und P_{t0A2} der Fall war. Es können jedoch 99% dieser Eintrittswahrscheinlichkeit abgedeckt werden. Eine Entwicklungszeitverlängerung bis zu einer in Dauer von $TiR_{2,25\sigma\_Pt0A3}$ bzw. 66,95 Monaten können durch den Entfall der $AK_{TiR\_2,25\sigma\_Pt03}$ ausgeglichen werden; es gilt: $EK_{TiR\_2,25\sigma\_Pt0A3} = AK_{TiR\_2,25\sigma\_Pt0A3}$. Für Alternative P_{t0A31} wirken sich die risikofreudigen Schätzergebnisse wie folgt aus: Die Eintrittswahrscheinlichkeit des Entwicklungszeitrisikos $TiR_{0,59\sigma\_Pt0A31}$ kann mit einer maximalen Entwicklungszeit in Höhe von 59,81 Monaten lediglich zu 72% abgedeckt werden, während dieser Wert bei P_{t0A11} noch 77% und bei der risikoaversen Schätzung von P_{t0A2} immerhin

88% betrug. Für die Entscheidungssituation gilt somit: $EK_{TiR\_0,59\sigma\_Pt0A31} = AK_{TiR\_0,59\sigma\_Pt0A31}$.

Alternative P_{t0A32} ist analog zu den Alternativen P_{t0A22} und P_{t0A12} aus demselben Grund als unwirtschaftlich zu bewerten. Die mit dem Personalkostenanstieg um 20% verbundene Erhöhung der Entwicklungskosten übersteigt die maximal zur Verfügung stehenden Ausfallkosten $AK_{TiR\_0\sigma\_Pt0A32}$ bereits während der Entwicklungsdauer m.

5.3.2. Bewertung der Alternativen der Szenarienlandschaft auf Basis des RoRaT$_{\beta\sigma}$

Wie in Kapitel 4.1.3.2 erörtert können zwei Alternativen auf Basis von deren jeweiligen Entwicklungszeitrisiko bei einem identischen Konfidenzintervall miteinander verglichen werden. Der eingesparte Zeitanteil kann als $RoRaT_{\beta\sigma\_Ai\_Aj}$ ausgewiesen werden. Um die Vorgehensweise zu verdeutlichen werden aussagekräftige RoRaT-Kennzahlen für die im vorherigen Kapitel erörterte Szenarienlandschaft ermittelt. Dabei sind folgende Zusammenhänge ersichtlich:

1. Engere Intervalle für die Zeitwerte [a;b] führen zu einem geringeren Zeitrisiko aufgrund einer Verringerung der Ausprägung der Standardabweichung. Dieses wird durch einen Vergleich dieser Ergebnisse der Alternativenpaare P_{t0A2} und P_{t0A1}, P_{t0A21} und P_{t0A11} sowie P_{t0A22} und P_{t0A12} deutlich. Folglich führen risikoaverse Schätzungen zu einer höheren Abdeckung der Eintrittswahrscheinlichkeit des Zeitrisikos, die durch den Entfall der Ausfallkosten finanziert werden.
2. Breitere Intervalle für die Zeitwerte [a;b] führen zu einem höheren Zeitrisiko. Dies verdeutlicht ein Ergebnisvergleich der Alternativenpaare P_{t0A3} und P_{t0A1}, P_{t0A31} und P_{t0A11} sowie P_{t0A32} und P_{t0A12}. Die risikofreudigen Schätzungen führen hier zum gegenteiligen Effekt: Die Eintrittswahrscheinlichkeit des Zeitrisikos kann lediglich zu einem geringeren Anteil durch den Entfall der Ausfallkosten kompensiert werden. Während bei Alternative P_{t0A11} 77% der Eintrittswahrscheinlichkeit der Risikozeit abgedeckt werden können, deckt P_{t0A31} nur 72% dieser Eintrittswahrscheinlichkeit ab.

Im Hinblick auf eine eindeutige Bewertung des Projektvergleiches reicht eine Nach-Risikobetrachtung im Rahmen des $TiR_{x\sigma}$ nicht aus. Hier kann lediglich ein Vergleich zwischen einer längeren Entwicklungszeit mit einem i. d. R. höheren Risikodeckungsgrad, siehe P_{t0A1}, mit einer alternativ verkürzten Entwicklungszeit mit einem geringeren Risikodeckungsgrad, siehe Projekt P_{t0A11} durchgeführt werden. Damit ist noch nicht die Frage beantwortet, welches Projekt bei vergleichbaren Entwicklungs- und Ausfallkosten in der frühen Phase des Produktlebenszyklus zu bevorzugen ist. Die Entscheidungsfindung in dieser Situation unterstützt die risikoadjustierte Projektvergleichskennzahl des $RoRaT_{\beta\sigma}$. Diese Kennziffer weist die zeitliche Vorziehenswürdigkeit einer Projektalternative in der Entscheidungssituation unter Berücksichtigung derselben Risikoeintrittswahrscheinlichkeit aus. Folglich sollte dabei ein Vergleich auf der Basis derjenigen Risikoabdeckung stattfinden, die von der risikobehafteteren Projektalternative gerade noch getragen werden kann. In Anlehnung an die in Kapitel 4.1.3.3 ausgeführten Definitionen für den $TiR_{\beta\sigma\_Ai}$ ist der $RoRaT_{\beta\sigma\_Ai}$ wie folgt zu definieren:

$$RoRaT_{\beta\sigma\_Ai\_Aj} = TiR_{\beta\sigma\_Ai} - TiR_{\beta\sigma\_Aj} \tag{4.14}$$

	Projektalternative $P_{t0...}$								
	A1	A11	A12	A2	A21	A22	A3	A31	A32
a	57	54	52	58	55	53	56	53	51
m	60	57	55	60	57	55	60	57	55
b	66	63	61	64	61	59	68	65	63
μ_{Ai}	61,00	58,00	56,00	60,67	57,67	55,67	61,33	58,33	56,33
σ_{Ai}	1,87	1,87	1,87	1,25	1,25	1,25	2,49	2,49	2,49
$TaR_{\sigma max\_Ai}$ (Verlängerung der Entwicklungszeit μ um β-Standardabweichungen σ, die durch die Reduktion der Ausfallkosten auf 0 € finanzierbar sind.)	3,19	0,78	0,00	4,51	1,30	0,00	2,25	0,59	0,00
TaR_{smax_Ai} (Länge der dadurch finanzierten zusätzlichen Entwicklungszeit [in Monaten])	5,97	1,46	0,00	5,62	1,62	0,00	5,61	1,47	0,00
Eintrittswahrscheinlichkeit der Einhaltung der dadurch verlängerten Entwicklungszeit $TiR_{\beta max\_Ai}$	100%	77%	0%	100%	88%	0%	99,0%	72%	0%
Eintrittswahrscheinlichkeit der Nichteinhaltung der dadurch verlängerten Entwicklungszeit $TiR_{\beta max\_Ai}$	0%	23%	100%	0%	12%	100%	1%	28%	100%
$TiR_{\sigma max\_Ai}$ [in Monaten]	66,97	59,46	56,00	66,29	59,29	55,67	66,95	59,81	56,33
$TiR_{0,78\sigma\_Ai}$ [in Monaten]		59,46			58,64				
$RoRaT_{0,78\sigma\_A21\_A11}$ [in Monaten]	-0,82								
$TiR_{0,59\sigma\_Ai}$ [in Monaten]		59,10						59,81	
$RoRaT_{\beta 0,59\sigma\_A31\_A11}$ [in Monaten]	0,70								

Tabelle 5.7: Bewertung der Alternativen auf Basis der risikoadjustierten Kennzahl $RoRaT_{\beta\sigma}$[395]

Auf Basis der in Tabelle 5.7 ausgeführten Szenarienlandschaft liefert die zeitrisikoadjustierte Betrachtung für die beiden Alternativenpaare $RoRaT_{0,78\sigma\_A21\_A11}$ und $RoRaT_{0,59\sigma\_A31\_A11}$ einen zusätzlichen Informationsnutzen. Es wird dabei unterstellt, dass die unterschiedlichen Zeitschätzungen nicht das Ergebnis unterschiedlicher Risikopräferenzen von Seiten der Schätzer darstellen, sondern das Resultat divergierender Ausprägungen der Einflussgrößen der

[395] Es handelt sich um fiktive, in der Realisation realistische Werte.

Entwicklungszeit widerspiegeln. Bei jedem Paarvergleich empfiehlt es sich, diejenige Risikoeintrittswahrscheinlichkeit als Vergleichsmaßstab zu wählen, die von beiden Alternativen gerade noch abgedeckt ist. Dabei lassen sich folgende Ergebnisse erzielen: Der $RoRaT_{0,78\sigma\_A21\_A11}$ verringert die risikobehaftete Entwicklungszeit um 0,82 Monate bei vergleichbarer Eintrittswahrscheinlichkeit des Zeitrisikos in Höhe von 0,78σ; währenddessen benötigt der $RoRaT_{0,59\sigma\_A31\_A11}$ eine um 0,7 Monate längere Zeitdauer; dabei wird eine Eintrittswahrscheinlichkeit des Zeitrisikos in Höhe von 0,59σ berücksichtigt. Folglich wäre bei einer vergleichbaren Höhe an Entwicklungskosten die Alternative P_{t0A21} gegenüber P_{t0A11} vorzuziehen, die Realisierung von P_{t0A31} im Vergleich zu P_{t0A11} hingegen abzulehnen.

Auf Basis dieser Ausführungen wird deutlich, dass die Kennzahl $RoRaT_{\beta\sigma\_Ai\_Aj}$ eine Risikokennzahl zweiter Ordnung ist. Diese erhält dadurch ihre Aussagekraft, indem sie entwicklungskostengleiche Projektalternativen auf Basis einer identischen Eintrittswahrscheinlichkeit für das Entwicklungszeitrisiko miteinander ins Verhältnis setzt. Sie lässt dadurch eine Entscheidung zugunsten der zeitrisikoärmeren Alternative zu. Aus einem Portfolio an Alternativen für die Entwicklung eines spezifizierten Teilsystemumfangs kann diejenige Alternative auf Basis des $RoRaT_{\beta\sigma\_Ai\_Aj}$ ausgewählt werden, die unter gleichen Produktlebenszykluskosten die zeitrisikoärmere Variante darstellt. Wird die Prämisse identischer Lebenszykluskosten aufgegeben, so hat die Bewertung der einzelnen Alternativen auf Basis des Gegenwartswertes der Entwicklungskosten $EK_{\beta\sigma\_Ai}$ zu erfolgen. Als Ergebnis dieses Vergleichsprozesses kann in Abhängigkeit der Präferenz des Entscheiders eine entwicklungszeit- und -risikozeitreduzierte und/oder produktlebenszyklusoptimierte Zielalternative definiert werden. Als Inputgröße dieses Optimierungskalküls kann die Lage der zu bewertenden (Teil-)Systemalternative A_i innerhalb des Netzplanes einfließen, sofern durch die zeitliche Komprimierung positive Einflüsse auf den kritischen Zeitpfad des gesamten Entwicklungsprojektes erwartet werden.

5.4. Zwischenfazit

Gegenstand von Kapitel 5.1 bildet die Erarbeitung des Entscheidungsmodells dieser Arbeit. Dieses basiert auf dem Trade-Off, der die Gegenwartswerte verschiedener Entwicklungskostenalternativen den gemessenen oder geplanten Ausfallkosten der produzierten Menge der ersten beiden Produktionsanlaufjahre gegenüberstellt. Divergierende Entwicklungskosten bilden das Resultat unterschiedlicher Einflussgrößenausprägungen des Entwicklungszeitschätzverfahrens dieser Arbeit und/oder divergierenden Ausprägungen der variablen Kostenarten je Zeiteinheit. Somit werden sowohl diejenigen Einflussgrößen berücksichtigt, die sich direkt auf die Entwicklungszeit und deren Risikoausprägungen auswirken, als auch diejenigen Einflussgrößen, von denen lediglich ein indirekter Einfluss auf die Entwicklungszeitdauer erwartet werden darf. Hierzu wird ein Entscheidungsmodell auf Basis eines Entwicklungskostenrechnungsverfahrens für komplexe technische Produkte erarbeitet, indem die einzelnen Kostenarten für die Produkt-, die Entwicklungsprozessstruktur und die Entwicklungsorganisation explizit definiert werden. Die Ausprägung jeder dieser Kostenarten fließt als Inputprämisse in die Gegenwartsrechnung der gesamten Entwicklungskosten einer Alternative A_i ein. Dabei wird die Lage einer Alternative im Projektnetzplan berücksichtigt. Die Berechnung der Ausfallkosten erfolgt auf Basis der erzielten bzw. geplanten Ausfallquoten und der durchschnittlichen Kosten je Ausfall. Mittels der auf den Entscheidungszeitpunkt diskontierten Entwicklungskosten EK_{Ai} und Ausfallkosten AK_{Ai} kann eine Bewertung derjenigen Alternative mit den geringsten Kosten unter Berücksichtigung des Entwicklungszeitrisikos $\beta\sigma_{Ai}$ auf Basis des Entscheidungsmodells $-AK_{TiR\_\beta\sigma\_Ai} + EK_{TiR\_\beta\sigma\_Ai} \geq 0$ durchgeführt werden.

In Kapitel 5.2 wird die Wirkungsweise des Entscheidungsmodells an den drei Anwendungsbeispielen dieser Arbeit aufgezeigt. Mit einer Sensitivitätsbetrachtung schließt das Kapitel in Abschnitt 5.3 ab. Dabei werden die Auswirkungen divergierender Ausprägungen der Einflussgrößen der Entwicklungszeit auf die Entscheidungssituation ebenso analysiert, wie unterschiedliche Risikopräferenzen verschiedener Schätzer für denselben Sachverhalt. Das Kapitel schließt mit einer Bewertung der Alternativen der Sensitivitätsbetrachtung auf der Basis der zeitrisikoadjustierten Kennzahl Return-on-Risk-adjusted-Time $RoRaT_{\beta\sigma\_Ai\_Aj}$. Diese weist die Zeitersparnis bei der Wahl der zeit- und zeitrisikoärmeren Alternative A_i unter Berücksichtigung derselben Eintrittswahrscheinlichkeit für das Überschreitungsrisiko β aus.

6. Schlussbetrachtung und Ausblick

Die Schlussbetrachtung und der Ausblick dieser Arbeit umfassen drei Abschnitte. In Abschnitt 6.1 werden die wesentlichen Erkenntnisse zusammengefasst. Die Grenzen der Untersuchung werden in Abschnitt 6.2 aufgezeigt. Mit Vorschlägen für weitergehende Analysen schließt diese Arbeit in Abschnitt 6.3.

6.1. Zusammenfassung der Erkenntnisse des „Entscheidungsmodells für ein zeitorientiertes Entwicklungskosten-Controlling"

Die Zusammenfassung der Erkenntnisse des Entscheidungsmodells dieser Arbeit wird in zwei Abschnitten dargestellt. Im ersten Schritt werden die Erkenntnisse aus konzeptioneller Sicht erarbeitet; im zweiten Schritt werden die Erkenntnisse der Erprobung des Modells anhand von drei Anwendungsfällen aus der Bordnetzentwicklung für Nutzfahrzeuge erörtert.

6.1.1. Erkenntnisse aus konzeptioneller Sicht

Aus konzeptioneller Sicht stellt das Entscheidungsmodell für ein zeitorientiertes Entwicklungskosten-Controlling die Entscheidungen innerhalb des Entwicklungsprozesses in den Mittelpunkt einer integrativen Betrachtung. Dabei werden realitätsnahe Annahmen getroffen, welche die drei maßgeblichen Erfolgsdeterminanten eines Entwicklungsprojektes Zeit, Kosten und Qualität aus der Perspektive der Lebenszykluskosten für den Systemnutzer erfassen. Die zu optimierende Zielgröße bildet der Gegenwartswert der Projektgesamtkosten, die für den Hersteller von dem Zeitpunkt der endgültigen Spezifikation an bis zum Ende des zweiten Produktionsjahres nach der Markteinführung anfallen. In der Literatur über Controllinginstrumente findet sich eine Vielzahl von Instrumenten, die jeweils auf die Planung, Steuerung und Kontrolle einer einzelnen Erfolgsdeterminante abzielen. Controllinginstrumente, die eine integrative Bewertung sämtlicher Determinanten aus der Perspektive des Lebenszykluskostencontrollings ermöglichen, werden zwar gefordert, wurden bisher jedoch nicht für komplexe technische Produkte entwickelt.[396] Durch die Entwicklung des Entscheidungsmodells für ein zeitorientiertes Entwicklungskosten-Controlling wird erstmals ein Entscheidungsmodell vorgestellt, das eine Lösung für die bisher bestehende Lücke an produktlebenszyklusorientierten Controllinginstrumenten mit folgenden Charakteristika anbietet:

- Die Entwicklungszeit wird auf der Basis eines umfassenden Zielsystems erfasst, das für eine hohe Bandbreite an komplexen technischen Entwicklungsprojekten für

[396] Vgl. Kapitel 1.2, insbesondere Abbildung 1.2.

Serienprodukte angewendet werden kann, da die Subziele des Zielsystems aus der Perspektive eines allgemein gültigen Komplexitätsansatzes operationalisiert werden. Zu den Branchen, in denen eine Anwendung generell möglich erscheint, zählen die Automobil- und Nutzfahrzeugindustrie, der Maschinenbau oder die Elektroindustrie.

- Die Methodenklasse, welche die konzeptionelle Basis des Entwicklungszeitschätzverfahrens bildet, wird auf der Basis eines Kriterienkataloges ermittelt, der die maßgeblichen Anforderungen erfüllt, die an Entwicklungszeit- und an Herstellkostenschätzverfahren gestellt werden.
- Bei der Bewertung von Handlungsalternativen wird das identifizierte Zeitrisiko einer Alternative A_i mit Hilfe konzeptionell neu entwickelter zeitrisikoadjustierter Kennzahlen berücksichtigt. Die *Time-at-Risk*$_{\beta\sigma\_Ai}$ bzw. $TaR_{\beta\sigma\_Ai}$ misst als Risikomaß in Abhängigkeit des abzudeckenden Konfidenzintervalls β das abzudeckende Zeitrisiko in Monaten. Die Kennzahl *Time-including-Risk*$_{\beta\sigma\_Ai}$ bzw. $TiR_{\beta\sigma\_Ai}$ schließt zusätzlich zu den Ergebnissen des $TaR_{\beta\sigma\_Ai}$ den Erwartungswert der dreiecksverteilten Zeitdauer μ_i mit ein. Auf Basis der $TiR_{\beta\sigma\_Ai}$ kann nun einerseits eine rein zeitliche Bewertung eines Alternativenpaares durchgeführt werden. Andererseits kann die zeitrisikoadjustierte Bewertung in das gegenwartswertbasierte Entscheidungsmodell der Arbeit mit einfließen und ermöglicht damit einen Alternativenvergleich auf ökonomischer Basis unter Berücksichtigung derselben Eintrittswahrscheinlichkeit für das Überschreitungsrisiko. Dabei werden produktstrukturbedingte Herstellkostenänderungen, die sich auf die Entwicklungszeit auswirken, ebenso erfasst wie die Ausfallkosten, die für die risikointensive Anlaufphase für die ersten beiden Produktionsjahre anfallen.
- Die wesentlichen Zusammenhänge des Modells werden im Hinblick auf die Wechselwirkungen zwischen den Kostenerhöhungen in der Entwicklungsphase und den realisierten bzw. erwarteten Ausfallkostensenkungen in der Frühphase des Produktlebenszyklus anhand von drei Anwendungsfällen aufgezeigt. Es wurden dabei Projekte gewählt, bei denen eine Entwicklungskostenerhöhung eindeutig zur Steigerung der Produktqualität in Form verminderter Ausfallkosten in der Frühphase des Produktlebenszyklus geführt haben. Die dazu benötigten Kostendaten wurden anonymisiert; sie spiegeln jedoch die relativen Zusammenhänge wider. Für das Projekt, das sich aktuell in der Entwicklungsphase befindet, wurde anhand verschiedener Beschleunigungsoptionen und unterschiedlicher Risikopräferenzen, die bei der Schätzung der Zeitdauer zu Tage treten können, die Aussagegüte des Entscheidungsmodells erörtert.

In dieser Arbeit wurde gezeigt, dass der konzeptionelle Vorteil des Verfahrens zum einen in dem möglichst geringen Dateninput besteht, der in Form eines bereits abgeschossenen, im Hinblick auf den technischen Spezifikationsumfang vergleichbaren Entwicklungs- bzw. Vorentwicklungsprojektes als Referenzumfang verfügbar sein muss. Zum anderen zielt das Verfahren auf eine möglichst hohe Datengüte, die mit vertretbarem Kostenaufwand potentiell erzielbar ist. Dieses wird bei der erstmaligen Anwendung des Verfahrens durch die Identifikation von Erfolgsgrößen sichergestellt, die beim Vergleich beider Projekte Ausprägungsunterschiede aufweisen, von denen ein hoher Aussagewert erwartet wird. Damit wird gewährleistet, dass das Entwicklungszeitschätzverfahren konzeptionell bereits in der Frühphase der Spezifikation von Neuentwicklungsprojekten angewendet werden kann. Von diesem Zeitpunkt an, zu dem i. d. R. lediglich minimale Informationen über die künftige Produktstruktur zur Verfügung stehen, kann nun ein frühzeitiges Lernen über die Mittel-Ziel-Zusammenhänge zwischen bestimmten Ausprägungsunterschieden und den daraus resultierenden Entwicklungszeitabweichungen beginnen. Auf Basis dieser Erkenntnisse können Kennzahlen für die optimierte Auslegung des Entwicklungsprozesses oder die verbesserte Ausstattung der Entwicklungsorganisation definiert werden. Als Ergebnis kann zum Zeitpunkt der endgültigen Spezifikation eine Zeitschätzung von höherer Güte resultieren.

Weiterhin wurde dargelegt, dass die komplexe Entscheidungssituation in der endgültigen Spezifikationsphase des Entwicklungsprozesses durch das Entscheidungsmodell für ein zeitorientiertes Entwicklungskosten-Controlling transparenter gestaltet werden kann. Es ermöglicht einen Alternativenvergleich auf der Basis zweier Kennzahlen: dem Trade-off zwischen den zeitrisikoadjustierten Entwicklungskosten und den zeitrisikoadjustierten Ausfallkosten der Produktionsanlaufphase. Mit der Aggregation sämtlicher Informationen zu diesen beiden Kennzahlen der Gegenwartskosten der Entwicklungsphase und der Ausfallkosten, die in den ersten beiden Lebenszyklusjahren anfallen, wird die Entscheidungsfindungsphase vereinfacht und einem Information-Overload entgegengewirkt.[397]

6.1.2. Erkenntnisse aus der Perspektive der Anwendung

Bei der Anwendung des Modells in der Unternehmenspraxis konnten folgende Erkenntnisse im Hinblick auf den methodischen Aufbau des Entscheidungsmodells erzielt werden:

- Um verschiedene Entwicklungsprojekte ähnlicher Spezifikationsumfänge miteinander vergleichen zu können, wird eine Begrenzung auf wenige Einflussfaktoren bevorzugt. Die Gruppe maßgeblicher Einflussfaktoren ist leichter zu identifizieren als die Sub-

[397] Vgl. Volnhals/Hirsch (2008), S. 55.

ziele eines umfangreichen Zielsystems. Die Ausprägungsunterschiede einer geringen Anzahl bedeutender Einflussfaktoren sind für die Experten einfacher schätzbar.

- Für die Anwendung dieses Verfahrens in der Unternehmenspraxis waren die befragten Experten der Auffassung, dass die Einschätzung des Einflusses einer bestimmten Faktorausprägung auf die Entwicklungszeit im Rahmen eines einfachen Summationsmodells methodisch den Schätzvorgang erleichtert. Dies legt die Vermutung nahe, dass komplexere Schätzmodelle nicht für den praxisorientierten Einsatz geeignet sind.

Bezogen auf die Operationalisierung der einzelnen Sektoren der Komplexitätsfaktoren anhand des vorgeschlagenen Zielsystems für den Faktor Entwicklungszeit konnten im Rahmen der praktischen Anwendung folgende Erkenntnisse gewonnen werden: Der Logik des mehrdimensionalen, relationalen Komplexitätsmodells folgend besteht jeder Einflussfaktor aus zwei Sektoren, die sich aus dem Fokus der Theorie diametral beeinflussen. Bei der Praxisanwendung hat sich jedoch herausgestellt, dass bei der Ermittlung der Prozessstruktur zwar beide Sektoren insbesondere für die Faktoren der Vielzahl und der Vielfalt identifizierbar sind, jedoch nicht beide Sektorausprägungen in die Bewertung der Entwicklungszeit einfließen. Bei der Bewertung der Auswirkungen der Prozessstruktur dient die Elementenkomplexität lediglich zur Analyse der prozessualen Umsetzung der Produktstruktur des Untersuchungsumfanges in Form der von ***Fujimoto*** ermittelten Verkürzungsoptionen. Dabei ist hervorzuheben, dass i. d. R. lediglich die Front-Load- und Switching-Option angewendet werden. Die weiteren von ***Fujimoto*** entwickelten Verfahren werden in den zunehmend IT-basierten Entwicklungsprozessen lediglich in geringerem Umfang angewendet. Bei den Einflussfaktoren der Organisationsstruktur dominiert die Perspektive der Relationenkomplexität, indem das gesamte Portfolio an Entwicklungsmitarbeitern im Hinblick auf die Entwicklungsaufgabe zu bewerten ist. Dabei wird dem für eine bestimmte prozessuale Umsetzung geforderten Personalportfolio als Sollgröße, die Personalausstattung des Vorgängermodells als Istgröße gegenübergestellt. Auf der Basis dieses Vergleichs kann die Auswirkung einer bestimmten Personalausstattung auf die angestrebte prozessuale Umsetzung einer Produktstrukturalternative bewertet werden. Des Weiteren ist die Entwicklungsleistung in der Praxis sehr von der Verfügbarkeit von Fachkräften abhängig, die in der Lage sind die Produktspezifikationen eindeutig umzusetzen. Darüber hinaus sollte der Kriterienkatalog, der lediglich entwicklungsteaminterne Einflussfaktoren umfasst, um entwicklungsteamexterne Einflussfaktoren erweitert werden. So wird von dem Aufbau der Projektorganisation außerhalb der Matrixorganisation des Unternehmens eine effektivere Projektarbeit erwartet, da das Interventionspotential zugunsten nicht für das Projekt relevanter Aufgaben abnimmt. Einen ähnlichen Einfluss erwarten die Entwicklungsexperten von einer möglichst geringen Anzahl an einflussnehmenden Vorgesetzten. Zudem wird erwartet, dass die Durchführung von Personalanpassungsmaßnahmen während der Projektlaufzeit, die zum Entscheidungszeitpunkt nicht vorhersehbar waren, sich auf die Höhe der Risikozeit auswirkt. Es wurde angemerkt, dass das Modell nicht die Folgen politischer Einflussnahme während des Entwicklungsgeschehens bewertet. Als Lösung bietet sich jedoch an das Verfahren einmal ohne die Berücksichtigung der Negativfolgen überproportionaler politischer Einflussnahme und ein zweites Mal mit Berücksichtigung des erwarteten politischen Einflusses durchzuplanen. Die Kostendifferenz umfasst die Transaktionskosten für politisch motivierte Spezifikationsänderungen an der Produktstruktur und/oder der Gestaltung des Entwicklungsprozesses.

6.2. Grenzen des Entscheidungsmodells für ein zeitorientiertes Entwicklungskosten-Controlling

Die beiden aufeinander aufbauende Teilmodelle dieser Arbeit – das Entwicklungszeitschätzverfahren und das Entscheidungsmodell – basieren dem Charakteristikum eines Modells entsprechend auf einer Vielzahl von Prämissen. Dazu zählt für das Zeitschätzverfahren die Annahme, dass auf Basis des Zielsystems des mehrdimensionalen relationalen Komplexitätsmodells sämtliche Einflussgrößen auf die Zeitdauer eines Entwicklungsprojektes erfassbar sind. Weitere Risiken resultieren aus der Anwendung der unterstellten statistischen Verteilung: Die Dreiecksverteilung weist Grenzen für die Intervallbandbreite möglicher Zielwerte [a;b] aus. Damit wird die Berücksichtigung von Extremrisiken, die mit einer sehr geringen Wahrscheinlichkeit eintreten und in ihrer Höhe schwer zu bewerten sind, durch die Wahl der Verteilungsfunktion ausgeschlossen. Allerdings darf darauf hingewiesen werden, dass für die sich daraus ergebende Fat-Tail-Problematik, welche die Bewertung dieser Extremrisiken zum Ziel hat, in der Literatur derzeit keine Lösung angeboten wird. Bei der erstmaligen Anwendung des Entwicklungszeitschätzverfahrens besteht die Gefahr, dass Schätzergebnisse mit geringer Güte erzielt werden. Dafür finden sich modellbedingt im Wesentlichen zwei Ursachen: Zum einen besteht die Zielsetzung des Zeitschätzverfahrens darin die Ausprägungsunterschiede der zu bewertenden Alternativen mit hoher Güte zu bestimmen. Allerdings können bei der Einschätzung der daraus resultierenden Zeitdauerwirkungen eine zu geringe Risikopräferenz und/oder unternehmensintern zu verantwortende Politiken dafür sorgen, dass Schätzergebnisse mit geringer Güte entstehen. Zum anderen kann die Festlegung einer sehr hohen Eintrittswahrscheinlichkeit des Zeitrisikos durch das Management dazu führen, dass das Zeitrisiko und der daraus resultierende Gegenwartswert der Entwicklungskosten derart ansteigen, dass das Projekt als unwirtschaftlich bewertet wird. Beide Ursachen lassen sich nur durch den Aufbau und das aktuelle Vorhalten von Erfahrungswissen in Form von Datenbanklösungen vermeiden. Der Zugriff auf diese Datenbanken sollte dabei einem engen Kreis von Methodenfachleuten vorbehalten werden, sodass der Missbrauch dieser Schätzergebnisse für politisch intendierte Schätzungen weitestgehend reduziert werden kann.

Aus der Perspektive der Anwendungsfreundlichkeit dieses Modells auf den Netzplan eines komplexen technischen Entwicklungsprojektes teilt dieses Verfahren in Ansätzen die Kritik, die besonders an Netzplanverfahren, welche die Zeitdauer unter Risikoaspekten analog zum Verfahren PERT berücksichtigen, gerichtet wird. Bei der Ausplanung eines Netzplanes auf einer sehr detaillierten Systemebene steigt der Planungsaufwand überproportional zum damit verbundenen Nutzen an. Folglich wurde bei der Wahl der Anwendungsfälle bewusst die Ebene der Systemkomponenten gewählt und auf eine detaillierte Ausplanung verzichtet. Letztendlich lässt die geringe Anzahl an Anwendungsfällen, an denen die Anwendbarkeit des Modells dieser Arbeit aufgezeigt wurde, keine eindeutige Beurteilung der Schätzgüte des Entwicklungszeitschätzverfahrens zu. Die Validierung dieses Verfahrens kann erst durch eine umfangreiche und langjährige Anwendung des Entscheidungsmodells für ein zeitorientiertes Entwicklungskosten-Controlling in der Unternehmenspraxis verschiedener Branchen liefern, die vor derselben Problemstellung dieser Arbeit stehen, den Zeitwettbewerb aus der Perspektive der Produktentwicklung für sich entscheiden zu müssen.

Für das Entscheidungsmodell liegen die Prämissen zugrunde, dass ein entwicklungsprojektübergreifender Kostenartenkatalog angewendet wird, der auf der Basis eindeutig definierter Kostenarten eine kostenartenspezifische Zuordnung zum Zeitpunkt des Kostenanfalls erlaubt. In der Unternehmenspraxis ist das nicht zwangsläufig der Fall; insbesondere dann nicht, wenn Projekte in Abhängigkeit von Budgetvorgaben und/oder der vorhandenen Entwicklungsorganisation durchgeführt werden. Häufig kann die Existenz eines auf einheitlichen Kostenartendefinitionen basierenden Entwicklungskostenrechnungssystems Fehler bei der Zuordnung der angefallenen Kosten auf die verursachende Kostenart vermeiden helfen.

6.3. Vorschläge für weitergehende Untersuchungen

Vorschläge für weitergehende Untersuchungen eines zeitorientierten Entwicklungskosten-Controlling können aus drei grundlegenden Perspektiven gesehen werden: Erstens in der Weiterentwicklung des Zeitschätzverfahrens durch den Aufbau umfangreicher Metrikdatenbanken. Mit Hilfe dieser können sowohl die geplanten als auch die nach Abschluss der Entwicklungstätigkeit erzielten Mittel-Ziel-Zusammenhänge zwischen den maßgeblichen

Einflussfaktoren der Entwicklungszeit auf die geplante und nach Projektabschluss tatsächlich gemessene Zeitdauer festgehalten werden. Durch wiederholte Anwendung des Verfahrens werden die Faktorausprägungen exakter erfasst, wodurch ein Anstieg der Schätzgüte der daraus resultierenden Entwicklungszeitunterschiede erwartet werden darf.[398] Als Folge der Anwendung des Entscheidungsmodells für ein zeitorientiertes Entwicklungskosten-Controlling in verschiedenen Industrien können die Zielsysteme für die Entwicklungszeitschätzung ausdifferenziert werden. Weiterhin kann das in Kapitel 5.1 erarbeitete Entwicklungskostenrechnungsverfahren zur umfassenden Ermittlung der Entwicklungskosten branchenspezifisch weiterentwickelt werden.

Zweitens kann dasselbe Vorgehen für die Erfassung der Mittel-Ziel-Zusammenhänge zwischen bestimmten Optionen zur Entwicklungszeitveränderung, z. B. für organisatorische Beschleunigungsoptionen oder bestimmten Alternativen zur relativen Entwicklungszeitverlängerung, untersucht werden. Der Aufbau und die Pflege umfangreicher Metrikdatenbanken ermöglicht es, unternehmensübergreifend Entwicklungsorganisationen und deren Management auf deren Effizienz hin zu überprüfen. Als Voraussetzung hierfür bedarf es jedoch eines einheitlichen Standards zur Erfassung und Pflege der hierzu notwendigen Daten für jede Industrie. Sind allerdings die organisatorischen und verfahrenstechnischen Fragen geklärt, eröffnet dieses eine Vorgehensweise zur beschleunigten Umsetzung von Ergebnissen der Grundlagenforschung in Serienentwicklungsprodukte. Der Zeitwettbewerb für bedeutende Industrien der deutschen Volkswirtschaft, wie z. B. der Integration alternativer Antriebskonzepte für die Automobilindustrie, könnte methodisch in einer erheblich verbesserten Weise unterstützt werden. Dazu zählen die Bewertung der Entwicklungszeiteffizienz einzelner Zuliefererbetriebe ebenso, wie die potentiell erzielbare Transparenz über Entwicklungsnetzwerkalternativen. Gleichzeitig werden durch die damit erzielte Transparenz Fehler bei Zeitschätzungen reduziert, die sich eindeutig auf den Machteinfluss einzelner betrieblicher Akteure am Zeitschätzungsprozess, fehlendes Erfahrungswissen bei der Adaption von Innovationen in Serienprojekte, kognitive Überforderung der Akteure am Schätzprozess oder als Folge einer Extremausbildung der Risikoaversion bzw. -freude von Seiten des Schätzenden bzw. des Expertenteams zurückführen lassen. Als Folge eines gezielten IT-Einsatzes und einer gesteigerten Informationsgüte der Zeitschätzung steigt die Effizienz und Effektivität der Entscheidungsqualität.[399] Letztlich eröffnet die Schaffung von Metrikdatenbanken für die Trade-off-Situation dieser Arbeit die Option die bestehenden F&E-Controllinginstrumente um

---

[398] Vgl. Sneed (2002), S. 2005.

[399] Vgl. Wall (2008), S. 82 und 87f. Dort werden insbesondere weitergehende Bedingungen zur Vermeidung verhaltensbedingter Risiken ausgeführt.

prozesskostenbasierte Development-Time-Driven-Activity-Based-Costing-Ansätze einerseits konzeptionell weiter zu entwickeln; andererseits würde die erzielte Güte der Ausgangsdaten eine schnelle betriebliche Wertschöpfung und damit Akzeptanz ermöglichen.[400]

Drittens können auf Basis dieses Modells Mittel-Ziel-Zusammenhänge zwischen einer bestimmten Komplexitätsfaktorausprägung und deren Einfluss auf die Entwicklungszeit unter Berücksichtigung des Referenzumfanges in einem solchen Umfang zeitnah erhoben werden, dass algorithmische Verfahren zur Datenauswertung angewendet werden können. Auf Basis dieser Ergebnisse können die Schätzergebnisse des hier vorgestellten Entwicklungszeitschätzverfahrens einer weiteren Validitätsprüfung unterzogen werden. Zudem eröffnet die Existenz einer umfangreichen Datenbasis die Option eine Diskussion über eine möglichst geeignete Dichtefunktion bzw. die Ausprägung einer Dichtefunktion zu führen und die Ergebnisse datenbasiert zu begründen. Von dieser Basis ausgehend können detailliertere Validitätsuntersuchungen durchgeführt werden.

In dieser Arbeit konnte das Entscheidungsmodell für ein zeitorientiertes Entwicklungskosten-Controlling entwickelt werden. In Zukunft wird die weiter steigende Produktkomplexität und die Folgen des Zeitwettbewerbs zusätzliche Forschungsaktivitäten im Hinblick auf die Weiterentwicklung der bisher kostenorientierten Entwicklungs-Controllinginstrumente um eine Lebenszyklusperspektive erfordern.

400 Vgl. Coners (2003), S. 255f.

Literaturverzeichnis

Adam, D. (1996), Planung und Entscheidung: Modelle – Ziele – Methode, 4. Aufl., Wiesbaden, 1996.

Adam, D./*Johannwille*, U. (1998), Die Komplexitätsfalle, in: Adam, D. (Hrsg., 1998), Komplexitätsmanagement, SzU, Band 61, Wiesbaden, 1998, S. 5 – 28.

Altrogge, G. (1994), Netzplantechnik, 2., völlig neu bearb. und erweiterte Aufl., München/Wien, 1994.

Arbeitskreis externe und interne Überwachung der Unternehmung der Schmalenbach-Gesellschaft für Betriebswirtschaft, Köln, (2002), in: Der Betrieb, 55. Jg., H. 6, vom 8.2.2002, S. 281-286.

Backhaus, K./*Erichson*, B./*Plinke*, W./*Weiber*, R. (2000), Multivariate Analysemethode – Eine anwendungsorientierte Einführung, 9. Aufl., Berlin u. a. O., 2000.

Balzert, H. (1998), Lehrbuch der Software-Technik: Software-Management, Software-Qualitätssicherung, Unternehmensmodellierung, Bd. 2, Heidelberg/Berlin, 1998.

Bamberg, G. /*Baur*, F. (1998), Statistik, München/Wien 1998.

Basle Committee on Banking Supervision (1996), Amendment to the Capital Accord to Incorporate Market Risks, January 1996, Abschnitt B.4.

Bausch, A./*Kaufmann*, L. (2000), Innovationen im Controlling am Beispiel der Entwicklung monetärer Kennzahlen, in: Controlling, 12. Jg., H. 3, 2000, S. 121-128.

Bennet, C. (1986), On the Nature and Origin of Complexity in Discrete, Homogenous, Locally-Interacting Systems, in: Foundations of Physics, Bd. 16, 1986, S. 585-592.

Bennet, C. (1988), Logical Depth and Physical Complexity, in: Herken, R. (Hrsg., 1988): The Universal Turing Machine, Hamburg, 1988, S. 227-257.

Berens, W./*Delfmann*, W. (2002), Quantitative Planung, 3. überarb. Aufl., Stuttgart 2002.

Berg, R./*Meyer*, A./*Müller*, M./*Zoff*, A. (1973), Netzplantechnik: Grundlagen – Methoden – Praxis, Zürich, 1973.

Bertalanffy, L. v. (1962), General Systems Theory – A Critical Review, in: General Systems, Bd. 7, 1962, S. 1-20.

Bertsche, B./*Lechner*, G. (2004), Zuverlässigkeit im Maschinenbau - Ermittlung von Bauteil- und System-Zuverlässigkeit, 3. Aufl., Berlin u. a. O., 2004.

Beyer, O./*Hackel,* H./*Pieper,* V./*Tiedge,* J. (1999), Wahrscheinlichkeitsrechnung und mathematische Statistik, 8. Aufl., Stuttgart/Leipzig, 1999.

Biegert, H. (1971), Die Baukastenbauweise als technisches und wirtschaftliches Gestaltungsprinzip, Karlsruhe, 1971.

Bleymüller, J./*Gehlert*, G./*Gülicher*, H. (1998), Statistik für Wirtschaftswissenschaftler, 11. überarb. Aufl., München, 1998.

Bliss, C. (1998), Komplexitätsreduktion und Komplexitätsbeherrschung bei der Schmitz-Anhänger Fahrzeugbau-Gesellschaft mbH, in: Adam, D. (Hrsg., 1998), Komplexitätsmanagement, Wiesbaden, 1998, S. 145-168.

Bliss, C. (2000), Management von Komplexität – Ein integrierter, systemtheoretischer Ansatz zur Komplexitätsreduktion, Wiesbaden 2000.

Blohm, H./*Lüder*, K. (1995), Schwachstellenanalyse des Investitionsbereiches und Investitionsrechnung, 8. Aufl., München, 1995.

Boehm, B. W./*Wolverton*, R. W (1980), Software Cost Modelling: Some Lessons Learned, in: Journal of Systems and Software, Bd. 1, Nr. 3, 1980, S. 195-201.

Boehm, B. W. (1986), Eine wirtschaftliche Software-Produktion, Wiesbaden, 1986.

Boehm, B. W. (1987), Improving Software Productivity, in: IEEE Computer, Bd. 20, Nr. 9, 1987, S. 43-57.

Boehm, B. W./*Abts*, C./*Brown*, W./*Chulani*, S./*Clark*, B. K./*Horowitz*, E./*Madachy*, R./*Reifer*, D. J./*Steece*, B. (2000), Software Cost Estimation with Cocomo II, New Jersey, 2000.

Bortz, J./*Döring*, N. (2003), Forschungsmethoden und Evaluation: für Human- und Sozialwissenschaftler, 3. überarb. Aufl., Berlin u. a. O., 2003.

Bosch, K. (1998), Statistik-Taschenbuch, 3. verbesserte Aufl., München/Wien, 1998.

Boutellier, R./*Gassmann*, O./*v. Zedwitz*, M. (2008), Managing Global Innovation – Uncovering the Secrets of Future Competitiveness, Berlin/Heidelberg, 2008.

Brealey, R. A./*Myers*, S. C. (2000), Principles of Corporate Finance, 6. Auflage, Boston u. a. O., 2000.

Brockhoff, K. (1999), Forschung und Entwicklung – Planung und Kontrolle, 5. Aufl., München/Wien, 1999.

Brooks, F. P., Jr. (1995), The mythical man-month: essays on software engineering, Reading et al., 1995.

Bronner, A. (1993), Entwicklungs- und konstruktionsbegleitende Kalkulation, in: krp, 37. Jg., H. 6, 1993, S. 364-373.

Brose, P. (1982), Planung, Bewertung und Kontrolle technologischer Innovationen, Berlin, 1982.

Brown, R. (2000), Group Processes – Dynamics within and between Groups, 2. Aufl., Massachusetts, 2000.

Bürgel, H.-D. (1993), Lean R&D – Ein Weg zu wirkungsvoller Forschung und Entwicklung, in: Technologie & Management, 42. Jg., H. 3, 1993, S. 105-110.

Bürgel, H.-D./*Haller*, C./*Binder*, M. (1996), F&E-Management, München, 1996.

Bürgel, H.-D./*Zeller*, A. (1997), Controlling kritischer Erfolgsfaktoren in Forschung und Entwicklung, in: Controlling, 9. Jg., H. 4, 1997, S. 218-225.

Bullinger, H.-J. (Hrsg., 1989), Forum für Management in Forschung, Entwicklung und Technologie, Tagungsband 16.-17. Oktober 1989, München, 1989.

Bundschuh, M./*Fabry*, A. (2000), Aufwandschätzung von IT-Projekten, Bonn, 2000.

Burger, A./*Buchhart*, A. (2002), Risiko-Controlling, München/Wien, 2002.

Burghardt, M. (2006), Projektmanagement – Leitfaden für die Planung, Überwachung und Steuerung von Entwicklungsprojekten, 7. Aufl., Erlangen, 2006.

Clark, K. B./*Fujimoto*, T. (1989), Lead Time in Automobile Product Development: Explaining the Japanese Advantage, in: Journal of Engineering and Technology Management, Amsterdam, Bd. 6, Nr. 1, 1989, S. 25-58.

Clark, K. B./*Fujimoto*, T. (1991), Product Development Performance, Boston/Mass., 1991.

Coners, A. (2003), Von der Prozesskostenrechnung über Zeitstudien zum Time-Driven-Activity-Based Costing – Anwendung zur Restrukturierung und zum permanenten Kostenmanagement am Beispiel eines Logistikunternehmens, in: Zeitschrift für Unternehmensentwicklung und Industrial Engineering, 52. Jg., H. 6, 2003, S. 255-259.

Corsten, H. (Hrsg., 2000), Lexikon der Betriebswirtschaftslehre, 4. durchgesehene Auflage, München/Wien, 2000.

Daenzer, W. F. (1988), Systems Engineering, Zürich, 1988.

Dawson, R. J./*Dawson*, C. W. (1998), Practical proposals for managing uncertainty and risk in project planning, in: International Journal of Project Management, Bd. 16, H. 5, S. 299-310.

Delfmann, W. (2000), Planung, in: Corsten, H. (Hrsg., 2000), Lexikon der Betriebswirtschaftslehre, 4. durchgesehene Aufl., München/Wien, 2000, S. 746-751.

DeMarco, T./*Lister*, T. (1991), Wien wartet auf Dich!: Der Faktor Mensch im DV-Management, übers. von Hruschka, P., Wien, 1991.

Diggelmann, P. B. (1999), Value at risk: kritische Betrachtung des Konzepts; Möglichkeiten der Übertragbarkeit auf den Nichtfinanzbereich, Zürich, 1999.

DIN (1989), DIN-Manuskript: Begriffe der Projektwirtschaft, DIN 69901, Berlin, 1989.

DIN 199, Zitat nach: Franke, H.-J./Hesselbach, J./Huch, B./Firchau, N. L. (2002), Variantenmanagement – in der Einzel- und Kleinserienfertigung, München/Wien, 2002.

Dobler, H.-D./*Doll*, W./*Fischer*, U./*Günter*, W./*Heinzler*, M./*Ignatowitz*, E./*Vetter*, R. (2003), Fachkunde Metall, 54. Aufl., Haan-Gruiten, 2003.

Ehrlenspiel, K. (1995), Integrierte Produktentwicklung: Methoden für Prozessorganisation, Produkterstellung und Konstruktion, München, 1995.

Ehrlenspiel, K. (2003), Integrierte Produktentwicklung: Denkabläufe, Methodeneinsatz, Zusammenarbeit, 2. Aufl., München/Wien, 2003.

Ehrlenspiel, K./*Kiewert,* A./*Lindemann,* U. (2003), Kostengünstig Entwickeln und Konstruieren, Kostenmanagement bei der integrierten Produktentwicklung, 4. bearb. Aufl., Berlin u. a. O., 2003.

Eitrich, O. (1996), Prozeßorientiertes Kostenmodell für die entwicklungsbegleitende Vorkalkulation, Karlsruhe, 1996.

Elderton, W. P./*Johnson*, N. L. (1969), Systems of Frequency Curves, London, 1969.

Eppinger, S. D./*Salminen*, V. (2001): Patterns of Product Development Interactions, in: International Conference on Engineering Design, ICED 01 Glasgow, August 21-23 2001, S. 283-290.

Eversheim, W./*Schenke*, F.-B./*Warnke*, L. (1998), Komplexität im Unternehmen verringern und beherrschen – Optimale Gestaltung von Produkten und Produktionssystemen, in: Adam, D. (Hrsg., 1998), Komplexitätsmanagement, SzU, Bd. 61, Wiesbaden, 1998, S. 29-45.

Feyhl, A. W. (1996), Management und Controlling von Softwareprojekten: Software wirtschaftlich entwickeln, einsetzen und nutzen, Wiesbaden, 1996.

Fischer, D. (1983), Kostenanalyse von Stirnzahnrädern: Erarbeitung und Vergleich von Hilfsmitteln zur Kostenfrüherkennung, München, 1983.

Frank, U. (2003), Einige Gründe für eine Wiederbelebung der Wissenschaftstheorie, in: Die Betriebswirtschaft, 63. Jg., H. 3, 2003, S. 278-292.

Franke, H.-J./*Hesselbach*, J./*Huch*, B./*Firchau*, N. L. (2002), Variantenmanagement – in der Einzel- und Kleinserienfertigung, München/Wien, 2002.

Franklin, B. (1748), Advice to a Young Tradesman, Written by an Old One, in: Franklin, B. Writings, Philadelphia, 1748.

Fujimoto, T. (1999), Capability-Building Competition for Lead Time Reduction – A Case of Front-Loading Problem Solving in the Auto Industry, in: R&D-Management 2000, Challenges and Concepts – Internationale Konferenz für F&E-Management, Zielsetzung und Beitrag des F&E-Managements an der Schwelle des nächsten Jahrtausends, Fachkonferenz im Haus der Wirtschaft, Stuttgart, 23. Juli 1999, S. 73-97.

Gäthke, S. (2006), Kunststoffe machen Autos leichter und sparsamer, in: Financial Times Deutschland, Ausgabe vom 12. April 2006, Beilage Kunststoffindustrie, S. A3.

Gal, T. (1986), Grundlagen des Operation Research 2, 3. Aufl., Berlin u. a. O., 1986.

Gell-Mann, M. (1996): Das Quark und der Jaguar – Vom Einfachen zum Komplexen. Die Suche nach einer neuen Erklärung der Welt, München/Zürich, 1996.

Gemünden, H. G. (1993), Zeit – strategischer Erfolgsfaktor in Innovationsprozessen, in: Domsch, M./Sabisch, U./Siemers, S. H. A. (Hrsg., 1993), F&E-Management, Stuttgart, 1993, S. 67-118.

Gentner, A. (1994), Entwurf eines Kennzahlensystems zur Effektivitäts- und Effizienzsteigerung von Entwicklungsprojekten – dargestellt am Beispiel der Entwicklungs- und Anlaufphasen in der Automobilindustrie, München, 1994.

Gerboth, T. (2002), Das magische Dreieck, Kosten – Zeit – Qualität, in: Controlling, 14. Jg., H. 7, 2002, S. 417.

Gerpott, T. J./*Winzer*, P. (2000), Simultaneous Engineering: Kritische Analyse eines Planungs- und Organisationsansatzes zur Erfolgsverbesserung industrieller Produktinnovationen, in: Götze, U./Mikus, B./Bloech, J. (Hrsg., 2000), Management und Zeit, Heidelberg, 2000, S. 245-265.

Gleich, R. (2001), Das System des Performance Measurement – Theoretisches Grundkonzept, Entwicklungs- und Anwendungsstand, München, 2001.

Gleich, R./*Scholl*, K. (1994), Kostengünstiges Konstruieren State-of-the-Art der Kalkulationsverfahren, Controlling-Forschungsbericht Nr. 42, Betriebswirtschaftliches Institut der Universität Stuttgart, Lehrstuhl Controlling, Stuttgart, 1994.

Götze, U./*Mikus*, B. (2001), Entscheidungsmodelle als Instrumente des Risikomanagements – Möglichkeiten und Grenzen, in: Götze, U./Henselmann, K./Mikus, B. (2001), Risikomanagement, Heidelberg, 2001, S. 443-474.

Golenko, D. I. (1972), Statistische Methoden der Netzplantechnik, Stuttgart, 1972.

Grabitz, H.-J./*Haisch*, J. (1976), Die Revision subjektiver Wahrscheinlichkeiten durch Individuen und Gruppen, in: Brandstätter, H./Schuler, P. (Hrsg., 1976), Entscheidungsprozesse in Gruppen, Zeitschrift für Sozialpsychologie, Beiheft 2, Bern, 1976, S. 13-24.

Granthien, M./*Höft*, J./*Schimmelpfeng*, K. (1999), Lebenszyklusorientierte Kostenbetrachtung im Rahmen der industriellen Anlagenwirtschaft, in: Kostenrechnungspraxis, 43. Jg., H. 4, 1999, S. 233-238.

Günther, T./*Schuh*, H. (1998), Näherungsverfahren für die frühzeitige Kalkulation von Produkt- und Auftragskosten, in: Kostenrechnungspraxis, 42. Jg., H. 6, 1998, S. 381-389.

Haberfellner, R./*Nagel*, P./*Becker*, M./*Büchel*, A./*Massow*, H. v. (2002), Systems Engineering: Methodik und Praxis, 11. durchgesehene Aufl., Zürich, 2002.

Hager, P. *(2004)*, Corporate Risk Management – Cash Flow Risk und Value at Risk, Frankfurt am Main, 2004.

Hahn, D./*Laßmann*, G. (1993), Produktionswirtschaft. Controlling industrieller Produktion, Bd. 3.2: Informationssystem, Heidelberg, 1993.

Hahn, G. J./*Shapiro*, S. S. (1994), Statistical Models in Engineering, New York u. a. O., 1994.

Hauger, W. (2007), An Facetten reich – Präziser Qualitätsbegriff strukturiert Qualitätsmanagement, in: Qualität und Zuverlässigkeit, 52. Jg., H. 8, 2007, S. 18-22.

Hauschildt, J. (1993), Innovationsmanagement – Determinanten des Innovationserfolges, in: Hauschildt, J./Grün, O. (Hrsg., 1993), Ergebnisse empirischer betriebswirtschaftlicher Forschung: Zu einer Realtheorie der Unternehmung, Stuttgart, 1993, S. 295-326.

Hegel, T./*Schneider*, H./*Sommer*, S. (1998), Qualitätsorientiertes F&E-Controlling, in: Qualität und Zuverlässigkeit, 43. Jg., H. 8, 1998, S. 955-958.

Herrmann, O. (1983), Kalkulation von Softwareentwicklungen, München/Wien, 1983.

Hofstädter, D. (1991), Statistische Methodenlehre, 7. Aufl., Frankfurt, 1991.

Hoitsch, H.-J./*Winter*, P. (2004), Die Cash flow at Risk-Methode als Instrument eines integriert holistischen Risikomanagements, in: ZfCM, 48. Jg., H. 4, 2004, S. 235-245.

Horváth, P./*Gleich*, R./*Scholl*, K. (1997), Vergleichende Betrachtung der bekanntesten Kalkulationsmethoden für das kostengünstige Konstruieren, in: Männel, W. (Hrsg., 1997), Frühzeitiges Kostenmanagement, Wiesbaden, 1997, S. 111-132.

Huschens, S. (2000), Verfahren zur Value-at-Risk-Berechnung im Marktrisikobereich, in: Johanning, L./Rudolph, B. (Hrsg., 2000), Handbuch Risikomanagement, Bad Soden/Ts., 2000, S. 184.

Imai, M. (1992), Kaizen – Der Schlüssel zum Erfolg der Japaner im Wettbewerb, München, 1992.

Jockel, S. (2003), E.V.A. in kritischer Zeit, in: Controller Magazin, 28. Jg., H. 4, 2003, S. 348-354.

Johanning, L. (1998), Value-at-Risk zur Marktrisikosteuerung und Eigenkapitalallokation, Bad Soden/Ts., 1998.

Jorion, P. (2000), Value-at-Risk, 2. Aufl., New York, 2000.

Kahneman, D./*Lovallo*, D. (2003), Strategien – Projektmanagement – Warum zuviel Optimismus schadet, in: Harvard Business Manager, H. 10, 2003, S. 46-60.

Kaiser, A. (1995), Integriertes Variantenmanagement mit Hilfe der Prozesskostenrechnung, Dissertation Universität St. Gallen, Dissertation Nr. 1742, St. Gallen, 1995.

Kerssens-van Drongelen, I. C. (2001), Systematic Design of R&D Performance Measurement Systems, Enschede, 2001.

Kieser, A./*Kubicek*, H. (1992), Organisation, 3., völlig neu bearb. Aufl., Berlin/New York 1992.

Kindler, A. (1995), Wirtschaftlichkeit von Software-Entwicklungsprojekten – Ansätze zur Verbesserung der Aufwandschätzung, Wiesbaden, 1995.

Koch, I. (1994), Kostenrechnung unter Unsicherheit, Theoretische Fundierung und Instrumentarium zur Einbeziehung unsicherer Erwartungen in die Kostenrechnung, Stuttgart, 1994.

Koller, R. (1985), Konstruktionslehre für den Maschinenbau, 2. völlig neu bearb. Auflage, Berlin et al., 1985.

Krottmaier, J. (1995), Leitfaden Simultaneous Engineering, Berlin, 1995.

Küpper, W./*Lüder*, K. *Streitferdt*, L. (1975), Netzplantechnik, Würzburg/Wien, 1975.

Laux, H. (2003), Entscheidungstheorie, 5. verbesserte Aufl., Berlin u. a. O., 2003.

Lewin, R. (1996), Die Komplexitätstheorie, Wissenschaft nach der Chaosforschung, München, 1996.

Lindemann, U. (1996): Produktentwicklung im Wettbewerb, in: VDI-Berichte, Nr. 1305, 1996, S. 289-301.

Litke, H.-D. (1995), Projektmanagement: Methoden, Techniken, Verhaltensweisen, 3. überarb. und erw. Aufl., München/Wien, 1995.

Litke, H.-D. (1996), DV-Projektmanagement: Zeit und Kosten richtig einschätzen, München/Wien, 1996.

Lowka, H. (1996), Methoden zum Abschätzen von Herstellkostenanteilen, in: krp, 40. Jg., Sonderheft 1, 1996, S. 63-67.

Luczak, H./*Fricker*, A. (1997), Komplexitätsmanagement – ein Mittel der strategischen Unternehmensgestaltung, in: Schuh, G./Wiendahl, H.-P. (Hrsg., 1997), Komplexität und Agilität: Steckt die Produktion in der Sackgasse?, 1997, S. 309-323.

Ludwig, R. (2005), Komplexitätsbeherrschung in der wertschöpfungspartnerschaftsübergreifenden Produktspezifikationserstellung bei unvollkommenen Informationen durch Simplifizierungsregeln, Stuttgart, 2005.

Luhmann, N. (1996): Soziale Systeme, Grundriß einer allgemeinen Theorie, Frankfurt/M., 1996.

Männel, W. (1998), Entwicklungsperspektiven der Kostenrechnung, 4. erweiterte Aufl., Lauf an der Pegnitz, 1998.

Malik, F. (1996): Strategie des Managements komplexer Systeme: ein Beitrag zur Management-Kybernetik evolutionärer Systeme, 5. Aufl., Bern u. a. O., 1996.

Melheritz, M. (1999), Die Entstehung innovativer Systemgeschäfte: interaktive Forschung am Beispiel der Verkehrstelematik, Wiesbaden, 1999.

Meyer, M./*Hansen*, K. (1996), Planungsverfahren des Operations Research, München, 1996.

Müller, M. (1997), Qualitätscontrolling komplexer Serienprodukte, Aachen, 1997.

Neff, T. (2002), Front Load Costing – Produktkostenmanagement auf der Basis unvollkommener Information, Wiesbaden, 2002.

Neumann, K. (1992), Netzplantechnik, in: Gal, T. (Hrsg., 1992), Grundlagen des Operations Research, Bd. 2, Berlin, 1992, S. 165-260.

Norretranders, T. (1997), Spüre die Welt: Die Wissenschaft des Bewußtseins, Reinbeck bei Hamburg, 1997.

Noth, T./*Kretzschmar*, M. (1984), Aufwandschätzung von DV-Projekten – Darstellung und Praxisvergleich der wichtigsten Verfahren, Berlin u. a. O., 1984.

Obermaier, W. (2004), Ausfallrate und Lebensdauer – Zwei, die zusammengehören!, in: Elektronik H. 14, 2004, S. 1f.

Perridon, L./*Steiner*, M. (1997), Finanzwirtschaft der Unternehmung, 9. Aufl., München, 1997.

Pfohl, H.-C./*Wübbenhorst*, K. L. (1982), Zum Konzept der Lebenszykluskosten, Technische Hochschule Darmstadt – Arbeitspapiere Fachgebiet Betriebswirtschaftslehre, Darmstadt, 1982.

Pine II., B. J. (1984), Maßgeschneiderte Massenfertigung, Neue Dimension im Wettbewerb, Wien, 1984.

Popper, K. (1989), Logik der Forschung, 9. Aufl., Tübingen, 1989.

Rapp, T. (1999), Produktstrukturierung: Komplexitätsmanagement durch modulare Produktstrukturen und -plattformen, Wiesbaden, 1999.

Rathnow, P. J. (1993), Integriertes Variantenmanagement: Bestimmung, Realisierung und Sicherung der optimalen Produktvielfalt, Göttingen, 1993.

Rehkugler, H. (2000), Risikoanalyse, in: Corsten, H. (Hrsg., 2000), Lexikon der Betriebswirtschaftslehre, 4. durchgesehene Aufl., München/Wien, 2000, S. 844-847.

Reichmann, T./*Stippel*, N. (1998): Target Costing und Wertanalyse – Konkurrierende oder sich ergänzende Instrumente für die marktorientierte Gestaltung neuer Produkte?, in: Controlling, 10. Jg., H. 2, März/April 1998, S. 98-105.

Reiners, F./*Sasse*, A. (1999), Komplexitätsmanagement, in: krp, 43. Jg., H. 4, 1999, S. 222-232.

Reiß, M. (1993a), Komplexitätsmanagement (I), in: Das Wirtschaftsstudium, 1993, 22. Jg., H. 1, 1993, S. 54-60.

Reiß, M. (1993b), Komplexitätsmanagement (II), in: Das Wirtschaftsstudium, 1993, 22. Jg., H. 2, 1993, S. 132-137.

Reiß, M. (2000), Komplexitätsmanagement, in: Corsten, H. (Hrsg., 2000), Lexikon der Betriebswirtschaftslehre, 4. durchgesehene Aufl., München/Wien, 2000, S. 464-469.

Riezler, S. (1996), Lebenszyklusrechnung: Instrument des Controlling strategischer Projekte, Wiesbaden, 1996.

Runzheimer, B. (1999a), Operations Research – Lineare Planungsrechnung, Netzplantechnik, Simulation und Warteschlangentheorie, 7. aktualisierte und erweiterte Aufl., Wiesbaden, 1999.

Runzheimer, C. (1999b), Planung und Kontrolle Integrativer Produktentwicklungen - Ein konzeptioneller Ansatz auf entscheidungsorientierter Basis, Wiesbaden, 1999.

Sahal, D. (1976), Element of an Emerging Theory of Complexity per se, in: Cybernetica, Bd. 19, Nr. 1, 1976, S. 5-38.

Sattler, P. (1982a), Software-Kalkulation, Seminarunterlagen des Control Data Instituts, Frankfurt, 1982, S. 36, Zitat nach: Noth, T./Kretzschmar, M. (1984), Aufwandschätzung von DV-Projekten – Darstellung und Praxisvergleich der wichtigsten Verfahren, Berlin u. a. O. 1984, S. 16.

Sattler, P. (1982b), Software-Kalkulation, Seminarunterlagen des Control Data Instituts, Frankfurt 1982, S. 36, rezitiert nach: Noth, T./Kretzschmar, M. (1984), Aufwandschätzung von DV-Projekten – Darstellung und Praxisvergleich der wichtigsten Verfahren, Berlin u. a. O. 1984, S. 91.

Schierenbeck, H. (1999), Ertragsorientiertes Bankmanagement, Band 2: Risiko-Controlling und Bilanzstruktur-Management, 6. überarb. u. erw. Aufl., Stuttgart, 1999.

Schmelzer, H. J. (2000), Performance Measurement in F&E, in: zfo, 69. Jg., H. 6, 2000, S. 332-339.

Scholl, C. (2001), Management rechtlich bedingter Risiken, insbesondere der Produkthaftung, in: Götze, U./Henselmann, K./Mikus, B. (Hrsg., 2001), Risikomanagement, Heidelberg, 2001, S. 241-258.

Scholl, K. (1998), Konstruktionsbegleitende Kalkulation – Computerunterstützte Anwendung von Prozeßkostenrechnung und Kostentableaus, München, 1998.

Schuh, G. (1989), Gestaltung und Bewertung von Produktvarianten – Ein Beitrag zur systematischen Planung von Serienprodukten, Düsseldorf, 1989.

Schuh, G./*Schwenk*, U. (2001), Produktkomplexität managen: Strategie – Methoden – Tools, München/Wien, 2001.

Schulz, G. (2001), Pietrosko and Rey on Ceteris Paribus Laws, in: British Journal for the Philosophy of Science, 52. Jg., H. 2, 2001, S. 359-370.

Schwarze, J. (2001), Projektmanagement mit Netzplantechnik, 8. Aufl., Herne/Berlin, 2001.

Seifert, H./*Steinert*, M. (1995), F+E: Schneller, schneller, schneller, in: Harvard Business Manager, H. 2, 1995, S. 16-22.

Singer, S. (1994), F&E-Controlling (Siemens AG) – Konzept, Methoden, Erfahrungen, in: F&E-Controllerdienst, Stuttgart, 1994, S. 54.

Sneed, H. (2002), Aufwandschätzung für Web-basierte Informationssysteme und die Struktur der Softwareindustrie, in: Wirtschaftsinformatik, 44. Jg., H. 3, 2002, S. 202-205.

Spiller, K./*Wihofszki*, O. (2008), Autobranche auf Orientierungsfahrt, in: Financial Times Deutschland, Ausgabe vom 06.06.2008, S. 8.

Staas, C. (2001), Eigenmittelunterlegung des Aktienkursrisikos – ein Modellvergleich im Rahmen der Schweizer Vorschriften, Bamberg, 2001.

Stacey, R. (1995), The Science of Complexity: An Alternative Perspective for Strategic Chance Processes, in: Strategic Management Journal, Bd. 16, Nr. 6, 1995, S. 477-495.

Stalk, G. jr./*Hout*, Th. M. (1990), Schnelligkeit entscheidet auf den Märkten der Zukunft, Frankfurt/New York, 1990.

Stier, W. (1999), Empirische Forschungsmethoden, 2. Aufl., Berlin u. a. O. 1999.

Strebel, H. (1975), Forschungsplanung mit Scoring-Modellen, Baden-Baden, 1975.

Stoner, J. A. F. (1961), A comparison of individual and group decisions involving risk. Unpublished master´s thesis, School of Industrial Management, Massachusetts Institute of Technology, 1961.

Surböck, E. K. (1978), Management von EDV-Projekten, Berlin, 1978.

Tesch, F. (2008), Strukturvariabilität: Ableitung von Derivaten in Produktfamilien mit CATIA V 5 in frühen Phasen, in: Tecklenburg, G. (2008), Die digitale Produktentwicklung, Renningen, 2008, S. 81-104.

Thomke, S. (1998), Simulation, learning, and R&D performance: Evidence from automotive development, Research Policy, 27. Jg., Bd. 1, 1998, S. 55-74.

Thomke, S./*Fujimoto*, T. (2000), The Effect of "Front-Loading" Problem-Solving on Product Development Performance, in: Product Innovation Management, 17. Jg., 2000, S. 128-142.

Tietze, J. (2000), Einführung in die Finanzmathematik – Klassische Verfahren, Investitionsrechnung, Effektivzins- und Renditeberechnung, 3. Aufl., Braunschweig/Wiesbaden, 2000.

Uhlir, H./*Aussenegg*, W. (1996), Value-at-risk (VaR) – Einführung und Methodenüberblick, in: Österreichisches Bankarchiv, H. 11, 1996, S. 831-836.

Ulrich, K. T./*Eppinger*, S. D. (2000), Product Design and Development, 2. Aufl., Boston u. a. O., 2000.

VDI-Richtlinie 2222, Blatt 1: Konzeptionieren technischer Produkte, Düsseldorf, 1977.

Volnhals, M./*Hirsch*, B. (2008), Information Overload und Controlling, in: ZfCM, 52. Jg., Sonderheft 1, 2008, S. 50-55.

Voigt, K. I. (1998), Strategien im Zeitwettbewerb – Optionen für Technologiemanagement und Marketing, Wiesbaden, 1998.

Voigt, K. I. (2000), Zeitwettbewerb, in: Götze, U./Mikus, B./Bloech, J. (Hrsg., 2000), Management und Zeit, Heidelberg, 2000, S. 193-220.

Voigt, K. I. (2007), Zeit und Zeitgeist in der Betriebswirtschaftslehre – dargestellt am Beispiel der betriebswirtschaftlichen Flexibilitätsdiskussion, in: ZfB, 77. Jg., H. 6, 2007, S. 595-613.

Wall, F. (2008), Die IT als Enabler guter Entscheidungen: Potenziale und verhaltesbedingte Risiken aus Sicht des Controllings, in: ZfCM, 52. Jg., Sonderheft 1, 2008, S. 82-88.

Weber, F. (2001), Modellrisiko bei Value-at-Risk-Schätzungen: eine empirische Untersuchung für den schweizerischen Aktien- und Optionenmarkt, Freiburg in der Schweiz, 2001.

Weber, J. (2005), Das Advanced-Controlling-Handbuch – Alle entscheidenden Konzepte, Steuerungssysteme und Instrumente, Weinheim, 2005.

Weber, M./*Eisenführ*, F. (2003), Rationales Entscheiden, 4. neu bearb. Aufl., Berlin u. a. O., 2003.

Wickord, W. (2003), Zur Anwendung probabilistischer Methoden in den frühen Phasen des Systementwurfs, Paderborn, 2003.

Wickord, W./*Börnchen*, T./*Wallaschek*, J. (2000), Front Load Design: Ein integrales Konzept zur Bewertung von Chancen und Risiken beim Entwurf mechatronischer Systeme, in: VDI Berichte 1533, Mechatronik-Mechanisch/Elektrische Antriebstechnik, Düsseldorf, 2000, S. 39-59.

Wildemann, H. (1993), Optimierung von Entwicklungszeiten: Just-in-Time in Forschung, Entwicklung & Konstruktion, München, 1993.

Wildemann, H. (2002), Fehler-Möglichkeitsanalyse (FMEA): Schulungsunterlagen, 11. Aufl., München 2002.

Wildemann, H. (2003), Beschleunigte Entwicklungsprozesse in der Elektronikindustrie – Forschungsbericht zur Bewältigung und Abwehr von Unternehmenskrisen, München, 2003.

Wildemann, H. (2004a), Entwicklungszeitreduzierung: Lösungsansätze zur Beschleunigung von Entwicklungsprozessen, München, 2004.

Wildemann, H. (2004b), Just-in-Time in F&E, Leitfaden zu Just-in-Time in Forschung, Entwicklung und Konstruktion, München, 2004.

Wildemann, H. (2004c), Produktklinik – Leitfaden zur Steigerung der Lerngeschwindigkeit und Produktkostensenkung, 9. Aufl., München, 2004.

Wildemann, H. (2008a), Risikomanagement – zur Umsetzung eines Risikomanagment-System für die wertorientierte Steuerung von Unternehmen, 7. Aufl., München, 2008.

Wildemann, H. (2008b), Total cost of ownership: Leitfaden zur Optimierung der Gesamtkostenposition in Beschaffung, Produktion und Logistik, 2. Aufl., München, 2008.

Witter, A. (1995), Entwicklung eines Modells zur optimierten Nutzung des Wissenspotentials einer Prozeß-FMEA, Düsseldorf, 1995.

Wolkenstein, M. W. (1990): Entropie und Information, Berlin, 1990.

Zehetner, K. (1999), Prozessorientiertes Controlling der Entwicklung, in: krp, 43. Jg., H. 3, 1999, S. 159-163.

Zimmermann, H.-J. (2005), Operations Research – Methoden und Modelle. Für Wirtschaftsingenieure, Betriebswirte, Informatiker, Wiesbaden, 2005.

EINZELSCHRIFTEN

Jörn-Axel Meyer (Hrsg.)
Management-Instrumente in kleinen und mittleren Unternehmen – Jahrbuch der KMU-Forschung und -Praxis 2009
Lohmar – Köln 2009 • 484 S. • € 74,- (D) • ISBN 978-3-89936-793-5

Sylvia Heller
Die Bilanzierung von Versicherungsverträgen nach IFRS – Eine ökonomische Analyse
Lohmar – Köln 2009 • 304 S. • € 59,- (D) • ISBN 978-3-89936-795-9

Thomas M. Woytt
Fremdfinanzierungsratgeber für kleine Unternehmen
Lohmar – Köln 2009 • 68 S. • € 19,90 (D) • ISBN 978-3-89936-800-0

Christiane Büch
Bewertung von Investitionen in der immobilienwirtschaftlichen Projektentwicklung anhand eines modularen Realoptionsmodells
Lohmar – Köln 2009 • 260 S. • € 57,- (D) • ISBN 978-3-89936-802-4

Lesya Zalenska
Bildungsbedarfsanalyse in Unternehmen
Lohmar – Köln 2009 • 148 S. • € 43,- (D) • ISBN 978-3-89936-804-8

Antje Beier
Die Nachfrage nach M&A-Dienstleistungen – Eine Analyse des Beschaffungsprozesses und der Auswahlkriterien
Lohmar – Köln 2009 • 348 S. • € 63,- (D) • ISBN 978-3-89936-809-3

Joachim H. Jürgens
Überlebensstrategien für ambulante Pflegedienste – Eine Marktstudie
Lohmar – Köln 2009 • 132 S. • € 41,- (D) • ISBN 978-3-89936-810-9

Andreas Schlechtweg
Entscheidungsmodell für ein zeitorientiertes Entwicklungskosten-Controlling
Lohmar – Köln 2009 • 240 S. • € 56,- (D) • ISBN 978-3-89936-813-0